秘書實務

Secretary's & Administrative Assistant's Handbook

徐筑琴◎著

序

　　不論是全球經營的跨國企業、本國的中小企業、政府機關或是社會團體，各部門辦公室都有著許多行政人員，各司其職的處理每日的工作。而秘書及助理卻是各級主管或部門不可或缺的角色，他們處理大量的行政事務工作，借助電腦的功能蒐集資訊，提供最好的資訊服務，更負起公司內外人際溝通協調的任務。雖然由於電腦的協助減少了人力作業的時間，增加了通訊的便利，提升了秘書助理的工作效率，使得許多秘書的功能有所調整，業務有所變更，甚至職稱也從秘書變成了行政助理。但是不可否認的，秘書與助理仍然在辦公室的工作環境中擔負著重要的職責。

　　筆者從事大專「秘書實務」教學及秘書工作多年，教學之餘，亦為各大企業、公私機構及企管顧問公司做「秘書及助理」人員專題講座，期望能為提升秘書助理工作略盡綿薄之力。

　　本書自筆者原著《秘書理論與實務》改編修訂完成，全書分為十四章，包含秘書工作的功能、業務、條件、生涯規劃，文書行政工作，檔案與資料管理，會議籌備安排與管理，訪客安排、接待與禮儀，秘書的禮儀修養，電話的使用與禮節，主管公務旅行安排與管理，辦公室行政管理，秘書的人際關係與說話的技巧，公共關係，簡報製作與簡報技巧，及最後一章謀職準備與面試禮儀。本書希望提供教師與學生修習「秘書與助理」課程時一本完整的教材，同時也作為從事秘書助理及相關工作者工作時的

參考書籍，藉以提升工作的能力。

　　秘書及助理的工作隨著時代的演變，工作內容、工作性質都有甚多的調整。而且由於各國國情文化的差異、各個公私機構背景不同、各級主管個性要求不同，亦使得秘書及助理工作者面對各種不同的挑戰，如何隨著時代變遷，調整自己，不斷學習進步，才不致為現實社會所淘汰，是秘書與助理應有的認識。

　　付梓在即，遺漏謬誤在所難免，尚祈先進專家不吝指教。

徐筑琴　謹識

二〇〇四年九月

目　錄

第一章
秘書的歷史與類型

秘書的工作性質，在歷史上不論東方或西方，很早就有其存在。秘書的職位雖有各種不同的稱呼，但是每個時代總是因其時代背景及業務內容之不同，職務因而也不斷變遷，一直到現在，e 世代自動化設備的辦公室，秘書也並未因此而減低其存在的價值。不過西方和東方秘書職務的演變過程和類型還是有很大的區別，以下謹簡述一下東西方秘書之歷史。

一、歐美秘書之歷史

在歐洲，秘書的起源雖然沒有明確的記載，但其中有一種說法，即是在紀元前羅馬時代就已編出一種獨特的速記方法，因而有專司速記、文書整理的秘書存在。後來隨著時代的變遷而有不同名稱的秘書職位，真正具有現代秘書形態的職務，是開始於打字機的發明和普遍的使用。

打字機是在一七一四年，由英國人 Henry Mill 所發明的，實際普及到廣大社會使用，也著實花了一段相當長的時間，由於打字機的使用，對當時以擔任速記工作為最大任務的秘書來說，確實使工作進展得非常有效率，甚至形成一種「具備打字技能的工作者方能稱為秘書」的默契，其工作不但受到重視而且從事這種職務者也越來越多了。

除了打字技能外，歐美秘書職位的確定，另外一個重要的因素，就是速記法的普及，歐美秘書具有速記的能力，是從事此項工作的條件之一。

歐文速記法是一五八八年由 Fimothy Bright 博士首先設計出來的，後來一般常採用的速記法有一八三七年 Isaac Pitman 及一八八八年 John Robert Gregg 所設計的方法，其中 Gregg 的速記法更是普遍為世人採用。其他如 Anniversary 及 Simplifield 方法與

後來不斷改良的許多方法，使得速記的速度越來越快，熟練者一分鐘可達一百二十字的紀錄。

　　由於打字和速記的配合，使得秘書的文書處理工作達到驚人的效率，雖然後來資訊起飛的時代來臨，但仍然有其存在的意義。這種情況直到電腦的快速發展，文字處理功能不斷改進後，才有了重大的改變。秘書不但利用電腦打字處理文書工作，甚至可以跟上口述的速度將文字直接整理出來，幾乎再也沒有人要求秘書要有速記的技能了。

　　現代秘書職級和名稱皆以美國為標準，美國一般將秘書分為以下數種：

1.Secretary, Corporate Secretary ：職位重要，類似秘書長之職務。

2.Assistant to, Executive Assistant ：類似主任秘書之職務，是主管的左右手。

3.Executive Secretary ：執行秘書，企業界秘書的最高職位。

4.Secretary（Senior Secretary, Junior Secretary, Stenographer, Receptionist）：一般的秘書，過去按經驗有接待員、速記員、見習秘書、秘書之分，現在大都以初級秘書、資深秘書稱呼。美國的企業組織除了董事長、總經理有其個人秘書外，經理及每一項業務負責人也有其專屬秘書。目前在我國的外商公司大都沿襲美制。

○二、中國秘書之歷史

　　中國歷史上出現秘書的官職，主要是職掌圖籍文書之官。最早周官有外史，掌四方之志、三皇五帝之書；漢有石渠石室延閣

廣內，貯之於外府，又有御史中丞，居殿中，掌蘭台秘書及麒麟天祿二閣，藏於內禁；後漢桓帝時（西元一五九年），置秘書監，其蘭台亦藏書籍，而以御史掌之；魏晉以後，秘書監之官名亦是其機構之名，統著作局，掌三閣之圖書，自是秘書之府，始居於外。梁朝始專設秘書省，置監及丞各一人，秘書郎四人；陳時因之，後魏亦有之；後周秘書監亦領著作監，掌國史；隋秘書省領著作太史二曹；唐時，曾改稱蘭台及麟台，而秘書省但主書寫校勘而已。宋建崇文院秘閣，始為寄祿之官，遼、金、元均有之，明以來不設，圖籍禁書，藏之內府，而完全廢去；清代方以文淵閣官掌古代之秘書省，但已非正官，且為內廷文學待從之官所居，與古代秘書省之為獨立機構仍不能相提並論。

自歷史上看來，自東漢桓帝時初置秘書監，主要是古代圖書集中帝室，西漢藏於天祿閣，東漢則東觀，由於東漢崇尚讖緯，取秘密之意，故稱秘書。魏武帝時之秘書令，實已改為機要之職，後又改稱中書令，而以秘書令仍為監，掌藝文圖籍之事，自此相沿不改。唐宋以後雖然掌藝文圖籍之官迭有增設，而秘書監之名不廢。至明初始罷不設，其職併入翰林院，與唐宋之翰林院性質不同，清代以文淵閣官掌古之秘書監。民國以來，政府機構都設秘書處，有秘書長的設置，主管機密和文書管理等工作，現代由於秘書工作之重要，各級主管都有輔助其處理政務的秘書人員，與古代專管文書圖籍之秘書監，性質已有所不同。

現代的企業秘書是沿襲歐美的工商業體制，設置秘書職務，協助主管處理公司業務，其職務已成企業的中堅分子，秘書的名稱和古代秘書監、秘書令的名稱，其工作性質可以說完全不同了。

不論中外，文書處理是秘書之最大部分工作，早期我國秘書的形態中文打字及速記工作由專人負責，在過去西方文書和打字機是分不開的，而在我國的情況，則因為中文文字的組成和英文

完全不同，若在工作時打中文字倒不如手寫來得快，完全沒有使用英文打字機的效率感，日本雖然以五十音拼字，但是還是有許多漢字，也和我國情形一樣，所以中文打字機的操作，由專門人員負責，處理一些會議紀錄、各種報告及公文文書之用。

中文的速記也不如歐美為秘書之必備條件，一般機構僅在必要時，臨時聘請中文速記員工作。所以在我國中文打字和速記由秘書來擔任，幾乎是不可能的事，倒是英文打字和速記是一般企業秘書應具備的條件。

近年來，由於電腦文書處理的功能不斷進步，中文的輸入方式和速度及電腦軟體的開發，都使中文的文字處理不必再靠中文打字機和專業的打字人員來做了。

在我國的體制中，因為傳統背景的關係，秘書的職務並不是那麼確定，除了秘書本身的主管之外，和其他部門及工作人員的關係，也非常密切，形成了縱橫交錯而複雜的人際關係，因此其工作範圍既是秘書，又是一般的職員，工作領域無法正確的予以劃分。

有些機構設有秘書室，成為一個單獨的行政單位，我國和日本都有這種體制存在。秘書室設有秘書及一般的職員，負責處理機構的中英文文書、各種資料管理、公共關係或是人事行政，以及機關首長所交付的各種工作。

一、秘書之定義

在各類辭典中對於秘書的定義摘錄如下：

● 簡明牛津辭典《Concise Oxford Dictionary》 中對於 "Secretary" 有如下的解釋：

1.Person employed by another to assist him in correspondence, literary work, getting information, and other confidential matters.

2.Official appointed by society or company or corporation to conduct its records, and deal in the first instance with its business.

3.Minister in Charge of Government.

4.Secretary of legation or embassy, ambassador's chief subordinate and deputy.

◎日本的《大漢和辭典》上，對秘書有如下的解釋：

1.秘密之書。

2.官名——掌圖書、掌文篤之官。

3.叢書之名。

4.政府、軍隊等之官名，司令官之直屬機密事項掌理官職。

5.有地位人士直屬機密事項掌理之人。

◎我國商務印書館出版之《辭源》上，對秘書之解釋如下：

1.謂秘密之書，其類有三：

(1)指圖籍之難得者，歷朝置秘書省，藏古今圖籍暨名書畫是也。

(2)指禁秘之書，如讖緯之屬。

(3)指秘要之文書，魏晉置秘書令，即掌此文書者。

2.官名

(1)掌圖書之官，漢以來之秘書監、秘書郎皆是。

(2)掌文書之官，魏之秘書令，秘書丞是也，今政府各級機關多有秘書之設。

四、秘書之類型

秘書的工作性質，在歷史上不論東方或西方，很早就有其存在。秘書的職業出現在各種行業中，職位因時代及其業務內容之不同，而不斷變更各種不同的稱呼，但是一直到現在，秘書並未減低其存在的價值。

從以上的說明可以看出秘書的職位出現在多種不同的行業中，因此我們可以就其工作性質和其所擔負的機能之不同而加以分類。

(一)以性質分類

■公職和私營機構秘書

男性秘書大都服務於公職，而且職等也高，屬於管理階層。在企業界服務的男性秘書，職稱多用特別助理名義，而且由於專業化職責的關係，更有將某部分職務由特定助理負責之情形，如公共關係助理、資訊管理助理、國際關係助理等。

女性秘書在企業界非常活躍，歐美女性秘書占了此職位百分之九十以上的比率，我國一般女性秘書多半在企業界工作，主要是做主管助理業務，除了特殊如建築、工礦或需要經常旅行的行業，其他大概也大都是女秘書的天下。

■企業管理者秘書

一般在企業界或公共團體擔任秘書工作者，其業務主要是協助主管文書、資料蒐集管理及辦公行政等比較瑣碎的工作，由於女性有著比較細心及有耐性的天性，所以擔任企業管理者的秘書最為恰當。

■行政管理者秘書

一般在政府機構、學校或社會團體擔任秘書者，其主要的秘書工作除了協助主管之外，尚負有一般行政工作的責任，例如專門負責文書、公共關係或人事等等，男女性擔任此類工作者占有相同之比例。

■專門職業秘書

許多自由職業者，如律師、醫師、學者、藝術家、設計家等，亦多聘有秘書協助處理行政業務或整理資料，在專門職業機構擔任秘書工作，除了一般秘書技能和實務外，對於所經營的專門業務亦應了解其所涉及之專業知識，以便更能了解工作之進行。

■政治家之秘書

中外都免不了有許多從事政治工作的政治家，如議員、立法委員、國民代表等等，通常他們都聘有人數不等的助理、秘書或顧問，來協助其從政的工作，此類秘書以男性擔任較為方便，女性則純粹擔任較靜態的辦公室內部秘書工作。

(二)以機能分類

■參謀型秘書

參謀型秘書擔任的工作幾乎可以代理主管處理某些事務，是主管重要的幕僚，如機構的主任秘書、機要秘書等。對於機構內之大小事務亦可提供建議供主管參考，雖然其工作對主管負責，但是在整個行政管理階層，占有很重要的地位，也由於工作較有決策性、權威性，女性比較不容易謀到這個職位。

參謀型的秘書在政府機構特別顯出其重要性，如美國國務卿（The Secretary of U.S.A.），以及各行政部會的秘書長、國際性機構之秘書長等，皆是舉足輕重的人物。

■副官型秘書

國家大事需要專門人員處理，許多例行及瑣碎的行政工作，

也不能沒有秘書協助主管處理，只不過這類秘書是以主管所授旨意處理事務，但是就其所擔任之工作及所了解機密事項之程度，可以知道其地位之重要，而所有管理階層的主管都少不了他們的協助。一般企業、社會團體等的秘書都是這種副官型的秘書，他們雖不能影響國家大事，但是他們的存在與否，卻能影響整個公司的正常運轉，特別是主管階層絕對少不了他們的服務。

(三)以性別分類

■男性秘書工作者

雖然男性秘書多活躍在政府或團體的機構中，並且占有頗為重要的地位，但是在一般企業中，男性秘書並不多見，而且大都以特別助理之名義從事類似秘書的工作，由於擔任職務瑣碎而繁雜，常有本身專長被疏忽而無發展的感覺，但若是表現優異，獲得公司及主管之賞識，也常是升遷之最佳途徑。

■女性秘書工作者

由於我國近年來經濟的蓬勃發展，各種公司行號國際化的經營，秘書的需求量也相對大幅增加，而且在台灣，女性的工作意識比我們鄰近的亞洲各國來得強烈，所以在工商業界，優秀的女性秘書都成為主管的左右手、企業不可缺少的重要一環。但是由於女性在社會體制中所擔負的角色和男性不同，除了工作還要兼顧家庭；其次是受傳統對女性能力評價的低估，使得女性在做了多年成功秘書之餘，很少能獲得應該有的平等升遷機會，這也是目前資深女性秘書工作者，所感到徬徨的一個事實。

五、社會形態之影響

由於東西方社會形態之結構及文化的差異，對於秘書或其他

職務工作的看法有著顯著的不同，僅分數點說明如下：

(一)命令傳送系統

美制秘書體制對命令的傳送是直線式的，所以不會產生太大的問題。而我國的形態，擔負著數種工作而職稱爲秘書者，或是設有專門秘書室單位內的工作者，常常會產生命令的傳達發生摩擦現象，這是因爲命令的來源有數位主管或是上級單位，而產生秘書是對哪位上司負責，或是聽命於誰的疑慮，秘書對其本身的技能在工作上也產生懷疑，從而對其工作之評價是否得到合理的薪資、公平的待遇等，這些都是因命令系統之不一而產生需要探討的問題。

(二)職位價值

東方的社會本質比較保守含蓄，因此在提到職業的時候，常常答覆是在某公司做事，而鮮提及職位，因此其職級可能上自總經理而下至最基層的職員，雖然如此曖昧的回答，發問者往往也對其回覆感到滿意而不再追問。這和西方人在提及職業時常說是工程師、教師或是記者等，先將自己專長提出的答覆全然不同，此乃是東方社會中，公司、團體爲社會所重視，因而對個人之專長在整個機構的大前提下忽略了，特別是某些稍有規模及名氣的機構，更是爲一般人在提到社會位置時，優先所提及之處所。

(三)人情義理

中國社會非常重視人情義理，在工作上非常注重部屬關係，似乎一朝有了從屬關係，則除了在工作之外，多多少少上司也照顧著部屬的其他生活，這完全是固有的人情觀念的影響。有的時候有一種不得已的心情去照顧或不得不關心自己的部屬，這是屬於一種道義上的責任感。至於部屬對於主管之順從態度，幾乎很

少反逆其意見，也是多少受著傳統義理的影響，這和西方社會凡事只講道理的態度是有所差異的，因此我們的社會有著做事講求「情、理、法」三面顧到的哲理。

(四)功利主義抬頭

過去的社會講究從一而終的工作態度，入了某行業或是組織，則長期而忠誠的為其工作以至老死，表現著明顯的忠實而愛護其主人及組織的精神。但是近年來隨著工業的發達，專業技術的受到重視，以及人們慾望的難以滿足，所以參與工作者，雖然機構從未打算辭退某人，但是職工會因為其他機構的職位和待遇的吸引，而經常變換對自己更為有利的工作環境。造成這種變動性頻繁的原因，固然是功利主義思想抬頭的影響，另一方面也是因為我們的公司機構，沒有終身職業的保障，以及完整而有利的福利制度，諸如退休金、企業分紅、薪資調整、年終獎金等等，都是留住優秀職工的條件。有了良好的制度，職工才能專心一意的工作，在公司至上的前提下，發揮高度技能，提高生產效率，貢獻自己的力量，發現個人的生活意義和價值。

從以上社會形態來看看我們目前的秘書工作，由於現代秘書是西方的產物，而多少帶有一點專業化的性質，所以往往秘書工作者在提及自己的職業時，不像其他類型工作者的曖昧態度，總是在公司名稱之後加上「秘書」的職稱，以顯示自己的職位不同於一般職員，更藉以表現自己專長的特性。

至於對主管之從屬關係，因為工作環境單純，且都做一些較沒有決策性的工作，所以順從主管之意思為工作之原則。主管亦因秘書為其最接近之輔助人員，在人情道義上也多所照顧，這是理所當然之情形。

談到從一而終的工作態度，目前台灣的企業界很少有此觀念，特別是能幹的女秘書流動性更大，幾乎是一有更好的機會，

就有轉變工作環境之意向，這倒不是和忠誠有什麼關係，而是受著社會風氣及女性工作意識越來越強烈的影響，女秘書們希望以不同的環境磨練自己，使更能適應這個進步的社會，體驗工作的意義，享受工作之價值與成就。

六、秘書教育與訓練

(一)美國的秘書教育

■學校教育方面

美國百分之九十的秘書都是女性，因此其程度大都是高中畢業經過短期秘書專職訓練或是社區大學兩年的專業課程教育，而加入秘書工作行列。

秘書工作沒有大學畢業的要求，是因為在其國內語言上沒有特別的需求，不過也許就是因為學歷的背景較低，所以其待遇一直不能提高，這也是目前美國秘書工作者力爭的焦點。不過近年來由於企業全球化及資訊的發展，工作人員的資質要求相對提高，所以大專學歷也是很基本的要求。

在美國，秘書或辦公室管理之課程以專業課程為主，再視特別需要，配合其他輔助課程，課程內容大體如下：

● 基礎課程

English（本國語）

Windows Applications（電腦視窗應用）

Interpersonal Relations（人際關係）

Principles of Economics（經濟學概論）

Social Science（社會科學）

○技術課程

Keyboarding Applications（鍵盤操作）

Filing Systems（檔案管理）

Information Processing（資訊處理）

Business Correspondence（商業文書）

Advanced Information Processing（進階資訊處理）

○其他選修技術課程

Bookkeeping ／ Accounting（簿記／會計）

Secretarial Accounting（秘書之會計學）

Business Math ／ Calculating Machines（商用數學／計算機概論）

Database Management（資料管理）

Introduction to Business（商業概論）

Office Procedures（事物管理）

Co-Op/Work Learn（團隊工作）

Customer Service（客戶服務）

Business Law（商業法規）

Public Relations（公共關係）

French（German）等外國語

Personal Adjustment and Human Relations（個人性向及人際關係）

Business Administration（企業管理）

Secretarial Skills（秘書技能）

Secretarial Procedures（秘書事務處理）

　　如果從事專門行業之秘書，如法律、醫療等，還要接受一般基本法律及醫療科目訓練，諸如法律用語、法律文書，及生理學、解剖學、醫學用語等等。

■專業行政協會（IAAP, International Association of Administrative Professional）

全美秘書協會（NSA, National Secretaries Association）是在一九四二年成立，而在一九八一年四月爲了更肯定職業秘書的定義，所以改名爲專業秘書協會（PSI, Professional Secretaries International），現在又更名爲專業行政協會（IAAP, International Association of Administrative Professional），專業行政協會在全美各大城市一年開會一次。協會的主要目的爲：

1.肯定專業秘書的定義。

2.提高秘書水準，舉辦各種秘書短期訓練及在職秘書訓練。

3.聯合從事秘書工作者，發揮共同力量。

4.參加地域性的秘書活動。

5.出版 *The Secretary* 雜誌（現已改名 *Offices Professional*）。報導秘書及行政助理現況、發表文章，以爲秘書及辦公室行政工作之研究改進。

此外在專業行政協會的外圍組織，專業秘書檢定認證（CPS, Certified Professional Secretaries），專業行政檢定認證（CAP, Certified Administrative Professional），每年定期舉辦檢定考試，除了美國本土外，還包括加拿大、波多黎各、牙買加等地，是一項非常具有權威性的資格檢定考試，其測驗科目包括：

◉CPS 考試科目

　　1.Finance and Business Law（財經及公司法）

　　2.Office Systems and Administration（辦公室系統及行政）

　　3.Management（管理學）

◉CAP 考試科目

　　除 CPS 所考三科外，加考一科 Organizational Planning（組

織企劃），內含：

　　1.Team Skills（團隊工作技巧）

　　2.Strategic Planning（策略規劃）

　　3.Advanced Administration（進階行政管理）

　　由於美國職業秘書協會的歷史較久、組織完善，所以在全球秘書界具有領導的地位，對秘書工作者之貢獻也最大。該協會並於一九五二年訂定每年四月最後一禮拜為「國際秘書週」活動，而該週星期三為「秘書日」，全球秘書在該週皆舉辦各項活動，熱烈慶祝自己的節日。

　　歐洲專業秘書協會（EAPS, European Association of Professional Secretaries）創立於一九七四年，總會設立在法國巴黎，每年由會員國輪流舉辦秘書會議。

　　亞洲秘書協會（ASA, The Association of Secretaries in Asia）是由菲律賓秘書協會會長 Virginia Pelbinias 於一九七四年二月創立，每兩年由會員國按入會先後輪流舉辦會議，我國則是在一九八〇年正式加入為會員國，並於一九八八年在台北舉辦第八屆亞洲秘書大會。

(二)日本的秘書教育

■學校秘書教育

　　日本最早的秘書教育開始於一九一五年，在教會學校設有秘書課程，但正式開始秘書教育則是在一九五〇年以後的事了。日本在高等學校設有秘書科，所以日本的秘書有一半是高等學校的學歷，主要是日本女性的就業時間不長，在職位的競爭上，也不是男性的對手，尤其結婚以後就辭職了，所以不論學校或企業本身，都沒有刻意去培養秘書人才。

　　近年來，日本有關單位也感到秘書工作者的真正需要，所以

許多短期大學紛紛設立秘書科，並有「短期大學秘書教育協會」的成立。日本教育主管機關並規定了秘書科的課程標準，其主要分爲三大部分：

1. 秘書理論、基本商業概念課程：秘書概論、社會心理學、人際關係論、企業概論。
2. 秘書實務課程：秘書實務、文書管理、國語、實用外國語。
3. 有關知識與實務課程：簿記、會計、商務法規、英文打字、秘書職務有關知識與技能課程。

■企業對秘書的培養

日本企業除了外商外，很多都設有秘書課的單獨行政機構，在秘書課的女性職員做著秘書和一般職員雙重身分的工作，因爲日本女性的工作年限短，工作意識也不太強烈，所以使得日本企業界對秘書工作的要求，也無法積極的伸展。但是目前的商業社會，培養有能力的秘書作爲工作助手，已是必然的趨勢，所以日本企業界對秘書的專門職業的地位，也漸漸確立。

企業界除了在公司內由資深的秘書訓練教導新進秘書外，也經常聘請專家、講師給予企業內部職員的在職訓練。新進秘書也被要求進入夜間秘書訓練班研修，或是到日本秘書協會所辦的短期訓練班進修。這些都已顯示日本企業界對專業秘書的重視。

此外日本尚有「秘書技能檢定試驗」與日本秘書協會舉辦之CBS（Certified Bilingual Secretary）試驗，以便日本秘書職業地位的確定，提高日本秘書的地位。

(三)中國大陸秘書認證

在中國大陸，雖然企業界的秘書工作是改革開放以後才普遍興起，但是由於認證制度實施完善，很快就制定了秘書工作的定

義及考試標準，秘書的定義爲「專門從事辦公室程序性工作、協助領導處理政務及日常事務並爲領導決策及其實施服務的人員」。秘書職業考試等級分爲初級、中級、高級三等。

◉ 初級：
  1.一年以上工作經驗者。
  2.培訓標準時數（二百五十小時）。

◉ 中級
  1.持有初級證書、兩年工作經驗、培訓標準時數（二百小時）。
  2.持有初級證書、三年工作經驗。
  3.持有大學秘書職業畢業證書。

◉ 高級
  1.持有中級證書、兩年工作經驗、培訓標準時數（一百五十小時）。
  2.持有中級證書、三年工作經驗。
  3.持有大學秘書職業畢業證書、一年工作經驗。

考試分知識及技能兩部分，科目有基礎知識、財經知識及法規、管理學、辦公室自動化，及文書檔案、接待、會議等事務性工作。考試因級別不同，對於文字及語言表達能力、事務協調能力、邏輯思考分析能力等，都有不同程度的要求。

(四)我國的秘書教育

■學校秘書教育

我國正式的秘書教育是一九六一年專科學校獲准設立以後，在商科及家政學校陸續設有商業文書科及秘書事務科，才開始爲工商企業培植專業秘書人才。近二十年來，其畢業學生成爲工商企業界秘書工作人員之中堅。

我國教育行政主管機構曾為秘書教育訂定教育目標及課程標準，謹簡述如下：

◉秘書事務科

目標：

• 培養政府機構、公私企業之秘書及事務管理專業人才。

• 充實中英語文知能。

• 熟習中英文打字，電傳打字（TELEX），中英文速記，電腦打卡及事務管理技術。

• 增進勤勞、服務、敬業、樂群等職業道德。

課程：

• 共同科目：國文、英文、中國現代史、國際關係、憲法、國父思想等大專院校共同必修科。

• 專業及相關科目：企業管理、會計學、心理學、國際匯兌、人事管理、國際貿易實務、禮儀、英語會語、英文作文、商用英文、英文打字、中英文速記、應用文、檔案與資料管理、秘書實務、電腦概論，及其他有關選修科目。

◉商業文書科

目標：

• 培養工商業一般行政業務人才及秘書人才。

• 訓練語言能力，協助推廣國際貿易，加強整體外交關係。

課程：

• 一般共同必修科目。

• 專業及相關科目：經濟學、會計學、貨幣銀行、企業管理、行銷學、國際貿易、公共關係、人事管理、市場研究、統計學、商事法、民法概要、應用文、商用英文、

英語會話、中英文速記、中英檔案管理、英文打字、翻譯、演說與辯論、秘書實務、電子資料處理及其他有關選修科目。

■職業訓練教育

　　為了企業界專業秘書市場的廣大需要，許多秘書職業補習班因此應運而生，企業管理顧問公司亦開專業秘書訓練班，以便有志從事秘書工作者及在職而願進修的秘書，能夠學習增進其秘書工作之技能，其課程多注重秘書工作之實務課程，以便結業後能馬上應付秘書事務的工作。

　　許多大型機構或企業為了增進秘書的素質，也經常邀請外界資深講師舉辦短期訓練，給予秘書工作者在職進修，對於交換工作經驗及吸收新知，非常有成效。

■企業秘書協會

　　中華民國企業秘書協會台北市企業秘書協會於一九七四年十月十九日成立，一九七五年七月一日高雄市企業秘書協會成立，一九九五年十月二十八日台中市企業秘書協會成立，而全國性的中華民國企業秘書協會是在一九七八年十二月成立，目前其下有台北、台中、高雄三個分會。中華民國企業秘書協會為國際專業秘書協會聯會會員，代表參加各項秘書之國際會議。一九八○年四月第四屆亞洲秘書大會通過中華民國企業秘書協會正式成為其會員國。一九九二年一月中華民國企業秘書協會更名為「中華民國專業秘書協會」，二○○三年六月二十三日，台北市專業秘書協會更名為「台北市專業秘書及行政人員協會」，英文名稱為 "Taipei Professional Secretaries and Administrators Association"，簡稱為 TPSAA。

　　我國秘書協會除了團結全國秘書工作者外，目前只能辦理一些短期專業訓練課程，以增進秘書工作技能，至於秘書檢定的工

作，尚未設立專門機構辦理，所以秘書的素質並無嚴格的要求。今後為培養職業秘書的社會地位及職務的確立，秘書的教育體制應該制定，充實教學內容，並且要有檢定資格之考試制度，使取得資格之有志秘書工作者，有專業性的資歷和權威。

近年由於企業管理知識之受重視，所以各行各業分工越來越細，秘書為適應各種不同職業之需要，將來的教育將有分別訓練之情勢，諸如：政府機構、醫療機構、法律機構、企業界、一般人民團體等特別針對職業需要的教育訓練。以我國目前的秘書教育情況，實在迫切需要建立起秘書制度的體制，方能使秘書這種職業性的工作有所進步與發展。

訊　　息　　小　　站

台北市專業秘書及行政人員協會

P.O. Box 53-613 Taipei　　http://www.secretary.org.tw

Taipei Professional Secretaries and Administrators Association

宗旨：

✎提高秘書對其專業之興趣，並促進其聯繫及團結。

✎鼓勵秘書接受專業訓練，並繼續進修，進而發揮其心得及才智以利人利己，俾提高專業服務之水準。

✎促進本國秘書之友誼及了解。

✎喚醒並激發秘書對其本國經濟及企業發展與國際事務所應負之責任感。

任務：

✎舉辦各種事業及專業之演講及座談會。

✎舉辦專業秘書之聯誼活動

✎出版有關秘書事務及專業之刊物。

✎輔導秘書之就業問題。

第二章
秘書工作的意義

一、功能、業務、條件、生涯規劃

　　隨著時代的改變，辦公室機器及用具的進步，許多文書和重複的工作都可由事務機器代勞，因此很多人提出秘書的職位和功能是否可以隨著時代的變更而被淘汰。不可否認的，秘書過去所做的事務，因爲事務機器的發展而減少了大部分文書及行政的工作，但是原始的文書稿件還是需要人員來處理，只不過印製、修正、傳送可以減少不少人力而已。何況許多辦公室聯絡溝通的事務，就更需要人性化、無規則可尋、變化的方式、有彈性及機動的隨機處理了，這類工作絕不是機器可以代勞的。所以秘書的職務和功能在辦公室是絕對有存在的必要性，只不過因爲事務機器的協助，文書行政工作節省許多時間。因此秘書工作者可能需要擔任其他項目的工作，或是一位秘書要負責兩位以上主管的秘書工作。傳統的秘書工作者要調整心態去適應辦公室的變化，更要配合不同主管的工作要求，才能在現代的職場生存。因此工作環境雖然不斷在改變，秘書工作還是有其功能和業務的。

(一)秘書的功能

■輔助管理者的功能

　　在高度成長體制和低成長體制經濟構造變換的時機中，高度成長時期，稍有一點散漫的經營，企業仍能照樣成長和生存，但是在目前的低成長時代，面對全球的競爭力，企業經營的環境必須非常嚴謹，否則即將遭到淘汰的命運，所以企業一定要以有限而精銳的幹部，高效率地經營企業。因此如何使有限的人員發揮組織最高的機能，是使企業成功不可缺少的經營方式。而作爲職員重要一分子的秘書，也不能僅以普通的情況來應付工作，而應

做到職務有存在價值、跟得上主管的腳步、跟得上企業變化的速度及世界潮流的趨勢，真正對主管有所幫助的角色。

在現代社會組織複雜而又流動性非常大的經營環境裡，經營方式已走向情報化及國際化的時代，因此經營方向的判斷稍有失誤，就會造成企業的致命傷，所以企業經營和管理階層如何判斷正確的狀況，其適當的意識決定是很重要的，當他們要做狀況的判斷和意識的決定時，最重要的就是各種資料和情報的來源正確，這時候擔任情報蒐集及管理的秘書工作者，就能充分發揮其功能，表現其對企業的重要性。尤其近年來自動化及資訊化的辦公室環境，秘書的工作和角色有了大幅度的變化，秘書已轉換為管理的助理（administrative assistant）角色，工作的內容也擴大許多，對管理者更形重要。

■ 聯絡中心的功能

在一個組織體中，我們可以很明顯的看到秘書在主管及公司內部和外部的聯絡功能，因為在正常的情況下，主管的書信和命令，泰半以上皆是經由秘書而傳達到公司內外有關部門。同樣的，公司內外消息的傳入也是經由秘書這條管道而到達主管，所以秘書可以說是整個公司的中樞神經，沒有這個中樞神經的聯絡網，說得嚴重一點，全體公司的機能可能會因而停頓。

當然，秘書在扮演聯絡機能這角色的時候，應該非常慎重的處理，不能將所有的資料和情報不經選擇的就傳出或傳入，徒然增加主管的困擾。而是要在聯絡過程中，扮演一個濾網的角色，小心的將有價值的資料輸送出去，不可因個人之主觀，而錯判情報的價值，也不能誤傳消息，更不能因疏忽或大意將機密情報為競爭者所獲取，這都是秘書在做聯絡工作時，非常需要注意的原則。

除了口頭傳送資料容易失誤外，就是有關電信、電話、無線電、電視、傳真或是經網路等的文件傳送，有時亦會發生差誤，

尤其是現在的業務都會涉及國際性的來往，各國不同的語言所引起的誤解，更是比比皆是，這就要靠秘書憑著個人的經驗和謹慎、細密的態度來判斷，傳送正確的資訊給要傳送的機構或個人，達到聯絡之功能。

談到秘書過濾資料和情報（information）的功能，就是要將原始情報除去不必要的部分，將有用的通過第一道濾網，然後再將此情報的焦點集中及匯合整理，將重要而有關聯的情報通過第二道濾網，最後選擇對本公司有用的重點資訊通過第三道濾網，擴大發放出去。在這三道過濾過程中，大部分的秘書僅能做第一道濾網的工作，資深一點的秘書第二道濾網的工作應該可以勝任，做這二道濾網最要緊的就是要排除個人的主觀和偏見，正確判斷，找出焦點和目的。至於第三道濾網的工作大都由主管去決定，而後經秘書將主管決定的事項傳送出去，表現秘書聯絡上真正的功能。

🌐、秘書的業務範圍

談到秘書的業務範圍，實在是既廣又雜，並且每一個公司背景不同，主管負責業務不同，個人個性、能力、經驗等因素的不一，除了日常固定的工作外，有時還要隨著主管業務之變化而做調整，更要機動性的應付許多突發事件，所以工作性質是變化多端的，但是我們如將其總括來看，其業務應可分為三大類，即事務性業務、資訊情報管理業務及人際關係業務三大類，現略分述如下：

(一)事務性業務

秘書的事務性業務，大部分是比較固定的文書行政工作，如

書信的整理——處理函件的往來、寫信等，中英文文書處理、檔
案的管理、報告之整理和書寫等，除了大量文書業務外，還有辦
公室管理、會議安排與籌備、電話業務、約會安排、訪客接待、
主管公務旅行安排、主管個人資料及財務管理等等，凡此種種都
是秘書日常所須處理之事務，除了需要有良好的技能條件外，尤
其需要電腦操作能力的配合，方能迅速而正確的將事務處理得有
條不紊，如果不能隨著潮流進步，維持原狀就是落伍，現代的秘
書要有危機意識，具備資訊處理的能力，絕對是秘書工作者最優
先為雇主所欣賞和要求的能力。

(二)資訊情報管理業務

　　所謂資訊情報管理業務，也就是資料情報（information）的
蒐集、提供、管理、活用與交換。對於資訊要能夠使蒐集的資料
（data）成為有價值的情報資訊（information），最後更要讓資訊
成為有用的知識（knowledge）。 前面曾提過，資料情報的輸出和
輸入都要經過秘書這個重要的孔道，當主管將情報交給秘書傳達
下去時，首先秘書就要根據情報的質和量，按其重要性、機密
性、緊急性來安排傳送的優先順序，如果主管交下多量的資料情
報，秘書就要在量中整理出優先順序，這整理工作中也許包括從
各處蒐集的資料，或是做成書面報告的形式，或是要選擇何種傳
送媒體等工作，最後才將情報以最適合的方式或是主管指定的方
式傳播出去。在資訊蒐集及傳送的過程中，必須要做到以下數
點：

1.正確性：也就是秘書在蒐集資料和輸出情報時，就要考慮
　提供正確資料給主管參考，傳送方式亦應選擇可靠的輸送
　途徑，把正確的資料用正確方法傳達下去。面臨網路資源
　豐富取得容易，分辨資訊的正確性就不可不慎了。

2.迅速性：商場如戰場，如何將所得到的情報有效而迅速的推展下去，往往是企業成功之因素，因此在傳送上可選擇電話、傳眞、電腦網路 （internet） 等快速的媒體。

3.機密性：若不能保有情報的機密，則一切情報就失去意義，所以在蒐集整理及傳送時，媒介的選擇往往影響情報的機密性。例如現在的快速傳輸工具如傳眞、電腦，都可即時傳送，但卻是不能絕對保密的工具，傳送機密文件時不能不愼。

4.經濟性：情報之最終目的在獲取經濟的利益，所以蒐集資訊時要考慮是否值得花費人力、物力、時間去做這件工作，傳送時也要根據情報之性質，來選擇傳送媒介，以達經濟效果，非時效性情報可採一般文書方式傳送。

至於情報的輸入，不論書面的、口頭的或是網路下載的，在到達秘書這裡時，一定要經過一道過濾的工作，也就是要將資料分類出哪些可以摒棄不要，哪些可以保存，哪些確實可以送交主管，在送交主管之前，最好能將其他有關同類之有價值的情報一併提交，以便主管更容易做全盤之參考。轉交方式可以將無形的資料做成有形的情報，將多量的資料濃縮成精華及要點式，以節省主管接受資料及情報之時間。

情報的輸入當然亦要求正確和迅速，因此在整理過程中，電腦文書編印的工作，是幫助傳送迅速和正確的方法。所以這種基本的技能是在秘書工作中非常受重視的。

由於資料傳送的方式是主管而秘書，再到一般職工及大眾，或是以相反的方向運轉，在這種傳送過程中，人際關係占了重要的因素，如何圓滑地處理人際關係，在秘書工作中是另外一項重大的業務。

(三)人際關係業務

　　資料和情報的獲得及傳送和人都脫不了關係，秘書在這種交往中擔任潤滑劑的機能，絕對不能心存偏見來取決情報的價值，也不能因為情報無用而忽略了提供者之人際關係。此外，同事關係的和諧、溝通的橋梁工作，也是要靠平時建立的良好人際關係。所以一位專業而優秀的秘書，應該注重禮節，以冷靜而正確的判斷力，加上慎重之心思及本身的資質，去靈活的處理複雜的人際關係。

　　除了個人的人際關係外，主管的人際關係、公司的公共關係，亦是人際關係業務中重要的工作，如主管的日程管理、訪客之接待、電話之應對、主管對外事務的接洽、公司內外之聯絡及其他臨時的事務等，都少不了與他人發生關聯，尤其東方人講究人情關係，有了良好的人際關係，凡事就容易辦得多，所以在秘書工作中，這種無形的人際關係工作，也占了業務處理時重要的分量。

　　至於公司整體對內對外的公共關係，有專職的公共關係行政單位處理政策技術問題，秘書僅是配合的角色予以協助。通常在沒有公關單位的公司，秘書會兼辦某些公共關係的業務，因此對於公共關係的實務技巧和能力培養，也是必須努力的方向。

三、秘書工作的內容

　　「秘書」這個職位在機構中，其地位比較超然，其職務的規劃也不容易具體，甚至「秘書」這名詞代表一種時髦的、輕視的意思，這些不正確的觀點，一方面是一般社會大眾對秘書工作的誤解；另一方面也是秘書工作本身的內容沒有一定的規範，以致

在目前的工商企業中，秘書雖占有重要的地位，也是行政工作中不可少之一環，但是由於工作的瑣碎，內容的不具體，仍不容易在職務中建立起工作的權威，這是今後從事此種工作者需要努力的目標。

秘書的工作內容雖然包羅萬象，但是仍然有一些秘書應該要知道的工作以及工作的技巧，若以秘書工作的內容來分，大致可歸類為以下數項：

(一)接聽電話

電話的使用，在每日的秘書工作中，占有很重要的分量，如何聽外來電話，如何打出電話，雖然是很平常的工作，但是處理不當，不但個人遭受批評，進而影響主管名譽，甚至破壞了企業形象，使企業之業務蒙受莫大的損失。關於電話業務本書於第八章將詳細討論。

(二)安排約會、接見訪客

雇主的地位越重要，約會也相對的增加，因此對其每日的日程表，不論接見訪客、宴請來賓、參加宴會、會議或主持會議，都應當將時間妥為分配，使主管能在緊湊的日程表中，完成工作的目標，同時得到應有的休息。

越是規模大的企業，涉及的範圍越廣，越是地位高的主管，其賓客越多，因此作為各主管或部門的秘書，如何接待來賓，也是工作中不可少的課題。一般來說，訪客未見主管之前一定先接觸主管的秘書，甚至對第一次來訪的賓客，秘書還須在主管和賓客之間，做介紹的工作。因此對待來賓的態度、說話的語調，皆能使訪客留下深刻印象，從而影響其對本機構的觀感，達到彼此相談的目的。所以秘書在接待訪客時，不能不隨時留意，務必做一個成功的接待者，達到秘書應有的水準。

(三)信件書信處理

通常一個機構的主管來信的範圍很廣，有公事上的信件，有報紙、雜誌，有宣傳品、私人函件等，數量一定相當可觀，而主管本身工作繁重，不可能封封皆有時間拆閱，因此初步信件處理工作就落在秘書的身上，來信中哪些信應送主管親閱，哪些僅呈重點，哪些需要回信，哪些轉送其他部門參考，其處理的方式，可以與主管協調取得秘書拆閱信件的範圍，並從主管的個性及平時的工作經驗中，加以判斷。

英文書信之撰寫打字，是目前我國企業中秘書主要工作之一，如何把握重點，如期發信，如何打出一封整齊美觀，合乎標準的信函，都屬於秘書的專業技能，除了學業上的修習外，尚要配合實際工作經驗，以求進步。

至於中文書信，因為現在電腦的應用非常普遍，所以普通中文信件大都以電腦打字代替過去的書寫方式完成，除非特別情況要由專人以毛筆書寫給特別的收信者。

(四)抄錄指示、文稿整理

主管常有所指示或是演講稿件，需要秘書整理打字發出或是存檔，不論何類文稿，在整理完畢後應請主管過目再行發出或存檔，以免日後發現錯誤，更改不易。

主管平日之便箋、文稿有保存價值者，也應裝訂存檔，以備查考。

速記是一項專門技術，但是近年來，由於主管的時間調配不易，難以在繁忙的工作中口述文件，即使有口述之需要，秘書也可用電腦打字記錄整理後交主管修正。但是現在主管大都是指示大綱或用錄音等方式，要求秘書完成書信或文稿的工作。

(五)報告及簡報製作

　　企業的每一單位，在適當的時間，都要提出業務或工作報告，因此必須蒐集資料，充實報告內容，整理彙編成冊。請主管過目認可，然後打字、印刷、裝訂成冊，以備所需。

　　簡報是企業對內對外溝通與傳達訊息的重要工具，如何為主管或自己製作一份有內容又生動的簡報，是秘書應具備的技能。除了製作簡報外，在公開場合表達簡報的能力和技巧，也是秘書要學習訓練的。

(六)公文處理

　　行政工作、處理公文是每一個工作人員的職責，秘書要對文書處理的流程非常清楚，才能對主管的公文做初步處理，或是附註意見，或是直接呈核，對於其他部門送來的公文也能做初步檢查，步驟是否遺漏、附件是否齊全，並可提醒主管公文的時限，以免主管因業務繁忙而耽誤公事。

(七)檔案及資料管理

　　檔案管理是一項專業知識，也是一個機構中過去經營的成果，因此如何將機構有保存價值的資料整理、分類、保存、調用，是每個業務承辦人的責任，除了專門管理檔案人員需要絕對專業化的知識外，秘書對於本部門的資料在未送入檔案管理部門或是須自行保管的情況下，一定要了解檔案管理的基本方法，以便資料儲存方便，尋找參考也容易，達到保存檔案及資料的目的。

(八)會議籌備安排管理

　　主管主持或參加會議的機會很多，部門或公司的會議也常是

秘書的工作，因此籌備安排會議成了秘書工作能力的一項實質考驗，舉凡會議性質的了解、會議地點的決定、通知的發放、會場的布置、會議資料的準備、會議當時的接待、會議中秘書的工作、會議的記錄整理、會議決議之執行等等，皆要考慮周到完備，方能使會議圓滿成功。

(九)主管公務旅行安排

交通的發達、貿易的頻繁，公務旅行勢所必需，主管出差，秘書要了解其意向，以便安排行程、預訂旅館、預訂交通工具，並準備所需的資料、編排行程表。主管旅行期間之聯絡電話、地點亦應掌握，以便重要事件之聯繫，旅行回返後應行處理之事亦不應耽誤。若是國外公務旅行，則出國手續之辦理、簽證的取得，務必把握時間，以免延誤行程，並在主管返回後協助盡快進入工作情況。

(十)辦公室行政管理

辦公室行政工作之控管、主管辦公處所的清理、環境的布置、個人辦公處所之管理、主管的名片管理、辦公用具的訂購及請領、個人及主管的時間管理等，這些都是作為一個秘書工作者隨時要注意的辦公室工作。一個整潔、雅致的辦公環境，可以提高工作的情趣，增加工作效率，這是無可否認的事實。

(十一)公共關係

公共關係最基本的定義就是溝通，公共關係是解決企業體或個人對內、對外溝通上之問題。企業的公共關係包含內部員工關係，對外股東、消費者、媒體、社區、政府、經銷商、批發商等的關係，這些工作不只是企業的公共關係部門的工作，公司內部上下層之命令傳達、意見交換、平行單位之協調、勞資關係之改

善、對外各有關來往對象之溝通、公司形象之提升、知名度之傳播、產品之促銷,都是公關的工作。尤其沒有專職公關單位之企業,秘書要負起一部分的公關工作責任。所以認識公關、做好公關是秘書之重要工作。

(十二)辦公器械之操作

現代化辦公室電腦的功能強、通訊快,又無距離、時間的限制,它是秘書工作者不可少的工具,所以對於電腦的功能、軟體的使用不但要非常嫻熟,並且還要跟得上新的軟體功能發展。對於辦公之其他器械如影印機、傳真機、投影設備、攝影器材等之操作,亦應有相當了解,以利工作之進行。

(十三)主管個人資料之保存與財務管理

雇主個人的人事資料、各種榮譽獎勵,都應該蒐集齊全,做成完整的檔案,並不時換新補充。與雇主個人興趣有關的資料,亦可分門別類整理裝訂成冊,提供其公餘消遣。

主管的個人財務應單獨列帳,收入、開銷隨時記帳,每到一段落,應出示主管過目查核,以示公私分明。

有些秘書要協助編列單位預算,預算應在會計年度終了前編列完成,交由主管核可,送交會計單位,以為下年度用度之準繩。預算編列可參考過去之年度預算,按事實需要加以增減。編列時應考慮周詳,以免漏列,致需用時發生種種不便。

(十四)幕僚緩衝地位

秘書工作者大都是主管最親近的幕僚人員,所以對於事件不論大小,都應提供決策性的建議,提醒主管對於某項事件的注意,輔助主管做一位能幹的主管,而秘書本身成為一位周到成功的幕僚。

　　秘書是主管身邊最接近的人，也最能了解主管的個性及做事方式，由於這種身分，極易在整個機構中造成特殊的地位，所以平時待人處世如何在主管和同事之間發揮橋梁的功能，溝通上下的意見，使自己不要處在孤立的地位，而又能使整個機構同事與主管和睦相處，這就要靠秘書妥善利用其在工作中的緩衝地位，遇有疑難之事，方不致使衝突正面化、尖銳化，從而以平和的方法解決大家的問題。

四、優秀秘書的條件

　　秘書工作者既然是企業職級中不可否認的職位，也是主管心目中不可少的得力助手，更是這個時代女性所嚮往的職業，那麼到底什麼樣的人才適合做個好秘書呢？當然應從管理者的角度去配合其要求，才能做好協調溝通橋梁的工作，茲就以下數點分述之：

(一)專門知識與技能

■秘書工作之知識

　　現在有許多機構的秘書，並未受過專業訓練，因此擔任秘書工作時，往往不了解自己該做些什麼工作，如果主管亦不能發揮指導的責任，則往往要花費許多時間和精力自工作中去摸索這方面的知識。尤其秘書工作是配合管理者的工作性質及其做人處事的態度來完成其交付之任務，如果不能了解自己的角色調整做事的方向，配合不同管理者的個性來協助其工作，就不能算是一位稱職的秘書工作者。所以了解秘書工作內容及知識，是做這類工作的第一項條件。

■實務方面的技能

　　過去歐美的秘書必須要有打字、檔案管理、事務機械的操作、行政工作處理、電話禮節及公司組織等的專門技能。以我國目前經濟發展的形態來看，一般企業界對秘書的技能也做同樣的要求，管理者需要秘書能有處理行政工作的知識和能力，其中語言的能力更是我們特別注重的。此外由於電腦的發展和普及，每一個工作人員都必須有使用電腦的能力，秘書的工作對於電腦的使用更是要走在企業的最前端，所以秘書應該接受最新的電腦訓練，以便資訊的傳送和文書管理及事務處理，經由電腦更為迅速而確實。e化的時代溝通方式起了很大的變化，信件直接用電子郵件收發、文件直接傳送、老闆的行程直接輸入他的 PDA 就可以了，未來還不知有多少技術會開發出來要去學習，所以實務的技能是隨著時代的要求而不斷提升的。

■專業知識

　　每一個行業有其專門的知識，如企業界不能不了解企業管理、商事法、會計等商業課程，法律界有其法律知識及專有業務，建築業有其業務範圍等等，因此在某一行業擔任秘書工作，一定要盡快吸取其專業知識，以便在最短期間就能進入工作情況。學習的方式，首先在公司內部多看過去的資料檔案，盡快了解產業的相關知識；此外，更要虛心向同事上司求教，從別人經驗中去學習。其次，參加外界團體或企管顧問公司的訓練講座課程，一方面增進專業知識，另一方面也可為未來生涯規劃做好準備。

(二)經驗

　　學問、技能雖然重要，但是專業性的秘書還要有經驗的配合，在許多的求才廣告中，徵求優秀秘書多半附帶要求有多少年

經驗之條件。經驗是工作的累積，是個人浸淫某種工作之體驗。有經驗的秘書，不必主管交代，就能以其經驗，正確的判斷力，冷靜而審慎的處理事務，以其積極、主動、隨機應變的能力，圓滑的推動工作，若加上其純熟的技能，就是一位非常優秀而受歡迎的秘書了。

秘書的範圍很廣，其職務很難以明確的定義給予描述（job description），如何掌握情況、抓住要點，展現高效率、高品質的工作成果，經驗還是無可取代的，這也是很多高階主管不願輕易更換秘書，避免重新訓練和適應的煩惱。

經驗的取得，最基本的方法是從書本中吸收專業知識，其次是多參加演講、座談，從專業人士的經驗中學習其知識和技巧，經驗的累積，最有效的方式就是自己多做、多請教前輩，從做中累積經驗，這才是真正屬於自己的經驗，才能在這行業稱為專業人員。此外如何在經驗之外，積極增加個人的附加價值與競爭力，在這個「變」的大環境下不被取代，也是秘書要不斷努力的方向。

(三)健康

健康是事業之基本，沒有健康的身體，萬念俱灰。而管理者需要一位嚴守時間的助理或秘書，能夠在上班時間隨時準備好接受其工作的指示，迅速完成交代的工作，所以如果常因健康的因素不能隨時待命於辦公室，對主管是非常不便的。秘書雖然不是什麼了不起的事業，但是工作的性質卻是機敏性、勞心又勞力，除了技能的工作要勞心外，還經常要用良好的體力應付一切日常活動，因此若是沒有良好的健康做基礎，一切工作無法積極而主動的展開，更遑論秘書的責任感和工作意識了。

健康也影響工作的態度，身體情況不佳，不僅工作不能勝任，服務的態度也一定受到影響，對個人的形象、公司的形象都

會產生不良的後果。

(四)資質

雖然技能、經驗是非常重要的條件，但是資質可以說是從事秘書工作最原始的資產，要有主動、積極、融通、用心學習、全心投入的性格，所以曾經有些主管要求秘書要有 4H（Hearth, Hear, Head, Hand）的條件，也就是要身心健康、用心投入、思考周到、動手執行才是合適的秘書人員。換句話說，有著這種秘書的資質，才能夠很快的運用到工作上去，使工作順暢。所謂資質，大約可分以下數點：

■秘書的工作意識

從事每種工作，都會對這種職業的工作多少有些工作意識，也就是要對這種工作產生一種熱愛，對工作有強烈責任感和使命感。秘書工作更要有這種工作意識，要能夠犧牲自己的事務去將就工作的情況，要能夠站在協助和配角的地位去為主管處理事務，榮耀光彩主管享有，失敗錯誤秘書要能承擔，這也是女性的個性特質較能從事此項工作之原因。

■責任感

任何的工作，沒有責任感就不是一位好的工作人員，秘書尤其如此，要以本身的工作態度及學習精神作為其他職員的表率，不遲到、不早退，忠誠的對待同事，盡責做好工作，才能獲得尊重。此外，秘書因為工作的性質及接觸的人和事，都較靠近管理核心，所以「忠誠」是很重要的操守，對主管及對所服務的機構忠誠也是責任感的表現。

責任感也表現在學習的能力及接受教導方面，一位稱職的秘書會不斷主動學習新的知識技術、接受新的挑戰，也能誠心的接受他人的教導，配合不同主管的工作指示做好工作。

■效率

秘書比其他的職員更應該是位效率專家，凡事要抓住重點，分析事務的輕重緩急，利用組織的能力，正確的判斷，積極處理業務。管理者需要一位能獨立作業的助理或秘書，可以正確判斷及處理事務，也希望在公司發生意外事件時能主動擔負起處理的責任。秘書除了保持自己的工作效率外，也要注意主管的效率，不要耽誤了公務的時效。

■優良的態度和儀表

由於秘書工作中，人際關係十分重要，因此秘書的態度和儀表也是不容忽視的。待人處世的態度，雖不是短時間內就可以訓練或培養得好的，但總是應該本著基本的做人態度，有禮貌、誠懇、守信、謙和的與人交往，凡事多為他人著想，相信在人際關係上都能無往不利。

俗語說：佛要金裝，人要衣裝，秘書倒不必要打扮得多麼花枝招展，但是工作的性質常要做接待訪客的工作，因此在服裝、儀容上要有適當的修飾，整齊、清潔、適合年齡身分的打扮是其要領。培養優雅的個人儀態、良好的儀表可以增加自己的自信，加深別人良好的印象，對本身和公司的形象都有必要。

■品格和氣質

品格（personality）可以說包含了一個人的性格、能力和氣質，這三方面有的是先天的，有的是要靠後天培養。人的品格受教育的影響最大，家庭的教養及生活的體驗，也是使品格發生變化的因素。

人生的意義就是要使生活、工作有其價值，因此每一個人都應有其不同的價值，所以應該秉持天賦的性格，鍛鍊自己的能力，培養完美的氣質，使自己擁有一份屬於自己的品格，雖然年華老去，但是其品格氣質和風度卻是永遠長留人心。

訊　息　小　站

SECRETARY WANTED：
LOOKS LIKE A GIRL ／ THINKS LIKE A MAN
WORKS LIKE A HORSE ／ ACTS LIKE A LADY

這是某國外公司徵求秘書的廣告，初看之下，非常不解，仔細想一下，卻是將一位優秀的秘書特質全在這四句話中表現出來了。

🖎Looks like a girl ：表面上看來是要年輕像女孩子一樣，以歐美的秘書年齡偏高的情況，其實是不合理的，所以其真正的意義應該是要求有女性的特質，能在辦公室的環境做協調、溝通橋梁、潤滑的角色。

🖎Thinks like a man ：基本來說這項稍有歧視女性的意味，似乎女性不如男性有遠見果斷及權威，但是，如果以老闆的角度來說，應該是秘書要能跟得上老闆的腳步，能夠跟著主管的節奏與脈動做事，才能主動、正確的協助老闆做好工作。

🖎Works like a horse ：這項絕對是老闆的要求，又要馬兒好，又要馬兒不吃草，還要馬兒快快跑。能馬不停蹄的工作，隨時待命，在時限前就能完成交代的工作。

🖎Acts like a lady ：秘書不只要十八般武藝樣樣精通，還要表現出淑女風範，其實這句話的意思是要有自信，有禮儀的修養；有工作的能力，能適時解決問題並適當表現出來，受到應有尊重。

五、秘書工作未來之展望

時代的巨輪朝著管理時代前進，隨著管理階層的發展，管理部門的責任亦趨重大，而輔助其工作最重要的秘書，當然益形重要了。何況企業營運追求的價值、工作倫理，人性追求的價值、人際關係，這些基礎道理是永遠不變的。在時代的改變下，秘書人員如何調整角色，協助主管團隊最有效的利用資源，創造自己及公司的價值，才是最重要的課題。

秘書工作可以說是一種服務性的職位，是將主管的構想移過來做準備工作，然後再將準備好的工作傳達下去，以便按照計劃實施，所以是決策階層到實行階層必經的橋梁。

雖然有些人認為秘書在真正生產過程中，沒有太大的存在價值，但是生產中任何計劃的推行，都要經過秘書的準備和傳送，所以儘管古今中外，其職位不盡相同，但是秘書在這個時代的意義和價值是不容否認的。

(一)數位時代秘書職位價值

秘書職位在整個企業的重要性是絕對確定的，其資格和職務已被現代社會完全接受，秘書將不是主管的附屬品，而是其同夥人，是一個工作團隊（team work），如何在主管、客戶、同事之間完成工作，需要充分的溝通技巧及團隊的合作精神，如何利用在組織中獲得的知識和才能，達到人際溝通（networking）的效果，並配合專業的訓練（training），才能在秘書的職場中，占有重要的價值。因此美國、加拿大都已將秘書的職稱改為行政專員（administrative professionals），表示對秘書辦公室行政工作的定義之確認。

尤其處於數位時代，秘書要面對工作轉型、工作調整的衝擊，在這個電腦網際網路應用普遍化的時代，許多主管以前完全靠秘書協助完成的工作，現在可用電腦輕而易舉的自己完成，例如以前寫信的工作要先口述內容由秘書做好初稿，經過修正、打字、簽名後才能發出，而現在主管自己在電腦前面用電子郵件就可直接與他人聯絡，又快又好。又如業務的報表以前完全是秘書的工作，現在雖然秘書還是要做這種例行工作，但是主管不靠秘書幫忙，也能很容易的利用電腦中的軟體格式自己完成；更有許多主管的簡報自己就在電腦前製作完成。所以現代秘書已跳脫過去數十年的傳統角色，秘書職位在公司的重要，要以另一種方式表達，也就是要爭取秘書職位為公司管理階層的一個層級，從被動的主管助理角色轉換為主動的辦公室行政管理人員，工作的範圍將更深更廣，在工作中要有相當的權限，對工作要有絕對的自信，這也是歐美各國秘書工作的趨勢。換句話說，秘書一定要有專業的知識，要知道國家大事，歷史演變，也要知道如何去磋商問題，爭取應得之利益，如何利用職業性之團體，維護及推動秘書的專業，真正在管理體制中表現秘書的價值，造成秘書的新形象。

(二)管理技能之需要

作為專業的秘書一定要有才幹（talented）和技術（skilled），很多公司願意提供有競爭性的薪水、加重責任、適當的升遷機會，來徵求能幹的秘書。因此秘書應該要不斷的充實自己，加強工作技能、學習新的技術、尋求新的工作方法，以便機會來臨時，能立刻成為一位出色的秘書工作者，或是轉換工作跑道時能有所發展。

此外，現代的秘書，不僅僅是聽主管的吩咐做抄寫的工作而已，還可能是主管周圍團體的一部分，可以考慮和決定一部分的

事情；也可能需要坐在會議室對某些問題發表意見。因此秘書的
水準要求越來越高，除了秘書本身的技能之外，對於管理方面的
知識，也成為專業秘書必須具備的條件，一位專業稱職的秘書不
僅是主管的工作夥伴，也是在決策及討論時的一個重要參與者。
更何況如今國際秘書協會將「秘書」頭銜改為「行政專員」，其
工作的範圍要求更廣，舉凡文書工作、會議管理、電腦軟體運
用、資訊管理、員工溝通、顧客服務、公共關係、辦公室管理、
訓練講師等管理技能，都被列入工作的範圍。

　　由於秘書的角色和工作內容有著快速的改變，因此，在組織
體制中，秘書應納入管理的職位，而秘書也需要管理的技巧和技
術，有組織管理的潛力，秘書和管理工作應該合而為一，接受挑
戰性的工作，確立秘書的地位，分享機構的進步和發展。

(三)現代化辦公室

　　由於科技文明，使得工作的性質明顯的有所改變，尤其是資
訊科技工業的發達，許多制式文書和重複性工作，藉由機器處理
的越來越多，人力的工作相對越來越少。自動排版編輯、統計計
算、設計各種表格、電腦化處理郵件、資訊銀行及其他各行各業
的自動化設備，不斷的在改變與革新，這種高科技環境對秘書工
作產生巨大的衝擊。

　　所謂 e 時代的來臨，辦公室工作越來越電腦化，每個辦公室
工作人員面前都有一台電腦，取代著以往用紙張，費時、費力、
又費錢的工作。職場生態也發生了莫大的變化，原來累積多年的
工作經驗，一成不變的工作方式使得工作順暢自然。而現在卻要
面對快速的改變，其衝擊和壓力使辦公室的文化有著與過去不同
的情景。秘書通常是最先接觸改變的工作者，如不能學習改變，
很快就會被淘汰。所以秘書要能使用網路的資源，蒐集資料，下
載有用的資訊，整合、分析、提供主管及工作的需要。更要使用

網路處理開會、採購、訂公務旅行交通票券、訂旅館、與客戶通信往來等，使用與以前幾乎完全不同的工具來做辦公室的工作。

電子郵件可利用微像將資料或信息傳遍全世界，事實上目前的網際網路、電腦連線、電話傳眞等都已無遠弗屆，如果不會使用，幾乎無法在現代辦公室中生存。

因爲電腦化的緣故，人們可以不必在固定的辦公室工作，因而產生了虛擬辦公室，也就是在任何地方只要能電腦連線，就可處理公務，甚至有一種虛擬秘書的職位，可以在世界任何地方透過網路協助遠距離的老闆處理文書事務性工作。

當然辦公的部門也會因電腦的使用而有所改變，有些部門可能因而裁減，有些部門因而合併，產生許多跨部門的工作，各部門之間的聯絡、協調、溝通就顯得特別重要，而此時秘書聯絡中心的功能就可充分發揮了。此外，電腦雖可以增加文字工作的便捷，但是文字格式、版面、圖表設計等編輯排版的工作，最後仍需要秘書統籌完成。同時秘書也可將原有的工作，如檔案文書管理、會議籌備管理、辦公室管理、主管公務旅行管理、客戶管理等引入電腦，不但工作方便迅速，秘書的職務也仍有其工作價值。此外，如果秘書在轉型中能夠在公司最先學習新的軟硬體電腦知識，教導其他員工使用最新設備並協助其解決問題，則秘書工作就是另一個層次了。

總而言之，秘書職位是不容改變的，要改變的是秘書工作者的心態，要能接受世界大環境的挑戰，調整秘書的工作成爲行政管理的工作，何況某些人爲因素的工作，特別是機器所不能做的人際關係的運用，還是少不了秘書。同時由於機械的發展，秘書的事務和情報（information）處理工作，可以借助電腦，能更迅速而正確。所以機械的文明對秘書並未產生革命性的影響，重要的是秘書一定要跟得上時代，去配合機械來發展其職位價值。

訊　　息　　小　　站

美國專業行政協會（IAAP，International Association of Administrative Professionals）建議數位時代的秘書應有以下的特性：

  Never Stop Learning：不間斷學習，提升技能。

  Be Flexible：樂於調整，適應不同工作的彈性工作態度。

  Get Results：達成目標，提出具體成績。

  Take the Initiative：積極主動的工作態度。

  Be a Self-Manager：自我管理，成熟獨立作業。

  Innovate：創新、改革，增進辦公室績效。

六、女性主管地位的提升

  目前有一種非常明顯的趨勢，就是許多女性在企業中擔任主管職位的比例正在急劇增加，以美國為例，在私人機構行政主管工作中，有四分之一為女性所擔任，這很明顯看出婦女在企業界之重要地位，當然這和婦女本身的努力也有莫大的關係。女性的教育程度越來越高，工作的意願也越來越強。當然女性擔任主管職務也許工作範圍多少受些限制，目前傑出的女性工作者多半在公共關係、人事、文書、檔案及資料管理或是傳播業等服務性的事業方面較有表現。

  儘管女性工作者近年來有著較大的機會服務社會，表現自身的能力，但是在以男性為主的社會，仍然有著某些不易克服的困

難。

(一)觀念問題

普通的職位，女性都能受到公平的待遇，但是當女性一旦升任行政主管時，男性往往會認為侵入其勢力範圍，而有所揶揄，並且認為在女性主管下服務頗不以為然。資深而優越的秘書，儘管在擔任秘書職務時，其能力與技術及人際關係之處理，為所有同事敬佩，但是每每在獲得機會升遷為行政主管時，則仍然遭遇這種傳統觀念之問題所困擾。

(二)待遇問題

婦女與男性做著同樣的工作，有著同樣的學歷和經驗，但是其待遇總是不能與男性並駕齊驅，就拿秘書來說，現在的秘書已做著相似管理階層的工作，但是其待遇卻比管理階層差上一大截，甚至於剔除於管理階層之行列。

(三)雙重標準

女性主管若是像男性一樣的積極進取，獨立果斷的處理事務，往往會被認為不像女人應有的形象。此外女性主管的表現往往要比同階層的男性更為完美無缺，方能獲得贊許。更有甚者，女性的成功往往被誤認為是占了性別之利。

(四)家庭與事業

傳統的思想，女性總是以家庭為重，因此使得婦女無法自這種思想中解放出來，一位成功的女性，又往往希望面面俱到，家庭和事業都能照顧得完美無缺，但是事實上要達到兩全其美實在不易，因而許多有潛力、有幹勁的女性，往往到某一重要階段時須放棄升遷機會，這也是不得已的事。許多秘書數十年擔任同樣

的職位而不願成為單位主管，可能也是這種家庭和事業不容易兩全的觀念影響。

　　雖然女性工作者有著許多不易克服的困難，但是前途並非不樂觀，女性憑著堅強的工作意識終會克服困難，再說前面所提服務業的工作，女性以其對人際關係天賦的技巧，更能在這方面發揮功能。所以有能力而力爭上游的女性，前途是頗有可為的。

七、秘書生涯規劃與轉職方向

　　秘書的工作前途如何？能一輩子都做這個工作嗎？資訊化來臨下秘書還有其工作空間嗎？如果工作性質和個人性向能力都很適合做這類工作的話，就不必考慮這些問題，因為雖然以前秘書大量的文書或重複性工作已被資訊技術所取代，但嚴格來說，並非完全被取代，只能說簡化工作過程，節省許多時間，提升工作效率而已，有許多專業性及人際性質的工作是無法被資訊技術和機器所取代的。也許現代的主管很多都是身懷資訊絕技的 Y 世代資訊人，他們對於各種資訊工具操作自如，自己發電子郵件、處理行程、查閱資料等，可能不再依賴秘書的協助，但是從時間管理的觀點來看，主管自己做這些事務性的工作未必是最好的選擇，主管的工作性質是多樣專業而複雜的，是要思考判斷做決策的，時間是最珍貴的資源，要將其有限的時間用在最有效的地方，例行和事務性的工作由有能力的秘書分擔，對時間成本及效率而言是絕對值得的。

　　不過在組織和職場中，「秘書」要隨著時代環境的快速變化而調整這個職位的定位。由於資訊工具的利用，工作的量會減少質會提高，人力資源會精簡，所以可能一位秘書會為數位主管服務，或是一個單位只用一位助理處理行政文書工作，甚至會有某

訊　息　小　站

Career Ladder（職業生涯提升步驟）

- Learn new software applications
- Build expertise using the internet
- Seek additional responsibilities
- Offer to train new personal
- Join a trade association
- Acquire the Certified Professional Secretary
- Maintain a personal personnel file

資料來源： Office Professional

些專業能力的要求，更要隨時接受辦公室機械化更新的挑戰，如果不能面對這些壓力，調整自己的腳步跟上時代，就不是一位現代秘書應有的態度。作為一個現代秘書，應該有下列之準備：

1. 具備相當的應變能力，跨越界線去學習新的知識技能，培養第二專長，在這個外在環境變化如此迅速的時代，要能夠接受時代的考驗，根據工作的內容彈性因應，要有危機意識，調整腳步才能應付日新月異的工作情勢，適應快速變遷的工作環境。

2. 迎接各種新的工業技術引入辦公室，保持不斷學習的態度，不可逃避新技術、新技能的學習，例如跟得上電腦及解決通訊及組織內部資料傳遞保存等問題的電子、電磁通訊設施的進步，各種新知識、新觀念的吸收等。

3. 必須是一個改良專家，以本身的工作態度及工作效率，尋求新的工作方法，接納新的事物，以領導其他工作人員的

改進。產業國際化的潮流下，企業為了增強競爭力，合併
或接收都是很尋常的趨勢，所以工作的變動在所難免，如
何在變動的環境下適應新的局面，也是要有所準備的。
4.必須能接受新的挑戰，學習不同專長，當然能夠努力應付
新的挑戰，一定可以獲得相對的代價，諸如自我意識的發
展，個人成就的滿足感，都可從領導工作中，獲得眞正的
滿足。

在秘書工作的領域中，有許多資深而優秀的秘書，做了幾十
年仍無法突破職位的限制，獲取升遷的機會。有許多秘書工作
者，感覺花了許多時間和精力在工作上，卻不能得到相對的待
遇。又有些秘書認為工作的性質非常繁瑣，而且工作時常為訪客
及電話打斷，毫無成就感。基於秘書工作是訓練行政工作的基
礎，也比其他職務容易接近管理核心，在這扎實的基礎下，如能
把握機會學習其他工作技能，秘書工作者也常有轉職的機會。但
不論資深秘書的升遷或是一般秘書的轉職，原則上都不應該與原
來所做工作太過脫節，以下提供幾個方向作為參考：

(一)人力資源管理方面

人力資源管理之定義，是以科學的方法研究組織內部人事的
活動，其目的在於運用科學的計劃、組織、指揮、協調、管制的
原理和方法，使企業獲得人與事的配合，人與人的協調，發揮人
的潛能與事的高度效率。

特別是人事管理在推行工作的時候，有時須為事的管理而要
求人的協調，或是為人的管理而產生事的配合；而如何善加利用
所擁有的人力，訓練其工作、分配其工作、改善其工作、鼓舞工
作情趣，使其樂於為事業效命，以強化組織，達到企業化與效率
化的目的，這是人事管理最終的目標。

因此，對曾從事秘書多年的工作者，對人際關係和溝通協調都有經驗，對人事管理的工作應該不會感到陌生，如能給予適當的培訓，即可成為人力資源的專業人才。轉職以後，以其多年計劃、組織、指揮、協調的能力來配合熟習工作，是不會有困難的。

(二)公共關係方面

公共關係從業人員的條件，要有熱心的個性，以真誠的態度去說服他人，發揮高度溝通能力。要有完美高超的品德，要善用智慧，以敏銳的觀察力和判斷力及思考力，去與大眾接觸、聯繫。另外配合教育程度和經驗及卓越的領導能力，才能促使公共關係政策的成功，才能成為出色的公共關係人員。

優秀秘書的條件和公共關係人員的條件可以說不謀而合，因此許多資深秘書轉入公共關係行業也最為普遍，而且表現優異。

(三)資料與檔案管理方面

資料與檔案管理在秘書日常工作中占有很重要的分量，每一位秘書都要有檔案管理的知識和訓練，配合電腦儲存的功能及知識管理的重視，提供使用者傳統及電子化的資料和檔案。因此秘書工作者如果個性較為內向、心思細膩，在資料與檔案管理部門有較好之機會或職務時，可以轉入從事檔案管理等較為靜態的工作。

(四)教育訓練方面

一個稍具規模或正式的公司，為了確保工作人員的高度生產能力，皆會定期的安排各種教育訓練計劃，不斷的給予各部門及各類工作人員所需之工作技術與知識增進的訓練項目，以確保工作之績效。

教育訓練部門安排各項訓練計劃時，所考慮的應包括訓練的名稱、目的，受訓之單位，有關訓練的人員——學員、講師、助理人員，訓練舉行之場所，所需器材、教材的蒐集及編印等項目。若以一位優秀的秘書工作者來說，以其平日處理事務的經驗，籌備各種會議的專業能力，來辦理訓練的工作，是非常理想的人才，所以為突破秘書工作的領域，轉職教育訓練方面的工作，也是一個很理想的方向。

此外，也可以訓練自己成為企業內部講師，秘書工作常接觸核心，對公司的運作較易全盤了解，如果選擇幾項自己專長的項目進修培養實力，假以時日一定可以成為很好的講師人才，也是轉職另一種訓練的工作。

(五)辦公室行政管理方面

辦公室的改革是自三百年前工業革命開始，自工業革命以後辦公室成了文書行政工作的最主要場所，諸如文書、報告、資料及檔案管理等工作，皆在此完成。

辦公室裡有打字員、秘書、會計、檔案管理員、事務機器操作員、事務員、督導、經理等各種職務的人，分工合作忙著各種不同的工作項目。

隨著第三波的改革，辦公室開始轉移到資訊的管理及溝通的要求，資訊管理就成為管理上重要的工作。

如今第四波的改革時代，國際化的網路成了工作中通訊及資訊蒐集的主要工具，它衝擊著所有辦公室工作人員，沒有這方面的知識和技能，就面臨被淘汰的命運，當然這些不斷進步的工具，可以帶給工作人員更有效的工作能力和生產能力。

雖然工具不斷進步，但是辦公室的管理功能：包括計劃、組織、管理、控制等工作，仍然由管理人員來領導及指揮著所有的工作，使公司朝著生產目標前進。

　　辦公室管理工作，在小公司可能由各部門主管負責，如人事經理、會計經理、財務經理等分任。但是大公司爲了統合整個公司行政資源、減少浪費，都可能設有辦公室行政管理經理人擔任專職。

◎行政經理人之功能：
　1.計劃：根據過去及現今之情況，擬定未來計劃及目標。
　2.組織：將所有經濟資源、工作場地、資訊、工作人員，結合組織起來完成目標。
　3.領導：推動及引導員工成功完成組織的目標。
　4.控制：保證行動之結果，能與組織之計劃契合。
◎行政經理人之職責：
　1.監督管理服務工作，包括打字、接待、印刷、複製、檔案管理、郵件、辦公用品供應、採購等文書行政工作。
　2.辦公用品、設備採購，談判及訂約。
　3.督導管理部門提貨、裝貨的業務。
　4.管制內部文件，各單位間之溝通、督導，維持電話系統暢通。
　5.特別事項研究之聯繫，設備展示及價格之決定，審查業務人員提出之新設備。
　6.聯繫管理部門，建立新的管理服務模式及實際的制度。
　7.訓練人員使其能表現在工作上，或是教導其用於公司之政策和執行上。

　　因此以秘書多年的工作經驗和訓練，辦公室行政管理是資深秘書轉換跑道很好的選擇。

　　除了以上轉職方向以外，當然還有其他因自己的工作性質或是跟隨主管的業務學習了一些專業經驗，如市場行銷、會議經營管理、業務開發等，也可以設定目標及早準備作爲轉職的方向。

　　總括以上各點，目前及未來商業社會的形態，培養有能力的秘書做為工作上的助手，已是必然的趨勢，以前那種秘書只做拉拉雜雜小事情的想法，已逐漸消除。所以秘書工作者除了各種工作技能及管理知識外，必須要有責任感，把工作放在自己其他事情之上，也就是職業意識第一，要能有犧牲自己的事去將就工作情況的責任感，女性更是要摒除長久以來工作意識受懷疑的障礙，突破目前一般女秘書的工作範圍和職權，謀取進階的機會。

　　總而言之，秘書職務的培養是企業的方向，而未來秘書職務是否受重視，其責任要託付在現在正從事秘書工作者的肩上，未來的秘書不但是個輔助職位，更要參與管理事務，要有強烈的工作意識，才能使得秘書之職業發揚光大，因此我們這一代的秘書責任是很大的。

八、虛擬助理形成

　　所謂虛擬助理（virtual assistance），就是秘書或是助理不在雇主的辦公室上班，所有的工作是透過通訊交付助理在其辦公處所完成。對秘書來說可以有非常大的彈性工作時間，工作也不受時間空間限制，對雇主來說也可以不必請一位固定付薪的工作人員，某些工作可由虛擬秘書按件計酬，以節省人事費用的支出。這種工作要有良好的通訊設備及專業的操作技術，對於秘書的專業技能和工作也要相對熟悉，諸如會議的設計籌備、文書工作、旅程的設計安排、消費者的調查聯繫工作、約會安排，甚至某些私人及家務的委託等等。

　　虛擬助理的工作特質簡述如下：

(一)工作時間空間不受限制（no limited）

可以在自己的工作室或家中隨時工作，只要語言沒有問題，工作範圍可以涵蓋全世界。

(二)無隔閡（barriers erased）

由於見不到面，無人知道你個人的長相外表，也不會由於語言的表達方式，影響對方的印象。

(三)私人助理（personal assistance）

有些主管一些私人業務、個人約會安排、信件處理、購置禮物，或是一些退休主管需要處理某些事務時，也可聘用虛擬助理協助，服務費用由主管個人支付（executives paying for personal assistance）。

(四)家庭服務（families assistance）

某些家庭事務，如家庭設備修理、約會安排、接送小孩、衣服送洗取回等大小家庭事務的處理，家庭自付費用請虛擬助理協助（families paying for virtual assistance）。

(五)開發工作範圍（developing niches）

由於是一項新的工作行業，虛擬助理可彼此學習、合作，提升技術、分享資源、增加收益。對於從事這項工作者，籌組完善的協會組織是頗為迫切的課題。

(六)與虛擬助理見面（VA visits）

有些重要計劃或大型活動或重要交涉，雇主願意付費要求與虛擬助理見面商討，可請虛擬助理出差親自面談協商，所以虛擬

助理有時須旅行接洽業務。

(七)未來趨勢（future trends）

可預見的將來，可能在秘書助理的行業會常聽到下面的問題：

- What is a VA？→ Who is your VA？
- VA 的酬勞如何？（美國約是每小時六十五美元）
- VA 的定義和資格認證（definition and certification）如何？
- VA 是什麼新行業（new profession）？
- VA 都是女性工作者嗎？（VAs are women？）
- 虛擬專業團隊（corporate group）合作的工作？。
- 美國境外（outside U.S.A.）虛擬助理市場？
- 工作機會團隊形成？

　　資料來源：Office *PRO*, April 2002.

九、e 世紀秘書

　　辦公室自動化，電腦的網際網路功能，配合了行動電話及手提電腦的普及，許多工作者可以不必固定在定點的辦公室工作，工作時也完全無時間和地區的限制，電子郵件成了最快速的溝通工具，秘書的工作遭遇了前所未有的挑戰，工作的形態也做了大幅度的調整，蒐集資訊、整合資訊、傳送資訊成了工作的大宗，秘書的角色也成了行政管理的職務，秘書在這種 e 世紀的工作環境下，如何善用工具做好工作，以下提供數點作為參考：

(一)積極主動學習

電腦的硬體設備不斷更新，應用軟體也不斷發展擴張，不進則退，不只學習新的技術，還要有創新的精神，才能走在別人前面，增加個人的價值。

(二)資訊整合與提供的能力

利用網際網路的功能快速搜尋大量資料，最重要的是要有分析能力，迅速而準確刪除沒有用的資料，將焦點集中在主管需要的資料。

(三)資訊管理觀念

將資訊科技應用到企業經營管理方面，諸如建立即時、精確、量化的企業情報資訊，數位化的工作流程，客戶關係管理，企業資源規劃，電子商務及電子商業，倉儲管理，知識管理等。

(四)建立企業網路

企業網路的設置，可以提供企業內之溝通，經銷商及供應商可建立電子交易網路通路，國際化移動辦公室管理，並可利用虛擬工作者的人力資源等。秘書可以因這些功能擴大工作範圍，改變工作形態，增加工作的價值與成就。

(五)「溝通」是不變的工作

雖然透過網路電子郵件的往來，公司內外可以相互快速聯絡溝通，但是因為很少見面或說話的機會，形成人際關係疏離的現象，秘書與主管也是如此溝通，開會、約會都是透過電子郵件告知，事實上卻常發生主管錯失會議或忘記約會的情事，因此有些主管還是要求秘書用傳統的方式記入記事本，並以口頭提醒的方

式較爲可靠。當然，最好能將電子及傳統兩種方式並用就更完備
了。

(六)資訊憂鬱症

　　數位時代帶給人們便利的資訊，也因爲資訊的提供太多太
廣，秘書們老是擔心蒐集的資料不夠多、不夠完整。每天大量的
電子郵件無法閱讀，刪除了又怕漏了某些重要資訊，這種所謂
「資訊憂慮症」幾乎成了現在上班族的通病。所以要有取捨魄
力，掌握要點而非細節，少看一兩封廣告或社交友誼的電子郵件
不會影響大事。當然，多設不同類別的電子信箱，依據對象及重
要性分類，不重要的類別信箱的信件就不急著看了。選擇專業的
網站篩選及過濾資訊，可以將焦點集中於所要的資訊，都是避免
資訊憂鬱症的方法。

訊　息　小　站

女秘書的權威

我一回到美國，首先使我感到刺激的一件事，是在美國式生活裡女秘書的權力是越來越大了，這是直到我試著跟一個事業成功的老同學訂約會的時候才發現的，他在一家大公司工作，年薪約四萬美元（姑隱其名，因為他的女秘書會因為我們談到她而不饒我）。

在努力幾次之後我終於跟他訂好了一次午餐約會，他對於我所遭遇的困難不住的道歉。

「你不知道美國在搞些什麼玩意兒。」他四面看看，確知沒有人在偷聽的時候才對我說。「女秘書已經掌握大權，如果我的女秘書不同意的話，沒有人可以通過她跟我聯繫上。她給我排定一切約會，決定什麼時候我可以休假，如果到別的城去演講是安全的話。她經常監視著我，我發誓說怕她極了。」

「你為什麼不把她開除呢？」我問他。

他懷疑的看著我說：「你昏了頭了吧，你不能開除女秘書，大小事情她都知道，她是我的偵探，公司裡發生什麼事情都要靠她告訴我。」

「沒有她從旁的女秘書那兒得來的情報，我在公司裡一個禮拜也混不下去。此外，坦白的說，我根本不知道在公司裡該做些什麼，她知道。」

「我明白你的意思。」我看著他喝下第三杯酒。

他看著酒杯說：「我唯一的希望，是她不要太恨我的太太。」

訊　息　小　站

「她恨你的太太？」

「所有的女秘書都恨她們的老闆娘，我不認為這跟嫉妒有什麼關係。這不過是女秘書們認為太太們太不行了。她們同時也認為太太占去老闆太多的時間。我的女秘書就認為，如果我不是一定要回家跟太太吃晚飯的話，就可以把公事做得更好得多。她並且認為我在週末陪家裡人是完全浪費時間。她不明白我怎能跟一個不了解公司的女人一塊活下去。」1

「同時，由於我的女秘書掌管一切開支，就認為我太太是個亂花錢的人。說老實話，白天在我的女秘書的嘮叨與效率之下我受夠了，真希望夜晚能回家到太太身旁，我把太太當作情婦，她是唯一了解我的人。」

「你太太對你的女秘書是怎麼想法？」

「她怕我的女秘書，我太太一定要好好兒的對待她，否則她就不讓我太太跟我說話。事實上，我的女秘書只准我太太對我用掉一半的時間。其餘一半時間她只是說我在參加一個重要的會議，這是暗示我的太太，當公司緊閉門後討論震動世界大事的時候，她應該懂事一點不要打電話來。」

「我倒沒想到女秘書有這麼大的權威。」我說。

「你不知道的還多著呢！你看，如果你的女秘書感冒兩天不上班，你最好舉槍自盡。可是如果你的太太得了肺炎的話，你只要到公事房，告訴你的女秘書通知勞保醫院就好了。」

資料來源：《聯合報》，「包可華專欄」（一九七五年九月八日）。

附表一
優秀秘書標準

工作性質		内容
1.秘書的資質	1.秘書個人應具備之條件	1.秘書本身專門工作,有非常強的處理能力。 2.應用敏銳的判斷力,並可以付諸行動。 3.懂得修飾自己的儀容,並有良好的鑑賞知識。
	2.主管要求之人品	能守機密、誠實、開朗、服從,並有女性嬌媚的氣質。
2.職務的知識	秘書所扮角色的功能	1.了解秘書在組織裡的功能。 2.對於秘書理論上的功能亦應有所了解。 3.主管工作内容的細節要充分了解,有事務代行的能力。
3.一般知識	1.社會常識	社會常識、時事問題有理解力。
	2.經濟學	1.具備商業知識。 2.經濟、管理、組織、人事、勞資、市場學、生產技術、情報處理及資料保管、國際貿易等知識之具備。
	3.一般會計財務	簿記、會計、稅務知識。
	4.商業法規	各種支票、商事法、勞動法等法規應有相當之知識。
4.禮儀接待	1.人際關係	1.人際關係之理論與應用。 2.改善人際關係的行動能考慮周詳。 3.商業心理學之理解。
	2.禮儀	1.接待賓客、禮貌運用。 2.辦公室的適宜服裝、化妝及個人儀態有關的事務要非常了解。 3.中西禮儀一般性的了解。
	3.接待	1.懂得談話的原則及條件,了解人際關係的結構。 2.禮貌用詞的活用。

（續）附表一
優秀秘書標準

工作性質		內容
4.禮儀接待	3.接待	3.麻煩賓客之接待談話，電話談話的技巧。 4.複雜冗長報告的了解能力。 5.訴苦的事件和疑難問題之處理，並且說話要得體。 6.聽得懂別人談話之真正意義。 7.對於忠告能積極的接受了解，並感激給予的忠告。 8.視情況的不同而以不同的方式來接待來賓。
	4.交際業務	1.婚喪喜慶事務之安排，並配合庶務方面進行。 2.婚喪喜慶等情報之蒐集，並可代上司執行。 3.贈禮之決定，安排贈送。 4.廣告、各種捐獻，必要情報資料之蒐集，依上司指示處理這類事務。 5.主管參加各種社團會員事務的處理。
5.技能	1.會議	1.對於會議的知識應充分了解。 2.了解各類會議進行的程序。 3.會議計劃及準備工作。 4.會後事務之處理。
	2.文書製作	1.公司內外文件書信之撰稿。 2.口述要點記述。 3.會議紀錄之製作。 4.各類統計報告製作及選擇適合之格式。
	3.文書處理	1.收發信件。 2.郵件付郵方式之適當選擇。 3.秘書文書之處理知識。
	4.電腦及其他事務機械之運用	電腦及各種事務機械的適當選擇及正確使用。

（續）附表一

優秀秘書標準

工作性質		內容
5.技能	5.檔案管理	整理檔案及保管檔案。
	6.資料管理	1.名片整理。 2.交代文章、主題之整理，新聞雜誌剪輯資料整理。 3.簡介、雜誌、錄音帶、照片及其他資料類之整理。 4.主管要求之公司內外資料之蒐集。
	7.安排日程	日程之安排和管理。
	8.辦公室管理	1.辦公室環境布置及管理知識之具備。 2.環境整理，能做適當的計劃。
	9.辦公用品之準備	辦公用品之準備、用品選擇、請領、採購。
	10.外語能力	最少應有一種以上之外語能力。

資料來源：編譯自日本現代秘書實務研究會編，《現代秘書手冊》。

第三章
文書行政工作

在現代社會中，無論個人或團體，都不可能獨立自處，尤其在目前工商企業社會中，端賴彼此互助合作、同心協力，才能相輔相成、共存共榮。社會環境日趨繁複，在日常生活之中，接觸既多，一切有賴感情之聯繫，事務之了解，在這一方面，除了口頭接談之外，唯有文書工作。當然，這項工作必然落在秘書的身上，這些繁瑣的工作，有其非常重大的意義和影響，處理得當，則事業自可蒸蒸日上，而達左右逢源之境。

屬於秘書文書行政方面的工作，範圍很廣，秘書因工作機構和工作性質的不同，因而文書工作的範圍寬廣不一，不過大約言之，其範圍包括信件的處理，公文處理，公告、通知之製作，新聞發布，報告製作，利用電腦設備有關之文字處理工作，以及第四、五章討論的「資料檔案管理」及「會議文書管理」等，都是秘書涉及之文書工作。

一、信件處理

處理信件及一般的往來文件，是秘書每日不可少的工作，信件處理可分拆信、分信、回信、寫信四個部分。

(一)拆信

收到信件後，應將信件拆閱，按其重要性分類，然後以不同之卷宗呈閱。一般信件可分五類：

1.緊急通信：如電報、限時郵件等。
2.立即作答信件：有時限的信件，應把握覆信的時間。
3.親啓函：此類信件，秘書不應拆閱，若因疏忽誤拆，應立即封妥，並簽名註明「誤拆」字樣。

4.例行報告、文件：如開會紀錄、機關各單位之報告等。

5.廣告、雜誌、報紙類：此類印刷物郵件，除非與主管有直接關係，否則因數量大，主管大都無時間閱讀，此種情況秘書應先行看過，以紅筆將有關事項勾出，以便主管參考。

　　不過以主管為收信人的信件，應與主管取得協調可以拆閱的程度，通常會隨著工作的時間增加、了解問題的深淺及獲得主管信任的程度，而漸漸增加信件處理的範圍。

(二)分信

　　有些機構規模小，秘書要兼做收發分信的工作，每日信件送來之後，首先將信件分為公司收件及私人信函，寄送以單位為收件人的信件，拆閱後，應先用收文簿登記清楚，收文簿之其項目有編號、收文日期、來文機關、來文日期、來文字號、簡由、簽收人、備註等，如果使用量不大，可至文具行購置現成表格之收文簿，文件登記完畢後，按信件之類別，送交各有關單位或人員簽收處理。現在有些大型機構文書行政工作有專門的電腦軟體輔助，不但文件採自動化登錄，同時也可以監督文件處理流程，使文書工作方便不少。個人為收件人之函件，則可直接交由收件人自行處理。

　　關於主管為收信人之函件，為節省主管時間，秘書處理時應注意以下數點：

● 紅筆勾出信件要點，節省閱讀時間。

● 加註建議事項，對於需要回覆或須指示處理方式信件，可加邊註，提供主管參考。

● 註明函內有無附件，或附件遺漏情形。

● 對於可立即採取行動信件而已實行者應註明，以便主管明

白。

◎ 檢附信件所需資料一併呈閱，節省時間。

◎ 須傳閱之信函，可附傳閱便條，以便主管看過後，立即送有關人員傳閱。

◎ 函件中需要登錄主管日程管理表中的事項應即列入，以免遺忘。

(三)回信

許多信件屬於詢問或應徵之信件，處理方式比較簡單，可以由秘書直接做答；而有些信件則須請示主管之意見作覆，不論簡單或繁複，在回信前，應該仔細閱讀來信，找出問題所需資料，務必在回信時沒有遺漏應該回覆之事項，草稿擬好經主管認可後，才正式做好信件請主管簽字發出。

如果是以電子郵件方式回信，也要遵守寫信的禮儀發函。

許多英文信件本身就是公文，所以回信時就如公文擬稿一樣，先擬好稿子，由主管過目，然後正式打字簽名發文。

(四)寫信

寫信是主動的發出信件，替主管寫信，應把握主管的要求，熟悉其平日的風格，交代事項不可遺漏，草稿間隔可較寬，以便呈閱時，加入意見或修改，修正的信製作後經由主管過目簽字即可發出。

通常需要寫信之種類如下：

1.機構內之書箋、便條。

2.各式商業書信，如訂貨、匯款、對帳等。

3.回信答覆。

4.邀請、開會或宴會通知：這類通知應將時間、地點、事

由、發通知機構、開會大約所需時間、甚至服裝規定等列
入通知或請帖內。

5.預約函：旅行或開會訂房、訂位等信函，此類信件應將到
達時間、離開時間、付款方式、訂房訂位標準、聯絡電話
或地址寫入信件中。

6.取消信函：這類信函之發出皆有不得已之理由，因此應以
最快速度發出。

7.恭賀函：這類信件是聯絡友誼最好之表示，但是務必簡
短、中肯，尤應注意關係之親疏、分際之高下。

8.慰問函：表示發信人真誠的關心，信件亦不可太長。

9.謝函：對他人之贈送或服務表示感謝，但是應注意時效，
不應在事隔太久後，才寄出感謝信。

10.介紹及推薦信：這類信件若要達到預期之效果，應該真
實、誠懇，不可因人情關係而敷衍了事。

11.申請函：一般申請書應簡明扼要，將所請以清楚的文字表
示出來，若是申請工作函，則須將技術、能力、工作及教
育背景、經歷、品德及其他個人資料列入。

至於寫信時，應注意以下數點：

1.口氣要親切：生氣時不要勉強寫信，特別對某人在氣頭上
時，更不可給其寫信。

2.選擇用字：不論中、外文都應慎重選字，避免艱難晦澀之
用字，以免造成誤解。

3.不要流於古板形式：若非純友誼信函，最好信的內容直接
涉及所談事件，通常第一段要短，第二段指出事件，第三
段結尾。如果是熟朋友，最後可加上問候語，諸如家人安
好，或旅行開會愉快、圓滿等結尾語。

4.回信要仔細，應答覆之事不要忽略或遺漏。

5.蒐集平日書信範句並加以分類，寫信時可供參考，十分方便。

6.寄信前檢查簽名否、附件有無附入、外文信件信封和信內地址是否一致等。

◉、公文處理

公文處理是將一件公文自收文後到歸檔爲止，其間經過的各種手續，辦理時按照次序依次處理的作業程序。一個機關或團體對於處理公文是否迅速、簡化、完善與周密，影響行政效率甚大，因此每位行政人員都應對公文處理有相當的了解。由於電腦功能之開發，行政文書工作也利用電腦的協助方便公文書之處理。以下僅就一般公文處理之流程和電腦化作業分別說明：

(一)一般公文作業流程

公文處理之程序，不論機關大小，組織編制之不同，業務之性質與繁簡互異，但是處理公文的方法，大致還是相同的。公文處理程序如圖 3-1 。

公文處理主要過程簡單說明如下：

■收文

總收文之作業，就是在公文到達後，先由收發人員點收、拆封，並檢查有無附件，如信套上註有「速件」者，收發人員應即速處理，不得延誤。

■登記

一般普通文件，主管文書單位拆封後在收文簿上登記收文字號，收文之年、月、日，來文機關及摘錄事由等工作。

圖 3-1
公文處理流程

■分文

收文人員收到文件後，送請首長指定之分文人員分文，批示承辦單位，由收文人員分送各文之承辦單位簽收、承辦。

■簽收

承辦單位簽收送來之公文，呈送單位主管核辦。如認爲該文須移送其他單位主辦者，應送還收文人員，移送受移單位辦理。

■交辦

單位主管就文件之性質，分別批交經辦人員辦理。

■簽辦

經辦人員接到公文後，依據法令、成例或原案，或經協調或會簽其他單位，來簽擬處理辦法。

■呈核

經辦人員將處理本案的辦法簽妥，並簽上姓名，註以年、月、日、時，逐級呈送上級核示。如爲會簽案件，應先送會簽單位，完成會簽手續後，再逐級呈送上級核示。

■擬稿

呈送上級之案件經核准後，如須辦理文稿者，承辦人員依照批示的意見，擬辦文稿，再逐級呈送首長判行，並將原案附後，以便查閱。但是現在爲了提高行政效率，簡化公文手續，對於一般普通案件，可用「簽稿並送」的方式來處理，也就是將簽稿的意見或辦法，和辦好的稿子一併呈送上級核示，以節省往返的時間。

■核稿

各級主管收到經辦人員的文稿後，應仔細審核用字用句是否妥貼，文章是否通順。簽字蓋章是否齊全，須改動時，可直接在文稿上更改，然後簽字逐級呈往上級。

■判行

各級主管核定之文稿呈送上級判行，普通的文稿主任秘書代為蓋章即可，另外大的機關首長亦可授權某一級批示某類文件，蓋以「代為決行」之章，如重大事件，應由主管親批，批示後之文稿交文書單位繕發。

■繕印

主辦文書人員收到首長批示之文稿，將文稿打字，或有副本，或須印刷，經校對送監印人員蓋印，在發文簿登記後，送收發人員簽收。

■封發

收發人員收到蓋妥印信之文件，檢查有無附件，編列字號，填明發文年、月、日，裝上封套，封發寄出。

■歸檔

文書單位驗明公文確已發出，即將原稿及有關文件登記簿冊，送檔案室簽收，辦理歸檔事宜。公文處理自收文到發文為止，其作業程序到此告一段落。

以上所談的是一般機關的公文處理程序，若是作為某一單位主管之秘書或工商企業之秘書，所負處理公文之範圍較小，僅為主管有關文件，但是一般而言工商業機構之英文函件，秘書應負責處理後，交主管核定發文。

(二)文書電腦化作業

公文是處理公務溝通互動之重要工具，隨著科技發展，新的方法和工具不斷研發產生，公文現代化也是必然的趨勢。行政院也數次修正「文書及檔案管理電腦化作業規範」，使各機關可用電腦輔助文書製作、掌控文書處理流程、時效及稽催之工作，提升工作效率。各類文書製作訂有標準格式可以依循，工作人員只

要依標準範例在電腦上依流程作業,最後發文歸檔即可。民間機構可參考修定,製作適合自己企業的格式來處理文書工作。

🔳、公文、公告、通知、通報的製作

公文的類別有令、函(書函)、公告、通知(通報)、開會通知單、簽、報告等,此外公文書也涵蓋了公務電話紀錄、手諭、便簽、聘書、證明書、證書、執照、契約書、紀錄、代電等。企業爲了文書作業制度化、統一化,可設計公文規範或製作公文文書表格,不但方便管理,並可提升工作效率。下文僅就常用公文說明如下:

(一)公文

公文的結構,一般採用「主旨」、「說明」、「辦法」三段式製作,案情簡單的函,盡量使用「主旨」一段完成,茲就三段式公文之要點簡單說明如下:

■主旨

「主旨」爲全文之要點,說明行文的目的和期望,此段文字,應力求具體扼要,簡單公文可僅用此一段完成,不必硬分爲二段、三段製作。

■說明

當案情必須就事實、來由或理由等做較詳細的敘述時,主旨一段無法容納,則可以「說明」項來做條例說明。

■辦法

向受文者提出某些具體要求,而又無法在主旨內簡述時,則以「辦法」段列舉提出。此段亦可因案件之情況而改用「建議」、「請求」、「擬辦」等更洽當之名稱。

　　一般公文大都採用前述一段或一、二段或三段全有之方式製作，此外亦有公司自行設計表格，以填表方式製作公文，其他如書函、簽、報告等，亦視需要用三段式或條列式來製作。

　　公文之草擬，應使用機構印製的公文稿紙，通常一件公文以敘述一事為原則。

(二)公告

　　公告應使用通俗、淺顯易懂的語體文製作，文句須加註標點符號，公告內容應簡明扼要，非必要或無直接關係的話不說。公告的結構分為「主旨」、「依據」、「公告事項」（或說明）三段，公告可用「主旨」一段完成的，不必勉強湊成二段、三段，可用表格處理的亦盡量用表格方式公告。

　　公告分段要點：

1. 主旨：用三言兩語勾勒出全文精義，使人一目瞭然公告的目的和要求。
2. 依據：將公告的來龍去脈做一交代，依據有兩項以上時，應分項條列。
3. 公告事項：公告事項或說明是公告的主要內容，必須分項條列，公告如有附件，只須提參閱「某某文件」即可，不必在公告事項內書寫。

　　登報的公告，免署機關首長的職稱和姓名，一般工程招標或標購物品等公告，盡量使用表格方式，以收簡明易懂之功效。在布告欄張貼之公告，必須加蓋機關印信（如圖3-2、圖3-3、圖3-4）。

(三)通知、通報

　　通知是機構內部各單位間有所洽辦或通知時用，對外行文如

○○大學　公告

發文日期：中華民國○○年○月○日

發文字號：（ ）校○字第○○號

主旨：為慶祝本校創校○○週年紀念，○月○日（星期○）全校放假一日。

特此公告

校長　○○○

圖 3-3

公告例之二

內政部公告

中華民國○○年○月○日

○○字第○○號

主旨：公告民國○年出生的役男應辦理身家調查。

依據：徵兵規則。

公告事項：

一、民國○年出生的男子，本年已屆徵兵及齡，依法應接受徵兵處理。

二、請該徵兵及齡男子或戶長依照戶籍所在地（鄉）公所所公告的時間、地點及手續，前往辦理申報登記。

圖 3-2

公告例之一

○○○○學系　公告

發文日期：中華民國○○年○月○日

主旨：千禧古蹟研討會接待人員會前訓練。

公告事項：

一、千禧古蹟管理觀光遊憩學術研討會○月○日（週○）於本校舉行，接待組錄取同學名單公布於後。

二、會前訓練定於○月○日（週○）下午一時三十分於系教室舉行，請錄取同學一時二十分前至研究室報到。

三、外系修課同學請至系辦公室辦理公假手續。

四、錄取名單：徐○○、何○○、王○○、章○○、簡○○、謝○○、李○○、劉○○、江○○、曾○○、鄧○○、黃○○、吳○○、陳○○。

特此公告

○○○○學系辦公室啟

圖 3-4

公告例之三

內容簡單，亦可用通知的方式，但通知對象多係通知個人時用，例如開會通知等。

通報是屬機構內部公告之一種，通常是將發布事項以通報簿繕寫，由有關單位各位同仁簽字表示知曉（圖 3-5 、圖 3-6 、圖 3-7）。

(四)其他公文書例

至於簽呈、報告、書函等其他公文舉例如下：

1.簽呈：有關簽呈的舉例請參考圖 3-8 。
2.報告：有關報告的舉例請參考圖 3-9 、圖 3-10 。
3.書函：有關書函的舉例請參考圖 3-11 。

○○大學　開會通知單

聯絡人及電話：人事室○○○主任

受文者：○○○
密等及解密條件：普通
發文日期：中華民國○○年○月○日
發文字號：○○○○○○○○
附件：送評資料五件
開會事由：○○評審委員會
開會時間：中華民國○○年○月○日下午一時三十分
開會地點：○○大樓會議室
主持人：
出席者：
列席者：
副本：
備註：

圖 3-5

通知例之一

（全　　　　　　　銜）

通知

台端申請購屋貸款一案，已奉核定，敬請於○月○日以前攜帶身分證及印章前來本室辦理手續爲荷，謹致
○○○先生

○○○室啓
○月○日

圖 3-6

通知例之二

（全　　　　　　　銜）

通報　　　　　　　　　　　　　　○月○日
一、奉諭：爲節省能源，今後本公司各辦公室一律不得使用電爐、電壺，並希隨手關閉電燈。
二、特此通報。

○○室啓

圖 3-7

通報例

簽於　○○大學○○○○學系　　　　　　　○○年○○月○○日
主旨：敬請 核准學生參觀由
說明：一、○○○○學系四年級生，修習「○○○○」課程，爲增進學
　　　　　生實務經驗，擬參觀國際會議中心，藉聆教益。
　　　二、參觀計畫如下：
　　　　　(一)時間：○○年○月○日上午十時
　　　　　(二)人數：四年級學生五十名
　　　　　(三)負責人：○○○老師
　　　三、敬請　核准並發文，以便成行
　　　　　敬陳
系主任　　王

職○○○

圖 3-8

簽呈例

報告　於○○室　　　　　　　　　　　　　　　　　　○年○月○日

主旨：請婚假兩週，請賜准，並請派員代理職務。

說明：一、職訂於○月○日與○○○小姐結婚。

　　　二、請　准婚假七個工作天，自○月○日起至○月○日止。所遺
　　　　　職務，請派員代理。

　　　三、檢附結婚喜帖一紙。

　　　敬陳

科長　施

經理　王

　　　　　　　　　　　　　　　　　　　　　　　　　　　職○○○

圖 3-9
....
報告例之一

報告　於　企劃室　　　　　　　　　　　　　　　　　○年○月○日

主旨：職已獲得美國○○大學研究所入學許可，擬出國深造，敬請　賜
　　　准辭職。

說明：一、職來公司服務，瞬逾一年，承　長官指導，同仁匡益，得免
　　　　　隕越，至為感激。

　　　二、現已申請獲得美國○○大學入學許可，擬赴美進修。

　　　三、檢附美國入學通知影本一件。敬請　賜准辭職。

　　　敬陳

科長　施

經理　王

　　　　　　　　　　　　　　　　　　　　　　　　　　　職○○○

圖 3-10
....
報告例之二

```
┌─────────────────────────────────────────────────┐
│ ○○大學○○○○學系 函                              │
│                     機關地址：台北市故宮路一號      │
│                     傳真：                          │
│                                                    │
│ 受文者：國立故宮博物院                              │
│ 速別：普通件                                        │
│ 密等及解密條件：普通                                │
│ 發文日期：中華民國○○年○月○日                      │
│ 發文字號：（）觀字第 0015 號                         │
│ 附件：參觀學生名冊一份                              │
│ 主旨：敬請 惠允本系學生前往 貴院參觀由              │
│ 說明：本系學生五十名由○○○老師率領，擬於○○年○月○日上午十 │
│     時前往 貴院參觀藉聆教益 敬請  惠允並賜指導爲荷。 │
│                                                    │
│                          ○○○○系主任○○○          │
└─────────────────────────────────────────────────┘
```

圖 3-11

書函例

四、新聞發布

　　機構遇有重要慶典或重大事件，多利用此機會向外發布消息，以收宣傳及公布事實之效果。大的機構若設有公共關係部門，發布新聞及其他宣傳之事宜皆由該部門負責，一般機構若無專門公共關係部門，秘書大都兼負此部分工作。機構若有值得發布的消息，通常都由機關自行撰寫新聞稿，傳送各報社、電台等媒體，請求發布新聞，若是新聞事件或是機構重大活動，可舉行記者招待會，將文稿及有關資料在記者會時提供記者參考，純粹發布新聞之稿件比較簡單，僅報導新聞事實而已，若是特寫稿就應詳細，最好附以圖片，加強效果。

　　除了一般新聞稿件外，機構中向外宣傳之書冊、傳單、刊物

等，亦大都由公共關係部門或是秘書參與撰稿，然後印製對外發行。

五、報告書寫

機構中，經常需要撰寫業務報告或工作報告，所以秘書經常需要蒐集有關資料，以便作爲書寫報告之依據。書寫報告應有報告名稱、報告單位或報告人、報告日期等。報告書寫應層次分明，資料齊全，並盡量採用表格，以收一目瞭然之功效。一般需要報告的情況有以下數種：

(一)本單位之業務情況向上級或董事會報告

這類報告有時是定期的、按月、按季、按年或是開會時間爲之。

(二)對主管機關之視察報告

主管機關對本機構視察時，應準備報告書，以便視察時更容易了解本機構之業務情況。

(三)機構內部報告

每年適當階段，將本機關情況以報告方式，使同仁了解機關之業務進展，及未來計劃與發展之方向，增加同仁對公司之向心力。

(四)機構對外報告

除了一般的宣傳品或刊物外，機構有時須對外界報告業務或財務情況以增進信譽，例如有些公司年度終了結算後，登報報告

財務狀況，使公眾了解而給予信任，另一方面，可廣收宣傳之
效。

(五)各類建議或意見

對於某些事件或特別之計劃、意見，以專案做成報告，提供
處理時之參考（**圖3-12**）。

六、剪報整理

秘書資訊情報蒐集管理工作中很重要的一項，就是自報章、
雜誌、網路上，將與公司有關的資訊剪下或下載做成資料，提供
主管參考。整理剪報時要了解剪報的性質，剪報內容重要部分要
用色筆畫出，並將剪報分類整理。每張剪貼紙只放一張剪報，不
要將兩張小的剪報貼在一頁上，增加整理的困擾，每張剪貼紙上
要有類別、主題、資料來源、日期、版面等項目，參考時可以得
到正確而完整的資訊。剪報要做成檔案，並製作目錄單，每年定
時清理淘汰過時無用的剪報資料。剪報目錄單製作例如**表3-1**。

七、英文函件處理

隨著辦公室事務機器的進步，秘書處理英文函件從普通打字
機、電動打字機、電腦記憶打字機，一直到現在可以用個人電腦
處理全部的文字資料，進步神速，不過從老式打字機到電腦，處
理英文函件一定需要基本的鍵盤操作技巧，因此打字的速度及方
法是一定要了解的。

□□股份有限公司產品銷售抽樣調查報告

一、前言

二、調查範圍

三、抽樣方法

四、銷售現況分析

　　1.消費者分析

　　(1)性別（如附表一）

　　(2)年齡（如附表二）

　　(3)職業（如附表三）

　　(4)地區（如附表四）

　　2.產品分析

　　(1)式樣

　　(2)顏色

　　(3)材料

五、今後銷售趨勢及展望

六、改進意見

七、結語

圖 3-12
銷售抽樣調查報告例

表 3-1
剪報目錄單

剪 報 目 錄 單

類別	資料來源	日期	版面	主題	頁次	備註

(一)打字應注意事項

■信件格式

　　英文函件有英文函件之格式（圖3-13），這在專門打字（鍵盤操作）課程中，都有詳細說明，目前通用的有齊頭式，縮進式，及半縮進式三種。不論採用何種格式，務必按照規矩來打信件，同時打字時應配合信件之長短、段落，使信件看起來整齊、美觀為原則。

■信函包括項目

1. 機關頭銜（letterhead）：一般機關、公司之西式信紙都會將頭銜印在信紙的頂端。
2. 日期（date）：英文信的日期一定打在信的開頭。
3. 檔號（file number）：檔號可有可無，視公司內部作業情況而定。
4. 收信人地址（inside address）：收信人姓名、地址打在信件開頭，其次序及打法應和信封上之收信人姓名、地址一致。
5. 加註行（attention line）：當信件特別希望某人或某部門注意時，加上這一行，通常加在地址和稱呼之間。
6. 稱呼（salutation）：對收信人的稱呼一定要正確，先生用 Mr.或 Sir，未婚女士用 Miss、 Madam，結婚的女士用 Mrs.或 Madam。收信人男士兩人以上用 Gentlemen 或 Mr.○○ and Mr.○○或 Messrs，如收信人兩位以上係未婚的女士用 Misses ○○ and ○○，或 Ladies，結婚的兩位以上收信人的女士用 Mrs.○○ Mrs.○○或是用 Ladies。
7. 主題（subject line）：將主題以簡單句子加在信開端，可打在稱呼的上面或下面位置，不過私函都不用。

```
               TAIWAN  XXXXXX CORPORATION
             100 Chung Cheng Road Taipei, TAIWAN
          Tel. （02）12345678 Fax. （02）12345679
                 http://www.xxxxx.com.
  June 12, 20 一
  File No. 10-123（檔號）


  ABC Corporation（收信公司）
  Sales Department（部門）
  123  George St.（地址）
  San Jose Ca. 01234
Attention ： Mr. John Smith（加註行）
Subject ： xxxxxxx（主題）
Gentlemen（稱呼）
The Body of the Letter.（信的內容）
xxxxxxxxxxxxxxxxxxxxxxxxxxxxxxxxxxxxxxxxxxxxxxxxxxxxxxxxxxxxx
xxxxxxxxxxxxxxxxxxxxxxxxxxxxxxxxxxxxxxxxxxxx
xxxxxxxxxxxxxxxxxxxxxxxxxxxxxxxxxxxxxxxxxxxxxxxxxxxxxxxxxxxxxx
xxxxxxxxxxxxxxxxxxxxxxxxxxxxxxxxxxxxxxxxxxxxxxxxxxxxxxxxx
xxxxxxxxxxxxxxxxxxxxxxxxxxxxxxxxxxx
Sincerely yours（結尾敬語）
Signature（簽名）
Business Title（職稱）


Enclosures（附件）
cc  Mr. Walt Wang（副本）
```

圖 3-13
....
西式信函格式例

8.主體（body of letter）：也就是信的內容，打信如果採齊頭
式則內容亦應齊頭式，用縮進式亦同，總之信件各部分應
互相配合。

9.結尾敬語（complimentary close）：結尾敬語至少應打在信

的主體兩行以下。

10.簽名（signature）：通常機關名稱以大寫字母打在結尾敬語之下二行，空下四行簽名，簽名下打發信人之姓名和職銜。

11.附件（additional data）：信函如有附件，小件可加入信內一併發出，大件可另寄，但是應在信內說明。

另外信件副本收受者或打字者姓名簡寫亦打在此位置，一般打在左下方低於簽名位置的下方。

12.再啓（postscripts）：若有未盡事項，附加一行打在最下方，一般皆習慣以 P.S.來表示。

■打字前注意事項

1.看稿務必明白、仔細。

2.確定打字所需設備，不必要的東西不要放在桌上。

3.查明應遵行之格式。

4.保持良好而正確之打字姿勢。

5.校對要正確。

6.函件之處理：郵寄方式、傳真、電子郵件、副本處理、存根存檔。

■秘書信函例

秘書工作中書寫英文信函是經常性的工作，茲舉數例作爲參考，詳見圖 3-14 、 3-15 、 3-16 。

Dear Ms. xxxxxxx ：
Mr. xxxx is away from the office this week and will return on next Monday. I shall bring your letter of October 10 to his attention at that time.
If we can be of any further help, please do not hesitate to call on us.
Sincerely yours,

Ms. Xxxxxxx
Secretary to Mr. xxxxxxx

圖 3-14
通知信件收到例

Dear Mrs. xxxxxx ：
Thank you for your gracious invitation to Mr. xxxxx to be the keynot speaker at the xxxxxx Congress on November 6. 200--.
Mr. xxxxx will be returning from a business trip in U.S.A. next week. On his return , your letter will receive his prompt attention.
Sincerely yours,

Ms. Xxxxxxx
Secretary to Mr. xxxxxxx

圖 3-15
告知收到邀請函

Dear Mr. xxxxx ：
Thank you for your phone call to Mr. xxxxx, Manager of Sales department, on May 21, regarding the table.
Since we could not find anything about the matter you mentioned on the phone, any specific information you could resend to us will be appreciated.
Sincerely yours,

Ms. Xxxxxxx
Secretary to Mr. xxxxxxx

圖 3-16
告知未收到信件例

八、信封寫法、信函摺法

(一)信封寫法

■西式信封寫法（圖3-17、圖3-18）

　　1.信封之收信人姓名地址的打字方式，應和信內收信人姓名

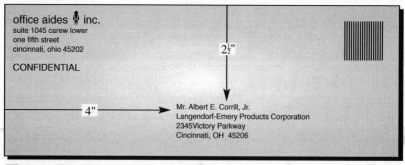

圖 3-17

西式信封寫法之一

圖 3-18

西式信封寫法之二

地址完全一樣。一般信封，左上角爲發信人姓名地址，信封中間偏右爲收信人姓名地址。

2.親啓字樣（PERSONAL）應在收信人地址之上二行或左下角以全大寫字母打出。

3.郵件寄出之種類，如航空、掛號等應在收信人地址上二行以全大寫字母打出。

4.外國國名應以全大寫字母打出，並加線以加強郵政機構之注意。

■中式信封寫法

1.直式信封寫法：第一式，先姓名後稱呼（圖 3-19）。第二式，先姓後稱呼再名號（圖 3-20），此式比第一式更爲禮貌，第一例把職位提前，而成「姓」、「職位」、「名」，「名」偏右但不必略小；第二例中之「勉之」爲王經理之「號」。

2.橫式信封寫法可參見第一式（圖 3-21）及第二式（圖 3-22）圖例。

(二)摺信方法

■西式信件

摺信方法與中式不同，說明如下：

1.小信封：裝入小信封內之信紙，是將信紙從下向上對摺，但在信頭上留下半英吋空位，使開信人容易打開信紙。然後將對摺過之信紙由右向左摺三分之一，再由左向右摺三分之一，但是最後這一摺應留半英吋，以便開信（圖 3-23）。

2.大信封：信封由下向上摺約三分之一，然後再向上摺一

圖 3-19
中式信封寫法（直第一式）

圖 3-20
中式信封寫法（直第二式）

圖 3-21

中式信封寫法（橫第一式）

圖 3-22

中式信封寫法（橫第二式）

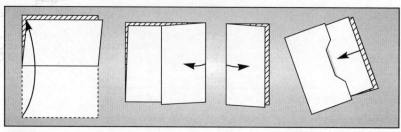

圖 3-23

小信封之信件摺法

次，在邊上留半英吋，信的第二摺向著信封裡放入信封（圖 3-24）。

3. 窗口式信封：信件由下而上三分之一，然後信頭這一部分向後摺三分之一，使信內之收信人姓名住址及公司頭銜放入信封內，剛好露在透明的窗口信封上。有時信函油印方式不同，可用其他方式摺信，務使收信人姓名地址露在信封窗口為原則。

■ 中式信件

1. 中式信封：將信紙左右對摺，有字一面在外，再自摺縫這一邊再摺寬約兩公分（這樣才能放入信封），然後由下向上摺三分之一，放入信封即可（圖 3-25）。

2. 大信封：視信封及文件大小，摺好放入即可。

九、傳真機及電子郵件的使用

(一)傳真機的使用

雖然電腦的使用增加資訊傳送的方便，可是仍然有些原始文

圖 3-24

大信封之信件摺法

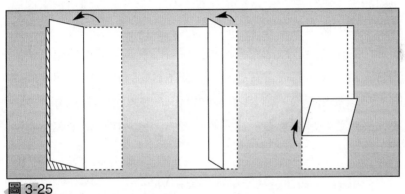

圖 3-25

中式信件的摺法

件或是資料要用傳眞機傳送，因此使用傳眞機應有的態度如下：

1.公器公用原則，盡量少用來傳私人的事情。

2.傳眞機較不能保密，機密事項宜先聯絡，確保文件由收件
人收到。

3.傳眞應註明雙方傳收件人公司、姓名、日期、總頁數等，
以便利於了解情況。

4.傳眞用紙以白色或淺色無條紋最好，寫字用黑色筆會較清
楚。

5.注意補充傳眞紙捲，以免傳眞進來時無紙使用。

6.傳眞與電話使用共同話機時，要記得切換。

7.傳眞後文件要歸入應歸入之檔案。

(二)電子郵件

由於電腦這種世界性通信工具的發展，使得擁有這種設施者可以透過網際網路的連線及時的、快速的、省錢的、不受時差限制的方式與對方溝通。電子郵件幾乎已取代了傳統通信的方式，也由於電子郵件的方便及經濟，使得廣告業者大量利用它來促銷產品，造成使用電子郵件通訊者莫大的困擾，更有甚者，因爲電子郵件的保密設施無法完善保障使用者的資訊，使得使用者個人資料容易外洩，而成爲有心人士犯罪工具，造成使用者莫大的傷害。所以使用電子郵件除了工作方便，也要注意應有的文書禮貌，最重要的是盡量避免造成收受者的困擾。使用電子郵件應注意的禮儀如下：

1.用寫信的格式寫電子郵件，是禮貌的行爲。

2.檢查拼字、文法避免錯誤，不該爲了省事不用大寫字母。

3.公務文書注意信件的品質。

4.信件要有主題，內容盡可能講重點，引用他人話語時刪除不必要的句子。

5.每行字數不宜太長，一般不超過七十五字。

6.病毒最容易藉電子郵件傳播，來路不明信件要謹愼處理。

7.寄該寄的電子郵件給收信人，避免垃圾信件增加別人困擾。

8.轉寄或同步傳遞應過濾，以免爲有心人利用。

9.閱後刪除不必要的信件，節省網路資源。

10.網路流傳的符號，正式文書不宜使用。

11.尊重智慧財產權。

十、參考資料

(一)電報常用英文縮寫字和業務標誌

Abbr.	Word	Abbr.	Word
A	Ordinary service telegram	DELD	Delivered
ABT	About	DELY	Delay
ACCT	Account	DEPT	Department
ACDG	According	DESTN	Destination
ADDS	Address	DLV	Deliver
ADDSEE	Addressee	DLVY	Delivery
ADV	Advise/Advice	DUPE	Duplicate
AHR	Another	FIG	Figure
AM	Morning	FM	From
AMPLIATION	Telegram transmitted second time	FS	To follow
ANS	Answer	FVS	Fifth
ASST	Assistant	FWD	Forward
BIBI	Bye Bye	GA	Resume sending / Go Ahead
BK	Break	GF	Gold Franc
BQ	A reply to a RQ	GMT	Greenwich Mean Time
CCT	Circuit	GOVT	Government telegram
CFM	Confirm	GV	Give
CHF	Chief	HV	Have
CK	Check	HVY	Heavy
COL	Collation	HW	How
COLLECT	Collect charge from addressee	IFMN	Information
CONT	Contact	IMPT	Important
CRT	Correct	INCL	Inclusive or included
CTF	Correction to follow	INVEST	Investigate
C/O	Care of	KP	Keep

Abbr.	Word	Abbr.	Word
DBL	Double	LR	Last receiving
DE	From	LS	Last sending
LTR	Letter	RQ	Designation of a request
LW	Last word	SA	Say
L / W	Last week	SDG	Sending
MGR	Manager	SGN	Signature
MIN	Minute	SHD	Should
MINS	Minutes	SIG	Signal
MSG	Message	SITN	Situation
MTR	Meter	SRL	Serial number
NIL	Nothing	SRY	Sorry
NITE	Night	ST	Paid service
NR	Number	STL	Still
NXT	Next	STN	Station
OBS	Observe	SVC	Service telegram
OK	All right or Agreed	SVP	Please
OPR	Operator	TC	Collation
ORD	Ordinary	TD	Transmitter distributor
O / D	Original date or Office of destination	TFC	Traffic
O / O	Office of origin	THRO	Through
PBLE	Preamble	TKS	Thanks
PLS	Please	TMW	Tomorrow
PNTN CNTD	Punctuation Counted	TMX	X....address
PRESS	Press telegram	TXT	Text
PWR	Power	UKWN	Unknown
RD	Read	UNDELD	Undelivered
RE	Refer to	UNFWD	Unforwarded
RECVG	Receiving	UNWKABLE	Unworkable
RECD	Received	UR	Your
REF	Reference	WA	Word After
REPT（RPT）	Repeat	YR	Your
RMKS	Remarks	ZCO	Collation Omitted
RPTD	Reported; Repeated	ZMP	Mispunch
RPTN	Repetition		

(二)歐美常用地址簡稱

Abbr.	Word	Abbr.	Word	Abbr.	Word
AVE	Avenue	MTN	Mountain	WAY	Way
BLVD	Boulevard	PKWY	Parkway	APT	Apartment
CTR	Center	PL	Place	RM	Room
CIR	Circle	PLZ	Plaza	STE	Suite
CT	Court	RDG	Ridge	N	North
DR	Drive	RD	Road	E	East
EXPY	Expressway	SQ	Square	S	South
HTS	Heights	ST	Street	W	West
HWY	Highway	STA	Station	NE	Northeast
IS	Island	TER	Terrace	NW	Northwest
JCT	Junction	TRL	Trail	SE	Southeast
LK	Lake	TPKE	Turnpike	SW	Southwest
LN	Lane	VLY	Valley		

(三)美國各州英文名稱及簡稱

Abbr.	Name	Abbr.	Name
AL	Alabama	NO	Nebraska
AK	Alaska	NN	Nevada
AS	American Samoa	NH	New Hampshire
AZ	Arizona	NJ	New Jersey
AR	Arkansas	NM	New Mexico
CA	California	NY	New York
CO	Colorado	NC	North Carolina
CT	Connecticut	ND	North Dakota
DE	Delaware	MP	Northern Mariana Islands
DC	District of Columbia	OH	Ohio
FM	Federated States of Micronesia	OK	Oklahoma
FL	Florida	OR	Oregon
GA	Georgia	PA	Pennsylvania
GU	Guam	PR	Puerto Rico
HI	Hawaii	RI	Rhode Island
ID	Idaho	SC	South Carolina

Abbr.	Name	Abbr.	Name
IL	Illinois	SD	South Dakota
IN	Indiana	TN	Tennessee
IA	Iowa	TX	Texas
KS	Kansas	UT	Utah
KY	Kentucky	VT	Vermont
LA	Louisiana	VA	Virginia
ME	Maine	VI	Virginia Islands
MH	Marshall Island	WA	Washington
MD	Maryland	WV	West Virginia
MA	Massachusetts	WI	Wisconsin
MI	Michigan	WY	Wyoming
MN	Minnesota	AA	Armed Forces, the Americas
MS	Mississippi	AE	Armed Forces, Europe
MO	Missouri	AP	Armed Forces, Pacific
MT	Montana		

第四章
檔案及資料管理

　　檔案管理是一般行政工作人員應該了解之知識，更是從事秘書工作者必備的條件。在行政工作中，存檔是安排和保存資料及文件的安全和管理制度化的過程，有了制度化的管理，應用檔案時才能正確、簡易、迅速的提取需要的文件或資料。因此規模較大、組織完善的機關或企業則成立獨立檔案管理部門，由檔案專業人員管理、規模較小的機關或企業，也會聘請一位專職人員或是由文書工作人員、各部門秘書助理兼管檔案事務。

一、檔案管理之意義

　　所謂檔案管理乃是指政府機關、人民團體、公司行號及個人，因處理公眾事務而產生之文字紀錄、圖片或實物，經過科學的管理，予以整理、分類、立案、編目等手續，使成為有組織、有系統，既便於保管又利於查驗之資料。

　　辦公室行政工作，檔案管理是文書處理過程中最後一個步驟，公文處理完畢結案後就應將有關文件按檔案管理規則歸檔，以便日後查考參閱。但是公務處理時仍有許多值得保存參考的文件資料，也要將這些資料分類存檔，特別是許多企業沒有專屬部門管理檔案，就更要注意資料和檔案的管理。

　　檔案之保存，是將歷年同類的文件資料彙集一起，一方面可作為施政之憑據、史料採擷之根據，另一方面更具有研究學術之參考價值。

二、檔案之種類

　　各機關團體組織稍具規模者，都設檔案室專門機構集中管理

檔案，因此檔案的保管通常分為三類：

1. 臨時檔案：案件尚未結案，仍須繼續辦理，或是在行政上須隨時參考之檔案，應放入臨時檔案夾，暫不送檔案室歸檔。
2. 中心檔案：已結案之文件，但仍時有所需，因此存於中心檔案室，留備各幕僚機構共同應用之檔案。
3. 永久檔案：中心檔案處理後，年限屆滿，而無保存價值者，應先送會原承辦單位，再簽由機關首長核定銷毀，具有永久保存價值者，得移為永久檔案。

　　檔案整理時應按類、綱、目、節分類，並將所接收之檔案編製收發文號碼及分類目錄卡，整理後之檔案應按臨時性或永久性分別裝訂成活頁冊或書冊，並注意防護。

二、檔案管理的制度

　　各機關規模大小組織系統不同，因而對檔案管理採行的方式亦有所不同，各機構檔案可以配合本身之需要以下列三種方式管理。

(一)集中管理制

　　在機構設立檔案室或檔案管理中心專職部門，將全部案卷集中於該部門，由專業檔案管理人員統一管理，各國政府機構都採用之。此種檔案管理方式，與圖書館書籍的管理類似，大型醫院病歷表的管理亦是相同的道理。採用此種方式管理檔案其優缺點如下：

■優點

1.檔案集中管理不易遺失：採用此種方式多半為大型機構，在文書管理上有一定的規範，所以文件之進出有完善的制度，從公文收文、發文、歸檔都可掌握，所以資料不容易遺失。

2.專業人員專業化管理：集中管理檔案，一定設有部門及聘專業人員管理，使檔案管理的制度得以建立。

3.重複檔案可以剔除：各單位送到檔案管理單位之資料文件，常有重複，此時即可剔除，保留一份完整資料即可。

■缺點

1.使用不便：因檔案集中管理，使用單位必須經過借閱及會簽等手續，費時、費力，可能影響工作效率，所以民營或小型企業很少使用之。

2.人事費用增加：專業人員管理，在人事經費上，增加負擔，這也是小型企業不採用的原因。

(二)分散管理制

將案卷、資料分由業務或幕僚單位管理，可以隨時取閱運用，查考方便，一般公民營企業機構大都採用之。其優缺點如下：

■優點

1.使用方便：各單位或個人自己管理案卷及資料，使用時可以隨時查閱，迅速方便，提高工作效率。

2.節省人事費用：各單位人員除業務外，自行負責檔案資料，不必另請專人處理此項工作。

■缺點

1. 資料容易遺失或保管不全：工作承辦人員或是主管沒有檔案管理之觀念，又無機構文書管理制度的要求，則公務處理完畢是否歸檔，或是將資料蒐集齊全歸檔，完全靠工作人員自我的要求，自然不可能每個工作人員都會將自己的資料檔案保存完整，延續下去。

2. 老舊資料無處存放：公司年輕，資料檔案較少，各部門不會需要太多檔案櫃存放，但是時間長久，老舊資料多，使用機會又少，存放不易，造成困擾，甚至發生新任人員任意將老舊資料丟棄的情事，實在可惜。

3. 重複保存資料：因為工作需要，許多資料文件各單位都做檔案保存，無形中重複儲存了一些相同資料，增加人力物力管理的成本。

(三)混合管理制

混合管理制是採集中制與分散制兩種方法之優點而實施之管理檔案方法。主要是檔案管理的行政權仍然集中，設立檔案管理行政單位，不常調用案件及舊案則集中檔案單位管理，而常用或當年之案卷，則分別由各單位自行管理，以求彈性管理檔案，方便工作。我國某些政府機關如省政府、內政部等皆採用之。

民營企業如果歷史久、規模大、資料案卷多，不妨可參考此種方式，方不致將來資料保管不全，不能發揮檔案的功效。

■優點

1. 使用方便：老舊及不常使用案卷由檔案單位專責管理，各單位仍保留常用、當年或最近二、三年的資料，查考容易、使用方便，發揮檔案功效。

2. 過時檔案可以移轉：各單位老舊檔案可以逐年移轉檔案管

理專職單位，因此辦公室的檔案櫃可以充分利用，不致櫃子越來越多，影響辦公環境。

3.避免重複存檔：雖然在某些情況下，各單位有些資料都會保存，但是移轉至檔案管理單位時就可剔除，不必增加儲存的空間。

4.專職人員專業管理檔案：有專業人員管理公司檔案，可建立檔案管理制度，保存完整資料。

■缺點

1.須成立專門檔案管理部門，規劃完善制度，一般中小型企業不易做到。

2.專業人員人事費用增加，中小企業不太可能增加人員。

四、檔案管理的重要與功用

檔案管理不僅是行政管理重要的一部分，甚至每一位工作人員都應有儲存資料、利用資料的現代人資訊的觀念，現就保管及利用檔案資料分別說明如下：

(一)要保存資料檔案

資料檔案都是過去工作經驗的累積，簡述其功能如下：

■處理行政業務的紀錄

檔案是公務處理完畢之資料，是記錄業務承辦人員處理事務的過程及手續，因此應將所有的資料文件按先後次序整理做成檔案，以為將來調閱查考、了解案件之依據。

■公務之查考及研究

檔案最大的功用就是提供後人做事的參考及研究之資料，因

為檔案是某一種事項處理之經過或處理情形，所以完整之檔案足
可提供今後類似案件處理之參考及研究之準繩，免去重複的工作
或錯誤之嘗試，節省許多人力、財力、時間等不必要的浪費，是
最方便學習經驗的寶典。

■法律上之憑證

　　文檔是處理事件最原始的文件，若要評論公務的成敗、人員
的得失、違法的事實等，有關是否違反法律規章等情事，最有利
的憑證，就是調閱所保存的檔案資料。

■史料的來源

　　資料是處理事情最原始的紀錄，最具有權威性、真實性，一
個機構的歷史沿革，就是靠其所保存的檔案資料，點點滴滴累積
而成。因此所有的工作人員都應有保存公司歷史的責任，將來方
能提供可靠之文獻，編撰公司的發展歷史。

■工作成績的表現

　　承辦業務人員不論工作當時是如何之辛勤，或是結果如何的
成功，受到何種獎勵或誇讚，若是不能將資料妥善完整保存，則
不僅當時無資料可以評斷其工作成績，就是後人也因沒有資料可
尋找，而不能了解其成就及貢獻。

(二)要懂得利用資料檔案的資訊

　　保管資料文件不僅是留下紀錄，最重要的是要有使用價值，
如何使用過去的檔案資料，增加自己的經驗，提升工作效率，是
檔案管理很重要的觀念。檔案的應用如下：

■資料檔案是情報（information）來源

　　檔案是工作最重要的參考資訊，尤其是前人工作實務經驗的
結晶，檔案是加速學習減少錯誤最好的工具。新人進入公司或調
換新的工作單位，第一件事就是要查考前面工作人員留下的資料
檔案，以便了解工作內容，相關的人、事及有工作聯繫的單位和

公司，如此方能在最短時間內進入工作情況，類似工作也可以馬上找到檔案資料參考。

除了要懂得利用本公司過去的資料檔案幫助工作參考外，對於無法找到資料參考的事件，應尋找其他公司相關資料參考，或是到書店及資訊提供公司，甚至國外尋找可資參考的資料，如此才能節省時間，幫助自己經驗之不足，將事情做得又快又好，發揮工作效率。

■檔案管理是知識管理流程重要的一環

知識管理有三個主要步驟：一為資料檔案管理，也就是將經驗、技術、知識、專業等資訊資料蒐集、分類、儲存，成為有用的知識，提供使用者參考利用。這就是如檔案管理中將結案須歸檔的文件全數歸卷，經整理、分類，歸入適當檔案卷中的工作。其次就是資料檔案運用，知識管理的意義就是要將所存的知識加以充分利用，其工作包括三項就是查閱、運用和知識的更新，這也就是檔案管理中的調卷、清理等工作。第三個步驟是創造知識、分享知識，利用過去的知識經驗創造更新、擴展範圍、分享成果。這也是檔案管理的重要功能之一，所以檔案管理者在知識管理中實在有其不可忽視的地位。

■檔案何時用

行政工作最常用到檔案的機會有：寫各種報告時；主管吩咐辦理某些以前並未接觸之事項需要參考時；某議題產生爭議需要找前例印證時；會議中需要某些資料說明時。此外工作時由於過去的檔案資料，可以使工作的人對未知的事進行了解；對已知的事確認；對疑問之事參照比較。更可以滿足個人的求知慾望，增加對工作的自信。

(三)要保存有用的資料檔案

雖然每個機構或多或少都有保存檔案的要求，但是總是在需

要調閱檔案資料時，花了大量的人力及時間，或是甚至遍尋不到
要用的資料。這當中最主要的原因就是存了太多無用及沒有保存
價值的檔案，而使得尋找要用的資料時，相對的發生費時費力又
無效率的情況，因此在檔案管理上必須規定各類檔案保管的年
限、判斷資料取捨的原則，並養成適時清理的習慣，如何保存有
用的資料檔案，以下幾點可供參考：

1.清理及淘汰過時或無用的檔案資料：公務處理完畢無保存
　價值或過時文件一定要適時清除，不要占用空間，使用時
　較容易調閱，不致浪費時間在一大堆不必存檔的資料中去
　尋找有用的資料檔案。
2.更新資料檔案：檔案要提供使用，有些資料需常更新，尤
　其以知識管理的角度評量，檔案管理就是盡量要提供各類
　專業知識和技術給使用者，提升工作經驗及能力。
3.利用電腦儲存資料檔案：電腦及其周邊附屬產品都能提供
　儲存大量文件，不僅可使調閱快速方便，也可減少許多保
　存大量紙張原件資料的空間。

五、檔案處理的步驟

　　專業的檔案管理人員對於檔案管理的每一個過程，都應有相
當的了解與熟習，才能管理整個機構的檔案資料。

(一)檔案管理的步驟有下列幾項

■點收

　　檔案室收到總收發之歸檔文件，應即加以清點，檢查文件是
否齊全、附件之有無，不必歸檔者即退還，點收後之文件應予以

捆紮，此後這些文件即由檔案室負完全責任。

■整理

文件經清點後，應加以整理，使整齊劃一，同一事由的收發文應將其集爲一個單元，破損文件將其修補完善，盡量使文件整理成統一大小。

■登記

各單位檔案在送到總收發室時都有點收及登記的手續，因此送到檔案室時，此步驟可以簡化，避免重複工作，浪費時間精力。

■分類

爲了使檔案之記憶、檢查、保管及調卷之方便，檔案應有適當的分類。檔案之分類得視各機關之性質而有不同，一般較進步之方法，乃是以文件內容爲分類標準，並且配合機關之行政目的、機關組織，以達到機關業務之需要。

■立案

亦可稱編案，將性質相同、類號相同之文件予以集中，給予適當的名稱，藉以顯示檔案之內容，以便於管理及應用。

■歸件

將新的性質、類號相同之歸檔文件，歸入前已立案的卷內，使整個案卷便於查考。歸件時應仔細檢查前案及其目錄，不可隨便併入，歸錯卷夾，避免將來使用調卷時，發生困難。

■編目

將檔案組成種種目錄，以便可隨時查考檔案之內容，檔案之目錄應簡明扼要，周詳齊備。

檔案目錄可以採卡片式和書本式，在目錄卡上應有檔碼、案名、收發文號、事由、附件、立案日期、件數、案名登記號碼、移轉銷毀、備考等項目。

■裝訂

歸檔整理後之文件，應裝訂成冊，以便長久保存及方便管理應用。臨時檔案最好採用活動裝訂，永久檔案則裝訂成書本式，永久保存。

■調卷

調卷實際上包括查卷、調卷、還卷等三種步驟，檔案管理的目的，就是在於供給應用，因此需要調卷查考時，應達到迅速、正確為原則，以增加行政工作之效率。

檔案之調閱應訂借檔規則，備有調檔單、延期續借單、催還單、檔卡、限期表以便調卷人共同遵行。

借調檔案，非本單位主管之業務，借卷時須會主辦單位，非本機構調卷，應以公文方式處理，借調案卷非經簽准不得複製或影印。

■清點

檔案之保存隨著時間的增長，數量越積越多，同時由於經常調用，日久難免有遺失損毀等情形，因此檔案應定期按卡片分類目錄對照清點。如果發現有遺失或損毀情形，應立即設法彌補，編目如果發現錯誤，應就此機會更正；時效已過之檔案抽出，報請核准銷毀。

■防護

檔案室最好有專建之房舍，空氣應流通、乾燥，並應達到保密、防霉、防火、防蟲、防污、防敵襲、防破損之目的。

■移轉

臨時檔案若已結案，保管年限已過，但仍具有參考價值，應於每年清理後造冊移交為中期檔案保管，若無參證價值但有史料價值者，則移轉為永久檔案管理。

■銷毀

保管年限已屆滿之檔案，又無參證價值者，應在清點時檢

出，造具銷毀名冊，報請上級核准銷毀。

現在檔案銷毀方式，多將要銷毀檔案以攝影方式縮於底片，或存電腦磁片、光碟，然後將原檔銷毀，如此檔案的保管就方便得多了。

專業的檔案管理人員需要接受專業的課程及實務的歷練，對以上每一步驟都要相當了解，甚至還要取得證照，才能在檔案管理領域工作。至於一般企業的行政工作人員就較無嚴格要求，能配合企業要求管理好應管的檔案資料即可（圖4-1、圖4-2）。

六、檔案管理的原則

不論工作的機構採取哪一種檔案管理制度，每一位工作人員都應有基本的檔案資料管理觀念，尤其大部分的民營企業沒有專責的檔案管理部門，人員的流動頻繁，新到者是否能找到前者的資料；是否能看得懂其歸檔的方法；是否願意照著前人的歸檔方式繼續做下去，使公司的檔案能以一貫的方法延續，因此與檔案和資料管理有關的人員就更不能不了解檔案管理之方法了。以下謹就一般工作人員對於檔案管理應注意的原則分述如下：

(一)集單件資料組成該案件完整的文卷

一件公事很少是一件公文就可以辦完的，公務處理的過程前後一定多次往返，資料也隨著增加，所以處理完畢應將本件往來收發文有關資料蒐集齊全，依序整理，時間先的在下面，時間後的在上面，也就是最後結案的文件應在最上頁，這整份文卷我們就可以歸入同類的檔案夾中，如果是屬專案文件，則按文件時間從上往下放，並給適當的名稱，稱為某某案。

圖 4-1

檔案管理流程圖之一

圖 4-2

檔案管理流程圖之二

(二)一文一事，一卷一案

為了歸檔及主管批示的方便，承辦人員在寫公文、簽呈、報告或申請書等文稿時，都應以一事寫一份為原則，不可將不相關聯之事寫在一份公事上，使歸檔時要做另外的手續增加困擾，將來檢閱時亦不方便。

一個檔案文卷也是一樣，同類型的案件可以放在同一檔案卷中，以編號區分，若是不同類之文件放入同檔卷中，不但尋找不易，也違反檔案管理的基本道理。

(三)文卷之分案與合併

有些案件在初始時非常單純，但是在處理過程中，逐漸演變成數件複雜事件之情形，形成不同之案件，為了檔案整理調閱方

便，可視情形將內容繁雜，涉數事之文卷分案處理，另立案名，以配合管理之需要。

有些文卷來往單純且鮮少附屬資料，若單獨立卷，不但占據空間，且名目眾多，管理查閱不易，因此可將類似的案件合為一案，節省空間，又易查閱。

(四)文件分存單及影印本之存檔利用

有些文卷涉及兩件以上之事件，若歸其中一案，可能將來查閱不易，所以可以利用分存單存另一案卷，註明原件存放處，可以互相查考，分存單上應有日期、案名、事由、原文存放處、本單存放處等。但是若資料簡單，可以利用影本存放，註明原文存放處即可，不失為方便省時之方法（**表** 4-1 、**表** 4-2 、**圖** 4-3）。

此外，在各檔案中，性質相同文件亦可影印另做一輔助檔案，對於查閱檔案及統計資料，都有莫大之便利（**表** 4-3）。

(五)分類適當

除了整個機構的檔案有專職單位管理，還需要將整個機構的資料按機構組織，適當編列檔案分類表，以便各單位依循，同時使整個機構的案卷做有系統的管理，其方式有如圖書館之圖書分類方法，查閱管理才能迅速有效率。

但是一般民營企業，多半由承辦人員自行管理資料檔案，雖然無公司檔案分類表可依循，但是本身一定要根據業務情況將檔案做適當的分類，分類的原則有四：

1.要有層級：中文檔案按類、綱、目、節分類，西式檔案則按第一索引（first guide）、第二索引（second guide）、第三索引（third guide）……等分類。

2.資料多分類細，資料少分類粗：其方式有如公司的組織系

表 4-1
檔案分存單

				主　　　旨	原文存放處	
收文日期	來文日期	發文日期	來（受）文者		案名	檔號
年　月　日	年　月　日	年　月　日				
收文字號（　）字號	來文字號（　）字號	發文字號（　）字號			本單存放處	
					案名	檔號

（全銜）檔案分存單

表 4-2
英文文件互見單（Cross-Reference Sheet）之一

（全銜）Cross-Reference Sheet

Name or Subject:
Date of Item:
Regarding:
See
Name or Subject:
Authorized by:　　　　　　　　　Date:

CROSS-REFERENCE SHEET

Name or Subject _Texas, Bushland_
Sam Appleman

Date of Item _May 4, 19 --_

Regarding _Electronic warning device_
for overheated plant boilers

SEE

Name or Subject _Texas, Amarillo_
Texas Light and Power

Authorized by _Joan Conrad_　Date _5/9/--_

Texas/Light (and) Power
7391 SOUTH EIGHTH STREET　AMARILLO　TEXAS　79103
806-861-4548

MAY 7 19-- P.M.

c.c.

May 6, 19--

Mr. Santos Ibera
Security Engineering Co.
4285 East Potter Street
Amarillo, TX 79103

Dear Mr. Ibera:

One of our customers, Mr. Sam Appleman, of Bushland, Texas,
has a problem we believe you can help solve.

Mr. Appleman is erecting a new plant and would like to in-
stall a new electronic warning device to give an advance
signal should one of the plant boilers become overheated.
He wishes to have this device sealed into the building
when it is being erected, but he requires that it have a
sufficient number of inspection outlets so repairs can be
made easily. Furthermore, because of the nature of his
business, there must be no danger of the electricity ig-
niting the highly combustible gas used in the manufacturing
process.

Will you please have one of your engineers arrange an ap-
pointment with Mr. Appleman and me to discuss this problem.
We should meet within the next week or ten days so that
construction can proceed soon thereafter.

Sincerely yours,

Carl C. Dawes

Carl C. Dawes
Customer Service

dk

圖 4-3
....
文件互見單（Cross-Reference Sheet）之二

表 4-3

文件分存單

（全銜）文件分存單

檔名（主題）：
日期：
摘要（主旨）：
查閱
檔名（主題）：
承辦人：　　　　　　　　歸檔日期：

統表，公司大，人員多，組織系統分支單位較大；公司小，人員少，組織系統就簡單。資料檔案亦同，文件少，可將類似文件合併一處，給一通用案名，文件多則應將每類分別立案，給予適當案卷名稱。專案文件則單獨立檔，如此方能在管理查閱時，達到迅速確實之目的。

3. 分類要有關聯性、聯想力：分類的名稱要與檔案內容相關，不論用中文、外文，都能讓使用者馬上聯想到應該可從哪個名稱的檔案夾中找到資料。

4. 標示要清楚：檔案夾上的檔案名稱要清楚，分類編號要明確，檔案櫃的分類名稱和編號可用不同顏色標示各類檔案，盡可能使檔案容易查閱使用。

　　一般管理檔案常採用的分類方式有：筆畫、數字、英文字母、注音符號、地區、職務、主題、顏色等數種。工作人員可以根據本身業務選擇一種或數種同時應用。總之，以達到管理和使用方便為原則（圖4-4、圖4-5）。

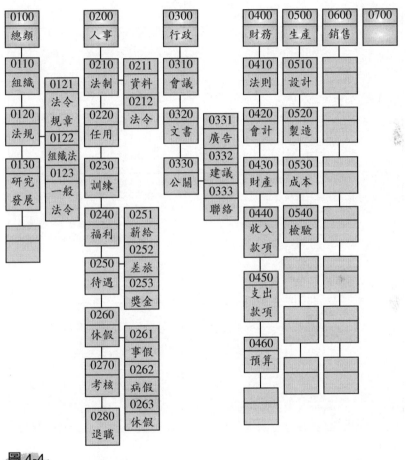

圖 4-4

企業檔案分類總表例一

```
000 總      類
100 行      政
200 管      理
300 人      事
400 財      務
500 物      料
600 設      施
700 生      產
800 產品銷售
900 公共關係
```

300 人事類	320 任用 綱
310 法制 綱	321 考試
311 政策	322 分類
312 法令	323 錄用
313 制度	324 派職
314 手冊	325 公差
315 書表	326 調遣
316 資料	327 交接
317 報表	328 復用
318 服務	329 儲備

330 待遇 綱	340 訓練 綱
331 薪給	341 實習
332 公費	342 進修
333 獎金	343 在職訓練（包含講習）
334 差旅費	344 服務、除役、退役
335 津貼	
336 伙食	
337 房租費	
338 服裝費	

350 休假 綱	360 福利 綱
351 事假	361 婚喪補助
352 病假	362 醫藥補助
353 公假	363 生育補助
354 特別假	364 子女教育補助
355 產假	365 保險
356 婚假	366 康樂
357 喪假	
358 例假	

圖 4-5

企業檔案分類總表例二

370 退職 綱	380 考核獎懲 綱
371 退休（延長服務）	381 考核紀錄
372 養恤（退職金）	382 考績甄審
373 資遣	383 獎勵
374 停薪留職（在家候令）	384 懲罰
375 革退（辭退、裁退、解雇）	385 晉級
376 告退（辭職、離職）	386 年資
377 因公死亡（因病死亡）	
378 代扣公恤金（代扣退休金）	
390 資料紀錄 綱	
391 員工紀錄	
392 證狀	
393 職員錄	
394 人事調查表	
395 身分證明	
396 資料查證	

(續) 圖 4-5

企業檔案分類總表例二

(六)設計詳細合用的目錄單

　　每一個案卷都應有卷內文件的目錄單（**表 4-4**），其作用有四：

■查閱文檔方便

　　案卷內文件眾多，要查哪一份文件，不必一一翻閱，可自目錄單上立刻查出，就如同一本書，要找某一特定章節，翻開書之目錄，即可知某頁可找到文章內容。

■了解案卷之內容

　　雖然每個案卷各有案名，但是該案卷之所有文檔內容，如無目錄單就須逐件翻閱，反之如有目錄單，則可從目錄單上馬上了解全案卷文件之內容大要。

■資料文件遺失可以查考

　　我們常常發現文案中少了一些資料，不能連貫整個案件之來

表 4-4

檔案目錄單

（全銜）檔案目錄單

編號											
收發文機關											
收發文字號											
摘要											
日期											
備註											

龍去脈，或是某些文件不在應放置之檔案中，又不知是些什麼資料，如果有目錄單，文件雖不在夾中，但是至少可以查考文件之收發文字號、摘由等，以便補救，或尋找追回。

■記錄檔案更新移轉

　　檔案文件如有更新或是移轉其他單位保管，都可利用檔案目錄單的移轉欄或是備註欄加以記錄，以為日後查考。

(七)定時清理

　　資料、文件的存檔固然重要，但是若不清理，不但會保存一些沒有價值的資料，更會浪費人力、空間去存放一些無價值的檔

訊　息　小　站

檔案分類方法

- 筆畫：按往來廠商、公司、檔案名稱之第一個字筆畫排列檔案順序。
- 數字：檔案以數字編號，設索引對照。保密文件可用之。
- 日期：按文件日期先後排檔案順序。
- 英文字母順序：英文檔案的第一字，按其 ABCD 字母順序排列檔案。以檔案英文名稱第一字母縮寫代表分類。
- 注音符號順序：以檔案名稱第一字注音按ㄅㄆㄇㄈ順序排列。
- 地區分類：以地區分類檔案，如台灣分北、中、南、外島四區；北區之下再細分為台北市、台北縣、桃竹苗……。
- 行業：按行業分類，如電視業下分台視、中視、華視、民視……。
- 職務：按職務不同來分類，如管理部、總務部、人事部、財務部……。
- 主題分類：以主題為檔案名稱，如人事下有招募、保險、升遷、退休、福利、教育訓練等業務分類。
- 顏色分類：以不同顏色資料夾或標籤來分類不同的檔案。

案，因此管理檔案，一定要有定期清理的習慣，就如同圖書館每年定時將全部圖書整理清點一次一般。民間企業無法規定固定清理時間，工作人員也要適時清理檔案，達到檔案管理的目的。清理檔案原則有五：

■無用資料取出銷毀

例行的公事或是某些文件資料，處理完畢都應歸檔，但是過了一段時間以後，該些文件可能就完全無保存價值，因此可藉清理之機會抽出，將其做成銷毀名冊保存，檔案則請主管核示後銷毀，以便挪出空間存放有用之資料。

■遺失或借出資料找回

有時文件借出未做記錄或是雙方皆因事忙而忘記，日久之後要找回頗為困難，因此如果定時清理，則可發現問題，及早取回，避免檔案文件遺失。

■錯誤更正

有時文件隨手存放某些案卷，但是卻是放錯了位置，如不藉清理時查出，可能永遠也找不到，所以文檔應定期清理可及早更正。

■過時之文件移轉或銷毀

某些文件定有保管年限，時限到了，可以抽出銷毀，或是某些文件時間久，公務上又極少使用，則可移轉其他單位或專門地點存放，以減少占用辦公處所之空間。

■資料與檔案清理的方法（圖4-6）

1. 不常使用的資料的清理：有效率的檔案管理，通常以資料檔案一年未曾使用者為一期限，除了歷史資料、法律案件等需要永久保存的檔案外，一般文件處理完畢歸檔後，一年都未曾取出使用過的檔案資料，原則是可以清理不必再保留的，如果認為一年期限太短，也可以兩年為限或是改

圖 4-6

資料與檔案清理法

　　存磁片，節省空間。

2. 影本丟棄、副本退回原主辦單位：文件處理完畢，有關文
　件正本存檔，多餘的影本不必存檔。所有文件的副本，年
　度結束清理檔案時，也應退還原主辦單位，由主辦單位存
　檔即可。

3. 設計表格謄出資料，原件丟棄：有許多資料可以設計適當
　的表格，如銷售訂貨單、人事個人年度的各項活動簽呈報
　告等，可將資料中的數字或資訊謄入表格做好資料，以供
　查考，原來的紙張文件即可處理銷毀或丟棄。

4. 淘汰輔助檔案：為了查檔的方便或是提升工作的效率，除
　了主檔案之外而做的輔助檔案，在使用完畢無保存價值
　時，應予以淘汰。

5.資料轉存磁片、光碟、做成縮影片：某些檔案資料不必存紙張原件，可製作成磁片、光碟或是縮影片保存，既可節省管理成本，又可提供參考資料。

(八)檔案的防護

一般工作上所保管之資料檔案，最重要的就是保密，尤其有關業務資料或機密文件，有心人稍加留意，就能得知情報，不可不小心。設有檔案單位的機構都有專用房舍，適當的溼度、溫度控制。一般單位有關檔案的防護就要看公司的環境，如防水、防火、防蟲（白螞蟻、蟑螂、老鼠等之破壞）等。此外資料檔案不要遺失了，尤其是採用分散制的機構，常因取出資料沒做記錄，時間一久就找不回來了。至於光碟、磁片、縮影片等亦應特別保存，並在有效時限內更新。總之，檔案的保存應注意其安全，以達到保存檔案資料之目的。

(九)顏色管理的運用

利用顏色來幫助檔案分類是一個方便而容易管理的方式，因為資料檔案可以利用不同顏色的檔案夾、雜誌盒，或是不同顏色的標籤，或是卡片，來做資料檔案之分類，如此不但可使自己管理的檔案由顏色就可分辨其類別，也可增加活潑美觀的功效。機構的小型圖書資料室，對於圖書的分類，亦可採用顏色分類，一則管理方便，二則借閱、查詢亦頗快速，每個人都可以勝任。

(十)檔案的利用

保存資料及檔案最大的目的就是供給應用，因此資料檔案難免拿進拿出，有時借閱人及管理人雙方皆忘記，常常造成日久資料找不回來的情況，因此在無專責機構管理檔案的情況下，沒有調卷的手續，管理者就更應小心，最好做一紀錄，如寫一張卡片

說明借資料的名稱、日期，並請借閱人簽名，將卡片插在取出資料之處，如果資料歸還，可以馬上還原，不必費時去找存入的地方，時久未還時，我們看到檔案上之凸出卡片，也可提醒去要回，如果資料常要借閱，則可設計固定的借檔單，以方便使用（圖 4-7 、表 4-5 、表 4-6）。

(十一)利用電腦管理資料

辦公室進入自動化，是現今社會的趨勢，資料檔案可配合公司的整體文書管理系統，全盤的利用電腦程式來做管理。但是大部分的公司皆因主觀、客觀條件無法配合，實施困難，因此可退而求其次，利用個人電腦存儲資料，亦可幫助資料的儲存、查詢、印製。在利用個人電腦存儲資料時應注意以下數點：

圖 4-7

檔案調閱流程

表 4-5

檔案借閱卡例

| | | | | | 借閱 |
日期	借閱人	檔案名稱	數量	歸還日期	簽名

表 4-6

調案單

（全銜）調案單		
檔號	來（受）文者	一、每單只限借一案或一卷或一件。
		二、借用檔案應於十五日內歸還。
		三、本單於還檔時索回以清手續。
收文號		
	主旨	
來文字號		
發文字號		
備註		業務主管：　　　　　　簽章
	數量	借檔人：　　　　　　　簽章
		年　　月　　日具借
		如非本管案件 應會主辦單位　主管　　　簽章

■分類

　　存入電腦資料一定要如檔案管理的方法，將資料按重要性分類，分類的方式可以採用群組的方式，例如同學群組可分大學、高中、初中、小學，將資料分別輸入適當的類別項下，查詢時才能迅速調出。又例如國外產品的進口商資料，可分類為產品群組、國別群組、公司名稱群組等，如此尋找資料時，打入類別群組分類名稱，即可在螢幕上輕易找到需要的資料。

■關鍵字要短、聯想力及多重檢索功效

　　查詢資料一定要輸入類別名稱或某些關鍵字，如名稱太長，輸入時要打較多字，費時頗多，而且將來類名之後再加字時，亦無位置。此外關鍵字應有聯想性，或多重檢索功效，在尋找資料名稱不明確時，也可幫助資料的查詢。

■重要資料拷貝

　　重要文書資料應用清潔的磁片拷貝另存，一方面防止電腦使用人之疏忽將資料刪除，或是離職帶走。另一方面是防止萬一電腦病毒入侵，還有備份的資料磁片可用。

■隨時不忘儲存

　　在將資料輸入電腦儲存時，隨時要將輸入資料檔案儲存（SAVE），否則停電或插頭掉落時，都會造成資料消失，辛苦的工作完全落空。

■磁片保存

　　磁片保存不能受潮，不應放置鐵櫃摩擦，磁片標籤亦應先寫好再貼至磁片上，避免用硬筆直接寫上損壞磁片。

■清理

　　電腦內的資料，無用或是過時的都要定期清除。雖然電腦有大的儲存容量，但是因為儲存了過多無用或過時的資料，在查閱有用的資料時，就相對費時又費力了。

七、西文檔案管理

外文檔案多半都是採用立排序列管理方法，也就是將文件放在西式卷宗內，直立的或是卷宗口向上的排列在檔案櫃的各種導卡之後，這種檔案存儲方法，歸檔方便、調卷迅速，併案分案也不致影響其他文件，管理使用起來都頗方便。目前一般企業由於業務多半與外文有關，因此常採用西文檔案管理方式整理檔案。

(一)西式檔案管理歸檔方法

■字順歸檔法

字順歸檔法（Alphabetic Filing Systems）（圖4-8）是最基本的管檔方法，也是最常用的一種歸檔方法，不論公事上、私人業務等百分之九十以上都採用這種歸檔法。字順歸檔法是將歸檔文件以其個人姓名、企業或機關的名稱或地址，根據英文字母的先後順序排列，將文件歸入適當字母順序的檔案夾中。字順歸檔法是一種直接檔案管理方法，文件、資料可以直接、簡單而容易的找到新歸入的檔案夾中存檔，應用時也可以快捷而直接的找到所需的文件或資料，是一種最方便的西式檔案管理法。

■數字歸檔法

數字歸檔法（Numeric Filing Systems）是一種間接管檔方法，因為將文件歸檔前，先要將檔案分類，分別編上數字號碼，然後根據號碼，歸檔時先找到檔案號碼，然後根據號碼找到該號碼之檔案櫃中之檔案夾，再將文件歸入。應用時，亦先查出目錄卡上檔案所歸屬的號碼，再從號碼的檔案櫃中找到所須調用的文件。

數字歸檔法因為歸檔、調卷都要根據檔案分類的目錄卡才能

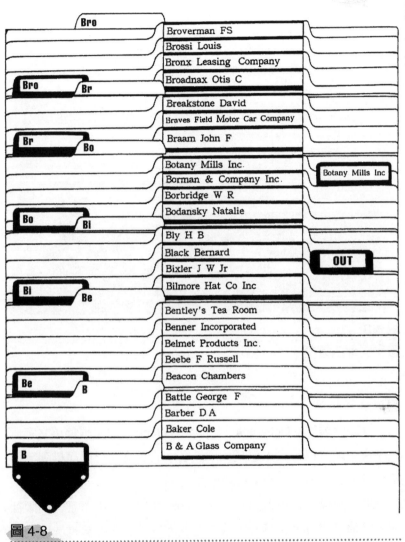

圖 4-8

字順歸檔法

找到應歸或應取的檔案,所以這種歸檔方法多用在須保密或需要
信任的文件或資料上,例如醫院及醫師診所的病歷資料,律師事
務所的法律檔案,建築公司或建築事務所的建築資料,電腦程式
等(圖 4-9)。

圖 4-9

數字歸檔法圖例

■地域歸檔法

　　地域歸檔法（Geographic Filing Systems）也是根據英文字母順序來管理資料，只不過是按地域名字的英文字母順序排列，而不是個人或企業名字的字母順序而已。

　　地域歸檔法多用在銷售業務、郵購商店、公用事業、出版社或是其他公司按地域分布，或是在各地有分公司的機構，用地域歸檔法來管理檔案在業務上會比較方便得多（**圖 4-10**）。

■主題歸檔法

　　主題歸檔法（Subject Filing Systems）是以事情主題的名稱歸檔，而不是像字順歸檔法以人或公司的名字，或地域歸檔法以地區的名字來做歸檔的依據。

　　主題歸檔法多用於經營生產、供銷、原料、廣告等行業，又

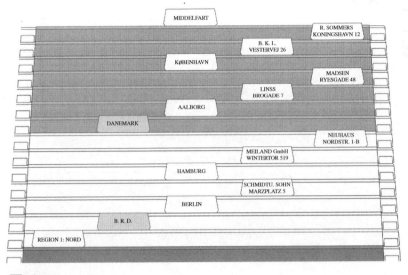

圖 4-10

地域歸檔法圖例

可分成三類（**圖 4-11**）：

1. 團體名稱的主題歸檔法，也就是以公司或個人的名字做主題歸檔。
2. 主題按字母順序歸檔法：方法－如字順歸檔法，但是歸檔的標題都是東西的名稱而非人名或公司名稱。
3. 數字主題歸檔法：將主題分類編上號碼，然後按號碼歸檔，這種方法不像數字歸檔法有新的檔案一定要插入舊的資料當中，而是將新的主題排在號碼後面接下去就可。

西文檔案管理的方法最主要的就是以上四種，到底應該採用哪種方法來管理檔案呢？這就要視公司之大小及其業務的需要來決定，有些公司檔案全部採用一種字順歸檔法，有些則同時採用字順和地域歸檔兩種方法，總之檔案管理的目的是在資料的保存和應用，不論採用何種方法，都要以達到檔案管理之目的為原

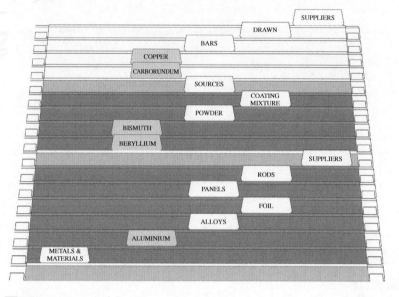

圖 4-11

主題歸檔法圖例

則。

(二)西文檔案歸檔的步驟

　　不論中文或西文等歸檔的步驟，都有大致相同的規則，畢竟檔案管理是前人多年的經驗傳承，所以做事的方法，中外都類似。不過西文檔案管理中，有幾項因文字背景不同而略異，特說明如下：

■檢查

　　檢查是歸檔之第一個步驟，也是最重要的工作，特別是大規模檔案之設置，尤須於歸檔前檢查信件是否結案，有無處理完畢的標誌，有處理完畢的標誌才可以有權歸檔，否則應退回原承辦人，處理完畢後才能歸檔。通常檢查工作僅對收文信件之檢查，發文信件副本可不必檢查，直接歸檔。

■索引

　　索引就是將文件給予適當的名稱、主題或其他標目，以便歸入適當的檔案內，有五種決定標目的方式：

　　1.來文的頭銜。
　　2.發文給對方的姓名或機構的名稱、地址。
　　3.來文的署名人。
　　4.來文或發文中所討論的主題。
　　5.來文或發文中機構地域的名字。

　　文件之索引標目之決定要以尋找檔案方便為原則，若文件涉及數個標目，則應將文件歸入最常用的檔案中，而以影印本或文件互見單放入其他涉及的檔案中，則在利用此文件時，不論查哪個有關的檔案夾，都可知道此文件在何檔案中可以找到。

■勾標

　　索引是決定文件在何標目下歸檔，而勾標是將確定的標目註明或指示出來，因此索引和勾標在歸檔步驟中是一件事。

　　1.在文件中有索引的標目或名稱，就以彩色筆在下畫一條線。
　　2.假如決定的標目在文件中沒有，也沒有出現在文件中任何地方，則將標目寫在文件之右上角，作為勾標。
　　3.如文件之標目決定，也畫好了線，但是這文件也涉及其他標目，則在文件中有關的標目下，也用彩色筆畫一條線，但是在後面做一「×」記號，則本文件雖歸入頭一個標目下，但是在另一個標目的檔案中放一份影印本或是文件互見單，則尋找檔案時會便利許多。

■分類

　　標目勾出以後，就要將文件按字順或號碼順序排列，整理後

放在預備歸檔的架子上,這個手續一方面可以節省歸檔時間,在將檔案放入檔案架時,可以很快找到應行歸入的檔案。另一方面,假如檔案尚未排入檔案架,但是臨時需要運用,也可以很容易的自分類好的卷中找到所需文件。

■歸檔

將所有分類好的文件,找到其應該歸入名稱的檔案夾中,才算完成歸檔的步驟。歸檔時要注意核對新歸入的案件名稱和原來的名稱是否相符,新歸入時間近的應放在檔案夾的前面,同時歸入檔案應注意不要將文件遺失或是弄縐,最重要的是歸入一件新文件時,一定要在目錄簿中註明歸入的時間和件數,借調文件也要使用調卷單,以免文件遺失。

至於其他的裝訂、調卷、清點、防護、移轉、銷毀等步驟與中文歸檔同樣有此要求,就不再重複敘述了。

(三)字順歸檔法索引規則

所謂字順歸檔法索引規則,也就是英文文件不論按人名、地名、公司名稱、主題、標題等英文字母的順序,排列放在檔案櫃先後的順序。在規則中有些名稱並不是如何寫就按其所寫字母順序排列的,例如 "The east side corporation" 這家公司的標籤就不能打成 "The east side corporation",排在 "T" 的字母順序後面,而是要打成 "East side corporation (The)",排在 "E" 的字母順序後面,因為有很多的公司都是 "The" 某某 Company 的緣故,如果都是 "The" 開頭就不容易很快找到要用的檔案。現就將美國通用的字順歸檔法規則參考 Ernest D. Bassett 等所著作的 "*Business Filing and Records Control*" 中,擇其中較重要之規則舉例如下:

■姓名排列的順序

排列個人姓名時,要將姓調列在名之前,名字第二,其他的

循原來順序依序殿後。排組時爲求辨認方便，姓的字母全用大
寫，或是姓與名之間加一逗點，以示區別。

Names	Key Unit	Unit 2	Unit 3
Henry Wills	Wills,	Henry	
Charies Stephen Wilson	Wilson,	Charies	Stephen
Alton B. Wilton	Wilton,	Alton	B.

■職稱與頭銜

職稱與頭銜括入括號，移至姓名最後，不列入排組單位。因
爲可能有很多人都有同樣的職稱。

Names	Key Unit	Unit 2	Unit 3
Miss Dale Macario	Macario,	Dale (Miss)	
Rev. Walter John Murphy	Murphy,	Walter	John (Rev.)
Professor Amold Storr	Storr,	Amold (Professor)	

■企業公司名稱和地域的名字

凡公司行號或機構的名稱或地名通常都是按其原來名稱的順
序排列，但是若名稱中有姓氏名字，則應將姓放在第一位，名其
次，姓名以外部分最後。

Names	Key Unit	Unit 2	Unit 3
General Supply Corporation	General	Supply	Corporation
Albert Guzman Company	Guzman	Albert	Company
Guzman Printing Corporation	Guzman	Printing	Corporation

■次要的字

公司行號或機構之名稱或地名中之次要的字，如 and、
the、of、by、to、for、at、on、in 等冠詞，前置詞及介系

詞，排組時不予排列，僅括號放在後面，或是放在其前面一字的
後面。

Names	Key Unit	Unit 2	Unit 3
The Ames and Lane Company	Ames (and)	Lane	Company (The)
Anne of Paris Salon	Anne (of)	Paris	Salon
The Island Company	Island	Company (The)	

■縮寫字

公司名稱中有縮寫字如 Co、Corp、N.Y.、U.S.、Son、
Bro.、Inc.、Ltd.等，排組時應將其拼全後，按秩序排組。

Names	Key Unit	Unit 2	Unit 3
Alaben Bros. Limited	Alaben	Brothers	Limited
Wm. Alamar & Sons	Alamar	William (&)	Sons
Ste. Croix Ltd.	Sainte	Croix	Limited

■頭銜

公司行號之名稱包括頭銜，如某某先生公司，某某夫人餐
廳，則頭銜應列入排組。

Names	Key Unit	Unit 2	Unit 3	Unit 4
Dr. Pepper Bottling Co.	Doctor	Pepper	Bottling	Company
Mr. Martin Shoe Store	Mr.	Martin	Shoe	Store
St. Louis Gas Co.	Saint	Louis	Gas	Company

■分開的單位

當一個字分開為兩個字寫時，就要看情形決定，如該字的習
慣是視為一個字，如 Air-port，則應視為一個單位，如 East-
West，則可視為兩個單位。

Names	Key Unit	Unit 2	Unit 3
Air-port Transit Co.	Air-port	Transit	Company
Di-Line Company	Di-	Line	Company
East-West Club	East-	West	Club

■數字

凡公司行號及機關名稱，帶有數字者，應先用英文將數字拼出全字後再順序排組。

Names	Key Unit	Unit 2	Unit 3
K-9 Kennels	K-	Nine	Kennels
The 950 Restaurant	Nine hundred fifty	Restaurant (The)	
92d St. Apartments	Ninety-Second	Street	Apartments

■同名公司

當兩個公司或是人名同名時，則以地區分之。

Names	Key Unit	Unit 2	Address
Devox Corporation 96 Kings Pow London England	Devox	Corporation	London
Devox Corporation 12 Rue Richelieu Paris, France	Devox	Corporation	Paris
Devox Corporation Av. Paula 1009 Sao Paulo, Brazil	Devox	Corporation	Sao Paulo

■社會團體、俱樂部及服務中心的名稱

社會團體、俱樂部及服務中心等名稱，通常按其原來順序排列，但如有 "Society of" 或是 "Association" 則可將其放在最後。

Names	Key Unit	Unit 2	Unit 3
American Broadcasting Company	American	Broadcasting	Company
Association of Engineers	Engineers	Association (of)	
Foundation for Legal Service	Legal	Service	Foundation (for)

■財政機構

　財政機構在各地因有許多分行，所以將機構的地名排在最前面，所在地之州或省名圈以括號，放在最後，例如銀行名稱應先將銀行所在地之地名，排在第一位，其次再按銀行名順序排列。

Names	Key Unit	Unit 2	Unit 3	Unit 4
First National Bank (Boston, Mass.)	Boston	First	National	Bank (Mass.)
First National Bank (Denver, Colo.)	Denver	First	National	Bank (Colo.)
First National Bank (Providence, R.I.)	Providence	First	National	Bank (R.I.)

八、電腦與文書管理

　檔案是公文處理的最後一個步驟，因此如果利用電腦來管理檔案，其程式設計應該涵蓋整個公文處理系統，雖然有少數軟體問世，但是因為每個公司的組織系統和工作方式不同，因而使用者並不普遍，最好的方式是機構配合自己的組織和工作，設計適合的程式，這樣應用起來才會有較佳的效果。

　運用公文管理電腦系統，可以減輕文書作業之負擔，提供線上查詢，節省時間，同時提供各類稽催及統計報表，減少人工作業的時間及增加正確性。

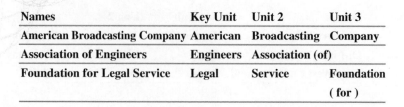

　　公文管理系統之設計，應包括收文系統，發文系統，各單位作業系統，密件管理系統，及檔案管理系統。每個系統除了作業應有之步驟外，尚應包括查詢、稽催、維護、調閱等項目，如此方能達到利用電腦管理公文的目的。不過在一般機構沒有公文管理系統可資應用時，可以利用個人電腦存儲檔案資料，但是在存儲時應注意分類，如此方能在尋找資料時可以方便而快速的找到所用資料。

九、文檔保存年限

　　文檔保存多久，應視文檔的重要性及各公司的規定來規範，但是大體上文檔的保存年限都有一客觀的依據，可為各機構參考：

(一)永久保存的文檔

1. 公司的歷史資料：如公司的沿革、登記證件、章程及各種刊物。
2. 法律徵信資料：如各類契約、規章、專利案件、訴訟文件等。
3. 董事、股東資料：董事、股東名冊、印鑑、董事股東會議紀錄、公司債票等。
4. 重要統計資料、財務報告、人事資料等。
5. 各種重要計劃、設計圖或其他重要文件。

訊　　息　　小　　站

檔案管理標準化

🔖思考方式標準化：制定規則，如：分類方法、
保存年限、報廢制度、各式表格標示方法等。

🔖行動標準化：流程規定，如：借閱、歸還之程
序。

🔖用品標準化：文件夾、紙張尺寸等各種用品應
有統一規格。

訊　　息　　小　　站

電腦檔案管理功能

🔖輸入的資料可以多重應用。

🔖存儲資料多、自動排序、查詢方便。

🔖可做各種資料的連結工具。

🔖更新資料簡單方便。

(二)定期保存的文檔

1.行政及管理之文件：可供參考之行政及管理之文件，如會議紀錄、機密文件、各種報告等可視重要性保管十年。

2.會計帳冊：會計之帳簿可視類別之重要程度，訂定十至三十年不等之保管年限，至於各種日、月報表，會計憑證等只須保管五年。

3.一般文件：市場調查、廣告企劃文件，與主管機關及一般機構來往文件等，則可視情況保存三年。

(三)不必保存之文檔

1.各類應酬文件：如就任、離職、邀請、各種社交信函等，可暫時保存，適當時間清理即可取出，不必存檔。

2.索取資料函件：各界索取資料函件，處理完畢即可不必存檔。

3.影印備存及汰舊換新文件：有些影印備存文件或是正本會簽返回後，影本即可不必再存。有些資料如產品目錄、客戶資料等，新資料來時，亦可將舊資料抽出換新，不必再占空間。

十、企業資料存檔的範圍

企業的檔案管理是針對企業機構的大小及需要來決定存檔資料的範圍，何種資料有存檔的價值和保存的必要，何者無存證價值可以銷毀，各種資料的保管年限，都要以企業之情況及對企業有全盤了解才能取捨。一般企業存檔資料的範圍大致如下：

1. 有關商業交易往來的文書，如來文、發文副本、內部公文、電報等。

2. 支票、帳簿、財產目錄、報價單、統計及會計資料等有關財務的存檔資料。

3. 售貨發票、購貨定單、運費帳單、裝載收據等單據類。

4. 法律文件及商業交易或契約等有保存價值之資料。

5. 各種設計圖及地圖等。

6. 與本企業有關且隨時可以利用參考的概況及貿易雜誌。

7. 與本企業有關之報章、雜誌之剪報資料。

8. 股票紀錄、銷貨紀錄、人事檔案、圖書目錄及郵件目錄等。

9. 會議紀錄、會議報告、企業之各種活動報告或方案，對企業有存證價值者。

10. 電腦磁帶、磁碟、光碟、縮印之膠片等。

十一、檔案管理的態度

1. 了解業務情況：管理檔案首重對業務的全盤了解，否則最基本的分類工作就做不好，一定影響將來查檔的不便。

2. 目標不要太大：開始做檔案不要急，應一步步進行，尤其在工作還要正常運行時，不要將全部檔案一起動作，免得查不到資料影響工作。整理檔案首先可以將某一類檔案集中規劃，按類、綱、目做好分類，設計目錄單，配合顏色管理，以合適檔案夾將有用資料歸檔。其次再整理另一大類的資料，如此才不致欲速則不達，還影響正常工作的進行。

3. 全員檔案觀念的建立：檔案管理不僅是文書行政人員的工

作，任何工作者都要有對自己有關資料管理的概念，否則造成非主辦人員還要存其他人員的資料檔案，不僅增加文件管理者的負擔，也使得文件重複存檔造成浪費。

4.文件不可私藏：沒有完善文書檔案管理制度或是專責檔案管理單位，常常無法嚴格管制機構文件外流，民營企業人員流動頻仍，離職時常將有關資料帶出公司，不僅無法保存完整的檔案，文件也毫無機密可言，影響甚巨。公司可建立文檔管理規範，共同檔案要有周詳的移交制度，防範文檔的流失。

5.養成隨時歸檔的習慣：文件處理完畢應隨時歸檔，否則時間久了不是遺忘就是不了了之，這也是人之常情。

6.固定各類檔案的位置：檔案櫃分類的位置盡量不要常更動，使用時可憑記憶很快找到資料。

7.檔案架或檔案櫃的標示要清楚：目標明確節省尋找時間。

8.建立檔案管理標準化制度：企業為了整體檔案管理能上軌道，應制定一致的規則以為工作人員遵循，諸如檔案保管

訊　息　小　站

檔案管理工具

- 檔案櫃、資料架、抽屜、紙箱。
- 選擇合適資料夾。
- 資料盒、雜誌盒的利用。
- 設計合適簡單易懂表格整理資料。
- 縮影、磁片、光碟，保存檔案資料。

年限、分類方法、各類檔案管理用品表格規格、清理銷毀
辦法、借閱歸還規定等。

十二、秘書與檔案管理

　　任何一個單位的工作人員，處理一般行政工作，都有許多資
料需要保管，秘書的工作也不例外，在未將文件送入檔案室集中
管理前，個人應該負責將本身職務所涉及的資料妥為管理。

　　在公司裡，收文都有一定的手續，大的機構設有總收發部
門；小的機構也有專人負責收發文，其責任是將所有收文函件分
類，並分送各有關的部門或個人。寫了個人姓名的信件，收發單
位是不能拆閱的，作為主管的秘書，當收發負責人將主管有關信
件送達後，除了公事信件或印刷品秘書可以馬上拆閱外，其他寫
了主管姓名的信件，若是秘書已獲得主管信任或授權，則可以拆
閱，但是若是主管親啟函（personal），則絕對應該由主管親自拆
閱。

　　秘書對於一般的文件應如何處理及歸檔，舉一例說明之：當
某公司收到一封以公司為收信人的信函，收發單位拆閱後，馬上
蓋上收信日期章，並了解這是一封應屆大學畢業生王大成的求職
信，因此將信分給人事部門的主管李主任處理；李主任的秘書張
小姐先看到這信，就將其夾在來信的卷宗內送到李主任辦公室桌
上，請李主任批示；李主任交代張小姐回信請王大成某月某日幾
時來公司約談，等簽好字的回信發出去後，李主任就在王大成的
來信上做一個記號，表示這封信已處理完畢，通常這記號是以主
管的起首字母寫在信件的左上角，或是蓋個做好的字母橡皮章也
可以，並最好加上日期，以示完案的時間。經過李主任處理完畢
的信，張小姐就將王大成的來信和李主任的回信一起放在「歸檔」

的卷夾裡，若是在王大成約談後，還有關於他的約談資料也可以一併夾入，等這件事全部結束，就可將其放到檔案櫃中人事資料的求職人的檔案夾中保存。絕對不可因這件公文已處理完畢，而隨手丟在抽屜裡或是夾在不相干的卷宗中，短時間也許還可以依稀記得公文在哪裡，但是時間久了，可能就不容易找到這份公文了。所以文件處理完畢，一定要歸入有關的檔案夾中，應用時，才能迅速而正確的調出公文。

　　保管文件，經常還會遭遇到一個困難問題，就是資料越放越多，不但浪費空間存放，也花費人力整理，所以秘書在處理平時信件時，對於許多不必要存檔的印刷品或通知、宣傳品，及一般不必保存的回函信件，都可以不必存檔，馬上予以處理，不要隨手丟在桌上或抽屜，積壓下來，也是一種負擔。對於存在檔案卷內的文件，也要定期整理，通常是一年一次，將一年內的文件逐一核對整理，需要保留的繼續保存，沒有保存價值的，可以請示主管後予以銷毀，這樣的資料保存，才能做到使資料文件的管理和運用達到檔案管理的目標。

訊　息　小　站

ISO 9000 文件管制

- 文件與資料管制目的　範圍
- 文件製作　核發　修訂　廢棄管理
- 文件管理系統制度化　合理化
- 文件存檔

文件管制程序一

- 目的　　　　　（purpose）
- 範圍　　　　　（scope）
- 參考資料　　　（references）
- 定義　　　　　（definitions）
- 作業程序　　　（procedure）
- 附件　　　　　（documentation）

文件管制程序二

- 目的　　　　　（purpose）
- 範圍　　　　　（scope）
- 文件識別　　　（identification）
- 文件審核　　　（review Approval
- 文件發行　　　（issue）
- 文件修訂　　　（modification）
- 文件變更修訂　（change Record）
- 文件保管　　　（filing）
- 參考資料　　　（references）

訊　息　小　站

文件存檔程序

- 目的
- 範圍
- 定義
- 相關文件
- 程序內容
  - · 5.1　檔案管理程序
  - · 5.1.1　點收
  - · 5.1.2　登記
  - · 5.1.3　整理
  - · 5.1.4　分類
  - · 5.1.5　立案
  - · 5.1.6　編目 裝訂
  - · 5.1.7　清點
  - · 5.1.8　調卷

I S O

- ISO（International Standard Organization）
- ISO 是國際標準化組織的簡稱
- 目的：推動國際性標準，作為各項制度明確的依據
- ISO - 9000（品質管理）
- ISO - 14000（環境管理）

第五章

會議籌備安排與管理

　　「會議」是現代社會中溝通最主要的工具，也是意見交換，吸收資訊及增進了解的利器。但是對大多數人來說，提到參加「會議」，一方面覺得可以表現自己的重要性，需要參加的會議越多，表示職位越重要，似乎每個地方都少不了他；但是另一方面，「開會」也使人們自覺地認為，多半的會議是無效率的，是浪費時間，是很無聊的事情。因此「會議」要開得有意義和目的，才不致浪費了企業人力時間的成本。

一、會議的意義和目的

(一)會議的意義

　　許多會議的召開確實浪費了參與者寶貴的時間，甚至一些每週例行的會議更是代表了一個星期又過去了的信號。可是話又說回來了，處在現在如此複雜的工業社會中，要使各個工作單位能夠協調、溝通，增進彼此的了解，順利推展業務，達成共同的目標，還非得要靠「會議」這種工具不可。因此如何召開成功的會議，如何使會議達到效果，如何使會議開得有意義，甚至開會秘訣等等關於會議的題目，不斷的出現在行政管理的文章裡面，談得最多的多半是會議主持人領導會議的技巧，與會人士如何開好會議，如何達到溝通交換意見的效果，凡此種種固然是會議成功重要的因素，但是會議前的規劃、準備，會議的流程，會議的臨時事故的應變，會後之工作，會議決議的追蹤和執行等，不可否認的，都對會議的成敗有著密不可分的關聯性。一個會議的成功絕不可能僅僅是主持人或與會者開會的短短協調就可以達到的，會議當時的成功，須靠事先準備會議的工作人員，費盡思量努力籌劃，多少瑣碎細節的周詳考慮，才能使與會者在最好的條件和

情況中，圓滿完成會議所交付的任務。

(二)會議的目的

會議舉行要有明確的目的，否則徒然浪費眾多參與者的時間。會議的目的不外乎下列幾種：

■溝通的目的

1.討論問題、取得共識：企業或部門的問題提到會議中，藉著意見交流，取得共識或決議，以利工作的運行。

2.發布政令、執行政策：公司重要決策宣導、命令推動執行，在會議時宣布容易直接傳送，貫徹政令的執行。

3.宣導及推行政策：管理階層制定的政策要靠員工執行，因此要經過適當的宣導，才不致因不了解政策的意義而不配合或反對，會議是個很有效的管道。

4.聯誼促進人際關係：許多聯誼會、餐會皆可促進人際的交流，達到聯誼目的。

■解決問題

1.問題討論、議決處理方案：提案藉著共同討論，議決處理方式，以民主方式解決問題。

2.會議決議，共同擔負決議的責任：不要由一個主管或個人承擔事件責任，也可避免某些事務因人情壓力，使主管人員不易執行。

■學習新知

1.學習新知技術：許多研討會，聘請專家學者發表專業學問、知識及技術，提供學習機會。

2.擴展國際觀：國際會議不但增長見識，也可廣結世界各國

業者拓展商機。

會議的籌備工作非常繁複，會議前要有周詳的籌劃、與各有關單位及與會者協調、準備會議場地、書面文件，開會時現場的管理、接待，會議後的善後工作，巨細靡遺，稍有疏忽，不僅達不到開會的目的，也浪費了與會者的時間，這對會議籌劃者是嚴重的管理缺失。現將籌備會議的簡要工作流程歸納餘下頁「訊息小站」專欄。

◯、會議性質

每種會議都有其性質，因為性質不同，參加人員不同，準備會議和地點的選擇亦因會議需要而互異。因此籌備會議首先就是要了解會議的性質，一般會議的形式大約有下列數種：

(一)非正式行政會議

由辦公單位二至六人舉行之非正式小型會議，地點可以在主管的辦公室舉行。這種性質的會議常常是臨時性的，可以以電話通知，準備工作亦較簡單。假如是臨時性會議而人數較多，則可以電話、電子郵件或電傳通知，同時應盡速徵調人員協助籌劃有關事項，做到正式會議應有的準備。

(二)行政會議

也可稱為行政會報，是規模較大之單位同仁的會議，通常在單位之會議室中舉行，這類會議事先應發會議通知並備提案紙，準備會議資料，以便會議有效進行。

訊　　息　　小　　站

會議工作流程

🖎→了解會議性質

🖎→決定參與人士

🖎→決定時間

🖎→安排場地

🖎→發放會議通知

🖎→準備會議資料

🖎→設計議程

🖎→準備器材

🖎→協調工作人員

🖎→會場布置準備

🖎→餐點安排

🖎→報到接待

🖎→舉行會議

🖎→會場復原

🖎→器材歸還

🖎→會議紀錄

🖎→申報費用

🖎→決議追蹤執行

🖎→資料歸檔

(三)研討會

研討會（seminars），這種會議都爲研討某項專題而安排，一般會中都請一兩位專家演講與會議有關的題目，舉辦研討會多有研討發展的意義，學術性質較爲濃厚。與會的專家多半會爲參加會議者解答或剖析某些有關問題。

研習會（workshop）則是請專家就某一主題介紹並示範操作，偏重實務經驗之交流。

(四)演講會

會議的範圍可大可小，視主辦單位而決定，演講會多正式邀請一位主講人演講某些專題。

(五)記者招待會

爲某些目的或事實之需要而舉行，通常包括一位或數位發言人，並安排有回答問題的時間。企業界爲新產品，或是重大事件或計劃，也會召開記者會，以達到宣傳效果。

(六)股東會議

是一種商業性的會議，會議方式有些像記者招待會，先報告後發問，現在有些股東會議之規模多半很龐大，所以事前準備工作應盡早妥善規劃。

(七)勞工協商會議

這種會議由工會召開，討論勞工或勞資問題。

(八)視訊會議

這種利用網路視訊舉行的會議，先決條件必須設備齊全，並

要有妥善可靠的安排，現今科技的進步，爲了節省與會者交通旅途時間，對於各地都設有分公司的大型公司，尤其方便不少。

(九)宴會

英文稱 Banquets，如婚禮、慶祝會等規模大而熱鬧富有娛樂性之聚會，這種宴會的準備工作煩雜，會中氣氛甚爲重要，所以最好是由專門人員來籌備。

(十)常年大會

一般機構每年定期都有這種例行會議，所以可以按照計劃，參照過去經驗籌劃舉行。

二、會議地點

會議性質決定以後，接下來就該選擇開會地點，是在本公司的會議室？或是在公司以外尋找合適的場地？選擇地點最重要的是根據會議的大小，以及參加會議的成員來決定，參加會議的人少，也沒有午、晚餐招待，這種會議就可以選擇公司內某一會議室舉行，甚至向其他機構商借會議廳舉行。假如會議需要一個較大的場地、優雅的布置、方便的地理位置、周到的服務，而機構本身不能提供，就應該及早安排一個合適的場所，以便會議如期舉行。

選擇會議地點，除了注意內部的設備、布置及各種效果外，對於外在的環境千萬不可疏忽，諸如會議所在地是否在飛機起落的航道上，是否在鐵路附近，廚房的味道是否外洩入會議室，房間的使用是否須另付費等等。

關於會議地點，謹列舉以下數種供參考：

(一)公司的會議室

一般公司內部的會議都是在公司的會議室舉行，所以準備比較簡單，對開會人士也頗方便，應該要注意的是會議室使用時間的安排，不要因協調不當而發生數單位同時間同會議室舉行會議的問題。

(二)旅館會議廳

會議有外賓參加或人數較多，而公司無合適的場地或周到的服務時，選擇旅館會議廳作為會議場所是最理想的，特別是國際性的會議，更可同時解決住宿及餐飲問題。旅館地方寬敞，地點多在都市中心，交通方便，有停車場設施，還有最周到的各項服務，更有佳餚美酒以及多采多姿的各種娛樂節目，使與會人士除了開會之外，亦可有調劑身心的附加功能。

此外，如產品展示會、記者招待會等，亦因旅館交通及停車方便，地點寬敞美觀，服務周到，容易吸引人士參加光臨，所以也是公司選擇的理想場所。

(三)俱樂部

許多屬於私人或某團體的俱樂部或招待所，亦常借給外人開會，藉以收取租金，增加收入。這種俱樂部或招待所地點許多是在郊區，風景優美、戶外娛樂活動設備完善，除了可達開會的目的，又可達到娛樂的目的。在都市的俱樂部，亦因交通方便，設備完善，成為會議的熱門場地。

(四)飯店房間

會議如果包括用餐，則可利用飯店的個別房間先行開會而後聚餐，通常除開會茶水飲料外，房間應為免費使用。

(五)大會堂、宴會廳

如各種大禮堂、紀念堂、視聽間等，可以舉行大規模而且具活動性的會議。企業的股東大會或年終聯誼活動等大活動，可租借這類場地。不過都會區這類大場地有限，應及早預訂。

(六)室外會議

如動土典禮、獻屋典禮、揭幕典禮等大都假室外舉行，所以會場布置亦在室外，為了預防天公不作美，最好能有兩方面的準備，免得因氣候的變遷須臨時變更而手忙腳亂。

(七)特殊地點之會議

如調查、考察或室外聯誼，在目的地或預定地點舉行會議，以便討論考察之專題，由於性質是非常活動的，設備不易攜帶或準備，但是非常必要的簡便用具，還是應該設想周到。

四、會議通知

會議性質、地點、時間決定後，應整理參加會議者名單，以便及早發出開會通知，大型及重要會議在兩星期前應發開會通知，公司內部會議至少也要一星期前通知。會議通知內容應包括會議地點、會議日期及時間、會議性質及所應攜帶的資料，若為準備方便可附上回條，以便統計人數。會議除正式參加者外，是否有列席者或觀察員？有沒有邀請特別來賓？特別來賓務必須在通知發放前確定，以便隨函註明。開會通知應及早發出，若有提案單或論文發表之規定，亦應給予充分時間準備，外賓更應給予辦理出國手續的時間。如果是公司內部的會議通知可用電子郵件

訊　息　小　站

會議討論過程

✎ 導論 → 引導進入議題情況

✎ 發表意見 → 誘導出席人發表意見討論議題

✎ 獲得結論 → 獲得多數人共識達成結論

✎ 議案執行 → 決議案之執行

發開會通知，並要設定回覆功能，以確定收到通知。

　　會議是否供給飲料或食物，應在通知或邀請卡上註明，如午餐、晚餐或酒會等。正式會議應註明著何種服裝。通知內亦可將本地地圖、旅館、交通、遊樂場、名勝、餐館等資料附入，以便遠道與會人士及其家屬參考。

　　會議程序應事先擬定，如果會議程序中不只一位演講人，則應及早核對演講人之姓名、講題、演講時間，如果講題重複，務必及早協調。

　　有些簡單或例行的會議，會議程序可以確定，所以可以附入通知內寄給參加開會者及演講人，議程若有變動也應通知演講人。如果議程取決於議案的蒐集，那麼就須規定會議綱要，蒐集各與會者事先送來之提議，然後整理議案，經上級核准後，將整個會議程序印製成冊或頁，開會時盡量依照程序進行，如此才能控制會場情勢，把握會議時間，同時也可避免意外事件發生。

五、會議通知、議程、提案單的製作

(一)會議通知的格式

　　會議通知可以採用書函式或是表格式來製作，不過在公司裡因經常舉行各種會議，所以採用表格式較為方便，可以先設計好會議通知的表格，或是鍵入電腦，開會通知製作時加入會議名稱、時間、地點、參加人員、主持人、議題資料，檢查沒有錯誤後，即可印出發放給與會人員，既方便亦不容易遺漏某些項目，造成文書上之錯誤。

　　開會通知均具有時間性，為提示收文單位之注意，應於信封上加蓋：「開會通知，提前拆閱」戳記，以免收信人延誤開會時間。有些重要會議章程明定會議通知應於規定日期前發出，要特別注意。此外，會議前一日最好以電話再次提醒與會者準時出席。

■表格式會議通知

　　表格式會議通知實例請參見**表 5-1** 、**表 5-2** 、**表 5-3** 、**表 5-4** 。

■書函式開會通知

　　書函式的開會通知請參見**圖 5-1** 。

■其他會議通知

　　1.開會公告，實例請參見**圖 5-2** 。

　　2.條列式會議通知，實例請參見**圖 5-3** 。

　　3.公文式會議通知，實例請參見**圖 5-4** 。

　　4. 大學開會通知單，實例請參見**圖 5-5** 。

表 5-1

表格式會議通知

（全銜）開會通知單

0.75

速別

受文者

收受者副本

開會事由

開會時間

主持人

單位及人員出（列）席

備註

發文單位

2

2

9

1.5　1.5

發　　文

日期　字號　附件

年　月　日（星期）　午　時　分　開會地點

聯絡人（或單位）

電話

（蓋單位章戳）

6.5

2.5

4.5

2

4.5

22

1

2

8

1　1　1　1.5　1.5　1.0

2.5　2.5

表 5-2

會議通知單例一

○○市○○會開會通知單

速別	受文者	收受者副本	開會事由	開會時間	主持人	單位及人員出（列）席	備　註	發文單位
	○○○理事監事		如何支持政府限價運動	○年○月○日（星期○）○午○時○分　開會地點　本會會議室	○理事長　聯絡人（或單位）　電話　○○○○○○○	一、本會全體理監事出席。 二、○○市政局社會局派員列席指導。	一、如有提案請於本（○）月○日前交本會秘書室。 二、檢附議事日程一份。	（○○市○○會條戳）

發　文

附件	議事日程一份
字號	○○字第○○○○○號
日期	中華民國○○年○○月○日

表 5-3

會議通知單例二

（全銜）○○○○○ 開會通知單 ○年○月○日	受文者	會議名稱	開會時間	開會地點	主持人	討論事項	備註	發文單位
	附件		年 月 日（星期 ） 午 時 分		聯絡人（單位） 聯絡電話			

表 5-4
開會通知單

（　全　銜　）

開 會 通 知 單

受 文 者		發文日期	
		附　　件	
會 議 名 稱			
時　　間	年　月　日（星期　）　　午　　時　　分		
地　　點			
主 持 人		聯絡單位（人）	
		電　　話	
出 席 人 員			
討 論 事 項			
備　　註			
發 文 單 位			

台灣區□□□□業同業公會開會通知　　　民國□□□年□月□日

　　　　　　　　　　　　　　　　　　　□□字第□□□□□號

茲定於□月□日□午□時，在本市□□路□□號□□大樓□樓召開本會

第□次理事會議，檢附議事日程一份，務請撥冗準時出席，如有提案請

於□月□日前送本會秘書室，以便彙印。　　此致

□理事□□

　　　　　　　　　　　　　　　　　　　　　　理事長 □□□

圖 5-1
書函式開會通知

```
    □□□□公司董事會公告          □□□年□月□日
                             □□字□□□□號
主旨：公告本公司□□年度股東大會開會時間及地點，請準時出席。
依據：本公司章程第□章□節第□條
公告事項：
一、開會時間：□年□月□日（星期□）□午□時□分
二、開會地點：□□□□□
三、提案辦法：依照本公司章程規定，股東大會提案應有股東三人以上
    附署，於開會前二日以書面送交本會秘書室。
                                    董事長　□□□
```

圖 5-2

開會公告

```
    □立□□高商校友會通知          □□□年□月□日
                             □□字第□□□號
                             附件：□□□□□
受文者：□理事□□
一、茲定於□□年□月□日（星期□）□午□時假母校會議室召開理監
    事聯席會議，商討母校創校五十週年慶祝事宜，敬請　準時出席
二、檢附議程暨有關資料三件。
                                    會長　□□□
```

圖 5-3

條列式會議通知

```
    □立□□高商校友會通知          □□□年□月□日
                             □□字第□□□號
                             附件：□□□□□
受文者：□理事□□
主旨：請準時出席本會理監事聯席會議。
說明：
一、時間：□□年□月□日（星期□）□午□時。
二、地點：母校會議室。
三、討論事項：母校創校五十週年慶祝事宜。
四、檢附議程暨有關資料三件。
                                    會長　□□□
```

圖 5-4

公文式會議通知

```
□□大學　開會通知單
聯絡人及電話：
人事室□主任
 受文者：□□□老師
密等及解密條件：普通
發文日期：中華民國□□□年□月□□日
發文字號：□□字第□□□□號
附件：□□□資料五件
開會事由：□□□□委員會
開會時間：中華民國□□年□月□□日□午□時□□分
開會地點：□□大樓○○會議室
主持人：□□□校長
出席者：
列席者：
副本：
備註：
```

圖 5-5

大學開會通知單

(二)會議議程的設計

　　大型會議或國際性會議議程可以及早確定，因此在寄發開會通知時，就可將會議通知、議程、上次會議紀錄、各類報告資料、附件、討論事項等裝訂成冊，加上封面，先行寄給與會人員，及早做準備，以便開會時可按照議程進行，更能發揮會議的功能。

■會議議程的格式

　　會議議程中文及英文格式範例，詳列如**表 5-5 、表 5-6 、表 5-7 、表 5-8** 。

(三)提案單設計

提案單設計的範例見**表 5-9**。

六、會議的準備事項

(一)會議資料的準備

機構內部小型或例行會議，僅備簡單的報告或議案即可，規模大而正式的會議，資料的準備務必完善，如會議有特別演講人，應事先為其準備充分之資料，諸如演講人傳略、經歷、照片等個人資料，一方面可以使與會者事先有所認識，另一方面也可提供印製宣傳、海報等資料。其他會議報告如主講人講稿、論文宣讀之文稿，也盡可能裝訂成冊，如有紀念品、餐券或其他有關資料，亦應以封袋一併裝妥，配以參加會議者名牌，開會報到時逐位分送。資料準備充分者，往往僅看資料就可得知會議大概，使與會者得到莫大的方便。

(二)會場設備及現場管理

會場準備是開會前重要的工作，準備周到的會場，不但使與會者覺得受到尊重與榮耀，也使與會者感覺處處周到與方便，更能使得會議達到成功與圓滿的要求。會場設備除了固定需要準備的項目外，對於開會時可能的需要，亦應事先考慮，預為準備，以便隨時提供支援與服務。

會場的準備應注意項目如下：

■桌椅座次之安排

根據參加會議的人數，安排會議桌椅排置的方式，座次安排

表 5-5

會議議程實例一

日期 星期 項目 時間	○月○日 一	○月○日 二	○月○日 三	附註
上午 8：00 — 8：50	報到	討論章程	首長講話	二、本表如有變更由大會秘書處承大會主席團決定之。 一、本日程表由大會預備會議通過實施之。
上午 9：00 — 9：50	報到	討論章程	首長講話	
上午 10：00 — 10：50	開幕典禮	分組審查提案	選舉	
上午 11：00 — 11：50	開幕典禮	分組審查提案	選舉	
下午 2：00 — 2：50	預備會議	討論提案	討論大會宣言	
下午 3：00 — 3：50	預備會議	討論提案	討論大會宣言	
下午 4：00 — 4：50	預備會議	討論提案	閉幕典禮	
下午 5：00 — 5：50	預備會議	討論提案	閉幕典禮	
晚間 7：00 — 8：50	討論章程	討論提案	晚會	

（左側直書）○○大會議事日程

表 5-6
會議議程實例二

（全銜）○○○ 會議議程　　　　　　　　　　　　　　　　○○年○○月○○日

項次	一	二	三	四	五	六	七
程序	簽到	主席致詞	宣讀上次會議紀錄	報告事項	討論事項	臨時動議	散會
主持人	秘書	董事長	秘書	有關單位主管	董事長	董事長	
使用時間	10：00｜10：10 十分鐘	10：10｜10：15 五分鐘	10：15｜10：20 五分鐘	10：20｜10：40 二十分鐘	10：40｜11：40 六十分鐘	11：40｜11：50 十分鐘	
備註				如附件	如附件		

表 5-7
英文議程計劃之一

One-Day Meeting Agenda Planning Sheet			
Number	Time	Activity	Location
1	8:30a.m.	Registration	Lobby
2	9:00a.m.	Opening/Welcome	Caribou Room
3	9:30a.m.	General Session	Caribou Room
4	10:30a.m.	Break	Lobby
5	11:00a.m.	Concurrent Sessions	See Figure 1-2
6	12:00noon	Lunch	Bison Room
7	1:00p.m.	General Session	Caribou Room
8	2:00p.m.	Workshops	See Figure 1-3
9	3:00p.m.	Break	Lobby
10	3:30p.m.	Workshops	See Figure 1-4
11	4:30p.m.	General Sessions	Caribou Room
12	5:30p.m.	Close	Caribou Room

Figure 1-2
Concurrent Sessions Planning Sheet
Activity No:5 Time: 11:00 a.m.

Number	Title	Presenter	Location
5.1			
5.2			
5.3			
5.4			

Comments:

Figure 1-3
Workshop Session Planning Sheet
Activity No:8 Time: 2:00 p.m.

Number	Topic	Presenter	Location
8.1			
8.2			
8.3			
8.4			
8.5			

Comments:

Figure 1-4
Workshop Session Planning Sheet
Activity No:10 Time: 3:30 p.m.

Number	Topic	Presenter	Location
10.1			
10.2			
10.3			
10.4			
10.5			

Comments:

表 5-8

英文議程計劃二

```
Meeting Agenda
Meeting Called By:        Scribe(Secretary):
Date:                     Starting Time:
Location:
Attendees:

Meeting Objective( Scope):
Time:            Topic:
9:00  － 9:10    --------------
9:10  － 10:00   -------------
10:00 － 10:20   Break
10:20 － 11:30   --------------
11:30           Wrap-up
```

表 5-9

會議提案單範例

（全　　　　　銜）

○○○○ 會議提案單　年　月　日	案由	說明	辦法	提案人（單位）	備註
					彙編如有提案請於○月○日前送○○單位以便

安當與否，影響會議成功至巨，因為開會重要的是在溝通，如果與會者座位安排的方式不能使與會者達到溝通的效果，當然會議不容易成功。討論式的會議桌椅應使每一位與會者能見到及聽到發言者的表情和聲音；演講式的會議桌椅安排與會者面向主講人；研討會桌椅則安排成教室型面向主持人。因此準備會場者一定要視會議的性質來決定場地的大小與座次的排列，這是會場準備的第一要項。

　　一般常見的會場座次安排如下：

　　1.小型會議座次：如圖5-6。
　　2.大型會議座次：如圖5-7。

■簽到處布置

　　公司內部會議或是小型會議，都不必特別設置簽到處，僅在會議桌上簽到即可。但是大型或重要集會都應設置簽到處，一方

圖5-6

小型會議座次

矮盆景

圖 5-7

大型會議座次

面簽到，一方面可以提供接待等服務。

　　簽到處通常應有桌子，方便簽名及放置資料，桌子的位置放在會場入口附近行走方便的地方，桌面盡可能清爽，除簽名簿外，也許有與會者名牌、胸花等放置桌上，資料袋或紀念品等則應放桌下或後面。有時會議座次已事先安排妥當，與會者進入會場可按桌上名牌入座，有些大型會議無法每人放置名牌，則可將座次表事先印好，簽到時可請與會者按所持座位表自行入座。

■飲料、點心之提供

　　中國人開會多半喝茶，有些也喝咖啡，因此杯子應與所用飲料配合，現在開會常用礦泉水，減少準備的麻煩，西方人有些特別的飲水習慣則可配合其習慣準備。現在免洗杯衛生又方便，所以許多公司開會都改用紙杯，也是一種變通的方式，不過罐頭及鋁箔包裝飲料除非在外不方便，否則應盡可能不上桌面，以免破壞整體美感。

　　點心的選擇要精緻，而且要使人方便食用；如果準備水果，亦應處理妥當，食用時衛生與便利都要兼顧。

　　如果會議的時間稍長，最好的方式是在會議中間安排休息時間，在會場近處另行安排茶點，一方面大家可以休息一下，用些茶點，也可彼此交談，交換意見，場外溝通一番，再入會場又是一種新氣氛了。

■文具的準備

　　會議時最好每人前面備便條紙及筆，大型會議尚有發言單，以便發言記錄用，需要選舉的會議，選票、投票箱、開票記錄板等設備應及早備妥。對於需要講解的會議，應事先聯絡應否準備所需的設備。

■電器用品

　　除了一般會議需要的電器設備外，若有邀請演講人，則應打聽其演講時所需設備，最好附一份表格，請其在表格內勾出所需

設備項目，更可得到確實答覆，以便準備。

表格內容可包括如電腦、單槍投影機、一般或實務投影機、白板、講台、黑板架、錄音機、電視、電影放映機（規格）、幻燈機、有線無線麥克風（幾支）、操作人員、其他設備等等。最重要的是，開會前一定要檢查所備電器用具是否靈敏，大小尺寸是否配合，絕對不可造成使用時發生故障情形。

■指標的設置

會議場所應有明確的指標，特別是有外賓的會議，各項指標一定要安放在合適的位置，以節省尋找的困擾，同時也可以減少服務人員的人數。如果會場過大，座次分區安排時，則可適當安排帶位人員負責帶位及做其他服務工作。

■會場布置

機構內部會議時，只要將會議室整理清潔，溫度、燈光調整適當，桌椅按會議人數排列好，需要器具準備妥當，就可以開會了。但是某些重要簽約、結盟，或是大型會議，應有會議主題的大標示牌，會場的精神布置，盆景、盆花的裝飾，此外尚應配合國際禮儀，放置國旗、肖像等。總之應把握會議的性質，使會場能達到應有之氣氛。

■人員的支援

許多會議需要記錄、攝影、照相或是錄音，會場各種電器的操作最好事先安排專人負責，並安排照相或其他活動時間，以免影響議程的進行。大型會議更應安排接待人員，負責簽到，發送資料、名牌，帶位引導就座等工作，會議前應給予適當訓練，並事先排練，才能有最好的臨場表現。

■交通問題

都市停車問題，常是影響會議準時的重大因素，因此應及早考慮，塞車也是交通繁忙時間的大困擾，是否改用大型交通工具集中接送，也許可以減少問題。

如有主賓或演講人，更應告知詳細會議地點，或是派人接送，務必有充分的時間抵達會場。

■其他準備事項

會場應考慮放置衣帽或其他物品的場所，以免占用旁邊座椅，或堆置地上不便，雨天亦應設傘桶放置雨具。

會議人數多，地方大，最好有小型活動餐車，以便運送飲料、茶點，較爲方便與安全。

(三)餐食供應

會議常有用餐的情況，如是中午準備便當餐盒，則要統計確實人數及個人飲食習慣，及是否要準備水果等，並可在公司準備一些餐墊紙、餐巾紙方便使用。會議飲料之供應種類，各人嗜好不同，如爲熟悉之人，可以事先預知，若事先不知，也最好能盡速更換。要至餐廳用餐的會議，會議地點與餐廳不應距離太遠，同時要注意停車問題，進餐人數及菜單與座次的安排，也要事先做好聯繫。中餐多爲圓桌，至少十人爲一桌，人數要能配合。西餐主菜的式樣有數種，最好事先得知各人喜好，若是自助餐的方式則應注意秩序的維持。赴外用餐的會議應注意下列事項：

1. 進餐人數要與餐館做最後核對。
2. 食物的準備是否適合當地的季節、賓客的好惡、習俗或宗教因素。
3. 使用哪些餐具、盤子、餐巾紙、餐巾、各種杯子，盡量準備充分，並最好同一花色。
4. 會議中間休息時間是否與餐飲時間配合。
5. 會場附近是否有合適的地點可以利用作爲茶點場地或餐會地點。
6. 餐桌之布置，是否需要鮮花，檯布、或其他裝飾。

圖 5-10

中式宴席座次安排

7.休息時間場地之安排布置、休息後之清理恢復。

8.席次安排（中西式宴席座次安排如**圖 5-10**，**圖 5-11**）。

七、會議後的工作

　　會前的準備工作及會議時的現場工作，是會議的當然工作，但是會後的工作若予以疏忽，就不能算是全部工作之完成。會後主要工作有以下幾項：

1.會場清理恢復：會議結束後要將會場桌椅恢復原狀，會議室清理乾淨，垃圾帶走。

2.器具歸還：開會借用的用具、電器、視聽設備等會後應盡快歸還，以方便他人借用並免去保管之責。

圖 5-11

西式宴席座次安排

3. 會議有關資料收回：會議時有些文件資料僅在會議時參考用，會議後要記得收回以免外流或遺失。

4. 結算費用：會議如有費用支出，如交通費、出席費、人員加班費、資料準備，以及茶水、點心、餐飲費等費用開支，會後應結算報銷費用。

5. 紀錄的整理：會議結束盡快整理紀錄，呈閱主管核可後，印刷分送參加會議者及有關單位。

6. 致謝：某些會議邀請演講者演講或是會議有貴賓參加，應另函致謝。若是有贈送禮物、致贈花籃等，也應去函致

謝。

7.檢討會：如果會議規模大、牽涉廣、性質複雜，應該在會後開一個檢討會，檢討本次會議得失，以為下次會議之借鏡。

8.決議案執行和追蹤：會議溝通的結果、決議案件的執行，是開會主要的目的，應保持聯繫，落實開會的成果和價值。

9.會議資料歸檔結案：會議的所有資料應蒐集齊全，按順序歸入該會議檔案夾中，這是整個會議管理最後的工作，不可疏忽。

八、會議時秘書的工作

會議進行時秘書的工作主要有以下幾項：

1.大部分的會議，特別是機構內部會議，秘書都要與主管一同參加，同時負責分送資料、安排座位、檢查設備等任務，並擔任招待及記錄的工作。

2.會議開始，秘書通常坐在主管附近或後面，最好選擇近門位置，以便進出或接聽電話，並可阻止不必要之騷擾，會議時資料或樣品傳遞，也由秘書來做，以免影響會場秩序。

3.會議時間過長，中間可安排休息時間，使與會者抽煙、用點心或到洗手間，為便於來賓尋找方便，應有充分的指示牌，秘書亦應盡可能給予協助。

4.董事會、股東大會，秘書可不必出席或擔任記錄，除非小公司人手不足，秘書必須幫忙分擔工作。

5. 放映機、幻燈機等電器操作，如非秘書本身非常熟練，最好請專人負責，免得臨時故障，影響會議之進行。

6. 會議前至少半小時應至會場檢查各項準備是否完善。

7. 會議若要發布新聞，除事先應發帖邀請外，同時將資料袋、新聞照片、演講詞、新聞稿等準備齊全，與公共關係部門配合，將資料送給新聞界發布。

8. 會議開始，應站立門口妥為招呼，主持報到手續，安置衣帽，介紹彼此認識。但是不可代表公司與人談生意，損及主管之權利。

9. 安排旅遊及交通工具調配，並處理會議時臨時事故。

10. 會議結束後，特別是有晚餐之會議，應先送客人離去，除非熟識客人，否則不應與客人一起乘車離去。

11. 會議紀錄應特別注意主題和討論結果，紀錄時有重要字句或決議未聽清楚，應請主席重複一次避免錯誤，紀錄最好在會議結束後乘記憶猶新時加以整理，重要會議為免遺漏，可事前準備錄音設備幫助記錄。某些機構紀錄格式固定，可依規定標準製作會議紀錄。

九、會議記錄工作

　　會議時需要一位記錄將會議報告和討論記錄下來，以為執行之依據，會議時可以用草稿將開會時的談話詳細記錄，但是整理成正式會議紀錄時，不能像記流水帳般每一個字都記下來，而是將報告及議題、討論要點和決議記清楚就可。如果能跟得上速度，用電腦打字記錄也可，不過要注意打字機器的聲音不應妨礙會議進行。重要會議除了用筆記錄外，也可用錄音機協助避免失誤。

(一)中、英文會議紀錄應包括的項目

■中文會議紀錄應包含項目

1. 會議名稱及會次。
2. 會議日期、時間。
3. 會議地點。
4. 主席及記錄。
5. 出席人及列席人。
6. 請假人姓名。
7. 上次會議記錄之承認（無則略）。
8. 報告事項。
9. 選舉事項（無此項目者從略）。
10. 討論事項。
11. 其他重要事項。
12. 臨時動議。
13. 散會（應註明時間）。
14. 下次會議時間（無則略）。
15. 主席、記錄分別簽署。

■英文會議紀錄應包含項目

1. Name of organization 。
2. Name of body conduction of meeting 。
3. Date, hour, location of meeting 。
4. Present and absent 。
5. Reading of previous minutes, approval or amendment
6. Unfinished business 。
7. New business 。

訊　息　小　站

會議時做記錄工作

- 可以了解機構的要事
- 學習與會者的發言溝通技巧，主持會議長處
- 記錄做得好，可表現自己的能力
- 會議時表現稱職，容易獲得與會者的肯定，建立良好人際關係

為什麼會議記錄不能只用錄音？

- 有失記錄職守
- 容易疏忽討論中的不確定問題及決議
- 機器會有故障
- 錄音帶中不易分辨出發言者之聲音
- 換帶時會漏錄會議內容
- 可用錄音機協助用筆記錄之不足

8.Date of next meeting。

9.Time of adjournment。

10.Signature of recorder。

(二)中、英文會議紀錄範例

■中文會議紀錄範例

中文會議記錄實例請參見圖5-12至圖5-15。

■英文會議紀錄範例

英文會議紀錄實例請參見圖5-16。

□□同業公會第□次理事會紀錄
時間：民國□□年□□月□□日（星期□）□午□時
地點：□□公司交誼廳
主席：□□□　　　　　　　　　記錄：□□□
出席：□□□、□□□、□□□、□□□、□□□、□□□、□□□、
　　　□□□、□□□、□□□、□□□
列席：□□□、□□□
請假：□□□、□□□
一、宣布開會：本日出席理事□□位，已達法定人數，宣布開會。
二、主席致詞：略。
三、來賓致詞：□□部□次長致詞。
四、宣讀上次會議紀錄：全體出席理事對本紀錄皆無異議，本紀錄確認
　　（有更正時，應先行修訂再確認）。
五、報告事項：
　　1.報告前次會議執行情形：（無則略）。
　　2.主席報告：……………………………………。
　　3.□理事報告：……………………………………………。
　　4.□□公司□經理□□報告：（如附件一）
　　　（1）………………………………………………。
　　　（2）………………………………………………。
六、討論事項：
1.提案一：
　案由：………………………………………案。（□理事提案）
　決議：本案暫予保留。
2.提案二：
　案由：………………………………………案。
　說明：（1）………………………………………。
　　　　（2）………………………………………。
　決議：通過。
3.提案三：
　案由：…………………………案（主席交議）。
　說明：（1）………………………………………。
　　　　（2）………………………………………。
　辦法：（1）………………………………………。
　　　　（2）………………………………………。
　決議：原則通過，推請□理事□□擬具詳細辦法，提下次會議討論。
4.提案四：
　案由：………………………………………案。
　說明：（1）………………………………………。
　　　　（2）………………………………………。
　辦法：（1）………………………………………。

圖 5-12

中文會議紀錄例一

```
                  (2) …………………………………………………… 。
    討論要點：(1) …………………………………………………… 。
                  (2) …………………………………………………… 。
                  (3) …………………………………………………… 。
    決議：(1) …………………………………………………… 。
          (2) …………………………………………………… 。
七、選舉事項：
    推選本會出席全國商業聯合會代表。
    票選結果：□理事□□得票□張當選代表。
八、臨時動議：
    案由：建議青年節舉辦登山活動，增進同仁及眷屬聯誼案。
    決議：推請□□□、□□□籌辦。
九、散會：□午□時□分。
                                        主席：□□□
                                        記錄：□□□
```

（續）圖 5-12

中文會議紀錄例一

```
              (全銜) ○○第○次工作會報紀錄
時間：○○年○月○日○ 午○時○分
地點：○○會議室
出席：各組室主管以上人員（簽名）
主席：○○○          記錄：○○○
甲、報告事項（略）
乙、裁決事項
一、本年度○○預算餘款○○○元，希按計劃從速採購。
    （○○組）
二、○○出入口道路拓寬案，希繪圖函○○洽辦。（○○組）
三、直接定貨方式採購○○原料試辦情形，希從速檢討，報請上級核
    定。（○○組、○○室）
四、○○通知購買○○○○，希在年度超盈部分調度認購。（○○組）
五、○○原料採購數量較多者，每年可分兩次標購，至事前應否送樣化
    驗，抑俟交貨時再行化驗，希與使用工廠研究。（○○工廠、○○
    組、○○組）
六、散會：○午○時○分

主席：○ ○ ○
記錄：○ ○ ○
```

圖 5-13

中文會議紀錄例二

```
□□□□□會議記錄
一、時間：□□年□月□日□午□時□分
二、地點：□□□□
三、主席：□□□          記錄：□□□
四、出席：
    列席：
    請假：
五、宣讀及通過上次會議紀錄：
六、報告事項：
    1.□□□□報告
    2.□□□□報告
七、討論及決議事項：
    1.……………………………………………………………。
    2.……………………………………………………………。
    3.……………………………………………………………。
八、其他事項：
九、主席結論：
    1.……………………………………………………………。
    2.……………………………………………………………。
十、散會：□午□時□分

主席：簽名
記錄：簽名
```

圖 5-14

中文會議紀錄例三

```
□□問題座談會紀錄
時間：□□年□月□日□午□時□分
地點：□□大樓□樓□□室
出席者：
主席：                紀錄：
一、主席致詞：
二、發言紀要：
    1.□先生□□：………………………………………………。
    2.□先生□□：(1)……………………………………………。
                (2)……………………………………………。
    3.□先生□□：………………………………………………。
三、主席結論：
    1.……………………………………………………………。
    2.……………………………………………………………。
    3.……………………………………………………………。
四、散會：□時□分
                        主席：（簽名）
                        記錄：（簽名）
```

圖 5-15

中式會議紀錄例四

□□□□□□會議紀錄：（Name of Meeting）

一、開會日期：（Date）

二、時間：（Hour）

三、地點：（Location）

四、出席者：（Present）

　　　　　　　Absent（Apology）

英文紀錄一至三項可以此方式表示（A meeting of the Executive Committee of the ○○○ Association was held in the Board room at ○○ road, on Friday, February ○○, 20--- at 10am.）

五、列席者：（In attendance）

六、宣讀及通過上次會議紀錄：

　　The minutes of the meeting of Executive committee held on Friday, ○○, 20-- were read and approved.

　　如有修正則接下列：

　　Subject to the following amendment: Minute 4 should read ".." .

七、上次會議交辦事項：

Matters arising from the Minutes:

八、主要討論或決議事項：（New Business）

　　1.某人提出意見：

　　Mr. .... proposed that ....

　　It was suggested that...

　　..

　　2.某人提出報告：

　　Mr. John Wan reported that ....

　　It was noted（heard）that..

　　3.提議討論而後同意：

　　After a detailed discussion, it was agreed that ....

　　It was unanimously agreed that ....

　　表決決議案如下：

　　Manager, Production Department: On the recommendation of the Chairman, it was ....

　　Office Renovation: Five quotations were tabled for discussion...........

圖 5-16

英文會議紀錄例

4.會議決定交某人執行

　董事　Mr. Hwang was requested to ....

　秘書　The Secretary was instructed to...............................

5.蒐集資料下次再討論

　　The decision was deferred to the next meeting, pending

　　further information.

九、其他事項：(Any Other Business)

十、下次會議日期：

　　Date and Place of the Next Meeting

十一、散　會：(Adjourn)

　　There being no other business to discuss, the meeting was

　　closed (adjourned) at 11:30 P.M.

十二、簽名：（Signature of Recorder）

（續）圖 5-16

英文會議紀錄例

■會議紀錄表格

　　會議紀錄表格請參見**表 5-10**、**表 5-11**。

十、會議管理注意事項

1.假日不宜安排會議。

2.文書資料事先準備齊全（**表 5-12**）。

3.會議秩序單、議程、紀錄三者內容、項目應盡量一致。

4.會議資料數量可裝資料袋發給參加會議者。

5.用簽到卡應設卡箱，有選舉應設投票箱及開票板。

6.發出席費之會議事先應簽准並備領取名冊或收據。

7.場地先洽妥並佈置周到。

8.紀錄文字力求簡潔，敘述扼要，不要參與個人意見。

表 5-10

會議紀錄表格例一

（全　　　　銜）

會 議 紀 錄

會議名稱	
會議時間	年　　月　　日（星期　）　午　　時　　分
會議地點	
主　　席	記錄

出　　席	

列　　席	
請　　假	

項次	內容摘要	決議事項
主席		記錄

表 5-11

會議紀錄表格例二

（全　　　銜）

會　議　紀　錄

會議名稱	
會議時間	年　　月　　日（星期　）　午　　時　　分
會議地點	
主　　席	記錄
出　　席	
列　　席	
請　　假	

項次	内　　　　　　　　　　　　　容
一	報告事項
二	討論及決議事項
主席	記錄

表 5-12

會議（報）會前準備工作檢查表

（全　　　　銜）

（　　　）會議（報）會前準備工作檢查表

會議名稱		主 持 人	
		主辦單位	
舉行地點		參加人數	
會議時間	年　　月　　日　　午　　時　　分		

檢查項目	檢查情形			管理人員	備註
	狀況	檢查時間	簽　名		
1.燈光					
2.空氣調節					
3.擴音設備					
4.錄音設備					
5.視聽器材					
6.標 示 牌					
7.便條鉛筆					紅黑鉛筆各1支
8.桌椅排列					
9.座 次 卡					
10.桌花盆花					
11.計 時 鈴					
12.掛鐘對時					
13.茶水點心					
14.室內整潔					
15.環境整潔					
16.簽 名 處					
17.會議資料					
18.紀 念 品					

說明：1.狀況區分「ˇ」好，「△」尚可，「×」否。

　　　2.管理人員由承辦單位會前填寫。

　　　3.檢查人員由會議主辦單位派遣。

訊　息　小　站

發言技巧

🖋 有系統、簡潔歸納重點

　　◎會前瀏覽會議資料，了解議題、整理自己意

　　　見大綱

🖋 明確聲明發言性質

　　◎贊成、反對、修正或是表達自己清楚的意見

　　◎尊重他人發言的權利和意見

🖋 發言切題

　　◎不偏離議題，就題論事

　　◎實例、數據，加強意見的可信性及可行性

　　◎同意贊成他人的觀點，激發自己的意見或給

　　　予補充說明

🖋 說明具體、充滿信心

　　◎先說出結論和重點，再闡述內容

　　◎表達流利、有權威

🖋 掌握發言時機

　　◎早發言：拋磚引玉，引起注意

　　◎常發言：發言頻率高，影響大

　　◎控制發言長度：至少三十秒以上，五分鐘以

　　　內

🖋 態度、眼神、肢體語言的配合

訊　　息　　小　　站

會議參與者的責任

- 會前準備
- 參與討論，提出意見
- 傾聽他人的意見想法
- 客觀思考問題
- 維持會場秩序
- 回應並協助主持人完成會議
- 提出大家都能同意之結論及行動

美國威爾遜總統：

「若是一小時演講我可以馬上登台；

若是二十分鐘演講要準備兩小時；

若是五分鐘演講非要準備一天一夜不可。」

9.會議完畢盡快整理紀錄，發寄與會及請假人士。

10.英文會議紀錄習慣用第三人稱，被動語態或間接引述方式及過去式語態紀錄。

11.如有利用最新科技電傳會議，則各項準備工作應盡早配合，技術部門的支援最為重要，應事先測試，以求達到科技文明的效果。

12.會議結束後，有關討論決議事項的執行，應保持追蹤、聯繫，以達到開會的目的。

訊 息 小 站

會議發言規範

發言：

第二十四條　請求發言地位

(1)舉手

(2)書面請求

(3)無須取得發言地位，可間斷他人發言

　　　　權宜問題

　　　　秩序問題

　　　　會議詢問

　　　　申訴動議

第二十五條　聲明發言性質

　　　　贊成、反對、修正或其他動機

第二十六條　發言之先後指定

　　　　主席指定發言次序

　　　　(1)原提案人有所補充或解釋者

　　　　(2)討論之議案發言最少或尚未發言者

　　　　(3)距主席較遠者

第二十七條　發言禮貌

　　　　就題論事，不涉私人私事，超出範圍，主席制止或其他出席人請主席制止之

訊　息　小　站

第二十八條　發言次數及時間

　　　　　　(1)同一議案每人發言不超過兩次，
　　　　　　　　每次不超過五分鐘

　　　　　　(2)提案說明、質疑應答、事實資料
　　　　　　　　補充、工作報告，經主席許可者
　　　　　　　　不在此限

　　　　　　(3)出席人須延長或增加發言次數，
　　　　　　　　應請主席許可或主席徵詢會眾意
　　　　　　　　見後爲之

第二十九條　書面發言

　　　　　　書面將發言要點提請主席交記錄或
　　　　　　秘書宣讀之

資料來源：內政部

第六章
訪客安排、接待與禮儀

作為主管秘書，有關主管的日程管理、訪客的安排與接待，是秘書常態性的工作，如何與主管的時間配合，不要耽誤日常工作，又能滿足訪客的期望，是這項工作必須注意的要點。

訪客不論是公務拜訪、私事請託或是禮貌友誼來訪，總是要有待客之道，因此接待訪客的禮儀不可不知，好的待客之道可以塑造自己及公司的形象，建立和諧的人際關係。工作的要點分別說明如下：

一、主管約會之安排

身為某一單位主管，各種類型的約會必定很多，做秘書者必須妥為安排，使約會的時間不致互相衝突，使約會不致影響工作之進行，如此才能使主管作息有定，獲得應有的休息。通常約會大致有會議、宴會、私人約會三種形式，現分述如下：

(一)會議

此類約會比較正式，而且時間較長，如果會議性質是機構內部會議，可以盡量安排每星期或每月的固定時間，使機構內造成一種固定會議的印象。如果會議牽涉外界機構，或是主管參加外界會議，則應選擇適當時間，給予他人方便。

有時有兩個會議都要舉行，而參加會議者大都相同，議程也不複雜，不需太多時間討論，則可視情形將兩個會議安排連續舉行，可以節省與會人員參加會議的往來時間。

會議日期確定後，應立刻記入記事簿，會議開始前提醒主管準時赴會，需要準備之資料亦應及早備妥，裝好封袋，交給主管，準備會議時使用。參加外部的會議，應聯絡司機準備好車輛，不要耽誤了行程。

參加遠程地區的會議，應將旅程、交通及住宿等安排妥當，需要辦理的手續要齊備，務必使主管及時參加會議。

(二)餐會

餐會類的約會，大體指午餐約會或晚餐、宴會等，也有早餐會或下午茶的約會，普通午餐約會時間較短也容易控制，但是晚餐或宴會時間常常拖得很長，也不容易控制，因此絕不能將兩個餐會安排在同一天晚上，主客都不方便。此外，宴會大都關係許多賓客，而各人有各人的事務，所以宴會時間一經決定，非不得已不可改變。

宴會如有注意事項，應於請帖中註明，諸如：時間、地點、宴會性質、服裝等等。及早使賓客了解，以免到時賓客失禮，主人亦覺尷尬。

餐會之約會，如主管為賓客，則秘書僅須將約會之時間、地點、性質記下，留意需不需要準備禮物，到時間提醒主管準時參加即可；如果主管本身為餐會之主人，則身為秘書，應將餐會應行準備事項，請各單位協助準備妥善，務必使賓主盡歡，使餐會成為一個成功的聚會。

有些主管活動頻繁，可設計「行程準備作業表」（圖 6-1）以為每日行程之依據，部屬也可預先準備安排。

(三)個人約會

一般來說，主管每天最多的約會，就是接見訪客，因此時間的分配，就靠秘書來妥為安排。個人訪客的拜訪，最好能在事前安排，最少也應在拜訪以前先行電話約定，這樣訪客可以按預定時間見到主管，所需資料也可早做準備，使接見時輕易了解訪客之性質、目的，並選擇有利的條件解決問題，決定事項。

安排主管個人的約會，如是訪客要來拜訪，應將姓名、時間

首長行程準備作業表				承辦人：○○○	
				聯絡電話：○○○	
時間	主題	活動地點	活動性質	對象及人數	配合事項
年月日（星期○） 午 時 分	○○晚宴	圓山大飯店 12樓	○○之夜	○○會長 行政院長 ○○理事長 ○全體會員	○時○分入席 ○時晚宴 ○時表演 ○時結束 請著正式 服裝

圖 6-1

行程準備作業表

登入記事簿，並留下聯絡電話地址，以便萬一不能按時會見時，可以盡早通知。對於臨時來訪賓客，應盡量妥為安排接見時間，如實在有困難應徵求訪客之意見，另訂妥善時間。若是主管要拜訪他人，應先徵求對方同意之時間，登記下來，到時提醒主管赴約。

安排個人約會的原則，應以主管個人的習慣，公事處理之原則，每星期固定數時段為接見訪客的時間，這樣才不致影響正常工作之進行。主管每日的日程表可以以一星期為單位設計表格，將約會或活動列入，一份給主管參考，一份秘書留存並隨時察看或更新。茲舉一英文日程表例如**圖 6-2**。

○、訪客之類型與接待

送往迎來是企業每天都有的工作，因此訪客接待不僅是公關部門要有的專業素養，也是一般工作人員應該學習的辦公室基本禮儀。秘書的工作中，訪客的接見和主管行程約會的安排，更是

```
      ○○○○ COMPANY ○○○○ Mr. ○○○
     WORK SCHEDULE        OCTOBER 10-17, YEAR 20__
TIME  10/10（Mon.）           TIME 10/11（Tue.）      TIME10/12（Wed.）
7:00   Breakfast
8:00
9:00   Meeting
10:00  To meet Dr.Yeh            Speech to ○○ University
11:00
12:00  Lunch with Mayor Mar
13:00
14:00
15:00  Meeting with Sales Dept.
16:00
17:00
18:00  Dp. For Dinner
19:00  Weeding Dinner
20:00 （Imperial Hotel）
```

圖 6-2
英文日程表

每日少不了的重要工作之一。而這兩者之間有著相輔相成的作用，因有約會之安排，才有訪客之接見，所以對於訪客接待的禮儀更應有專業的認知。

　　訪客依約定時間來到辦公室，未見到主管前，先與秘書聯絡，如果公司有接待員，則到公司詢問處，由接待員帶至所要見主管之辦公室，由主管之秘書接待，或是秘書至接待處迎接至主管辦公室。因此秘書必須在這時間，留給訪客一個深刻、良好的印象，秘書的說話、待人的態度，就可以表現出一個人的工作能力及機構的管理是否完善，所以不可忽視接待訪客應有的禮貌。

　　訪客的接待是辦公室經常的工作，它不僅是個人禮儀的表現，也是公司管理和形象的展示。訪客的拜訪，應該要在事前安

排,所需資料也應及早做準備。對於臨時來訪賓客,應盡量妥為安排接見時間,如實在有困難應徵求訪客之意見,另訂妥善時間。

訪客來到辦公室時,秘書應主動起身相迎,盡速了解訪客的身分和性質。秘書的儀態、衣著都要合宜,辦公桌整潔、有秩序,招待親切有禮,這樣才算是合格秘書。

公司有專職接待人員,則賓客到公司詢問處,即由接待員帶至受訪人之辦公室,由受訪人或相關人員接待。因此不論專職或非專職接待人員,必須在這段時間留給訪客一個深刻、良好的印象。從說話、動作、待人的態度中,就可以表現出一個人的工作能力及機構的組織管理是否有一定的要求和水準,能有禮儀的修養又親切誠懇,這樣才算是合格的接待人員。

訪客之種類很多,因此接待訪客的各種情況也不同,但是不論如何,待客的基本禮儀是一定要知道的。

(一)訪客的種類

■公務上的訪客

此類訪客通常占最多數,如因公務需要而來拜訪或商場上往來的商人、推銷員等,來訪前大都與受訪人約好了日期和時間會見,經過櫃台登記聯絡後,由各有關單位人員負責接待。

某些商業上的訪客,如商場上往來的商人、推銷員等,最好能安排在特定的日期和時間會見,可以使主管在商品的比較上更為容易,減少主管下決定的時間。

秘書對此類訪客,千萬不可視為不受歡迎的人物而有所怠慢,仍應遵守待客的禮儀,以合理的態度對待任何訪客。

■未經約定的訪客

在各種訪客中,難免有許多未經約定的訪客,特別在我國,一般訪客常常都是臨時來訪,頂多來訪前打個電話,對於這類訪

客，櫃台負責登記聯絡，由受訪人或有關人員決定接待的方式，雖然並未事先約定，不過受訪單位人員對於這類訪客，仍應禮貌招呼，盡量安排接見。如為來見主管的客人，秘書應禮貌招呼，盡可能安排見到主管，若是問題並不必主管親自解決時，則可代為解決或轉由有關部門處理。主管不在應據實以告，若主管不久將回，可徵求訪客意見，是稍等或另約他日見面。

如果訪客為主管所不方便見面之賓客，秘書更應特別禮貌、機智的用委婉的方法，解釋主管今日不能見他的原因，可否以後再約見面時間，或是留下電話號碼，再行聯絡。

■公司內部職員之接見

某些公司對內部的職員是不限制其見主管的時間的，有些則規定一段適當時間，作為與職員談話的時間。對於職員因公事見主管，通常都是盡可能的隨到隨辦，但是有些職員請求見主管，往往是對主管有所要求，有所述說，所以秘書應謹慎安排，了解要見主管之目的，使主管心裡稍有準備，並使雙方能在合適的情況下見面。如果主管因要事或外出不能接見時，秘書可做初步的了解，給予同情，待主管返回後轉告再處理。

■國際訪客

隨著交通工具的進展，世界的範圍似乎越來越小，國與國、地區與地區，或民間團體公司行號之間的往來更是頻繁。因此一般機關免不了會有外國訪客，企業除了公務上的國外訪客外，也常接待政府機關安排之貴賓參觀訪問，他們也許穿著其本國的服裝，以其不同的習慣與禮貌來到辦公室，如果彼此可以通用一種共同的語言，則意見的交流非常方便，否則就要靠翻譯來傳達意見了。外國的訪客來訪的時間，一般事先都早有聯繫安排（例如圖 6-3、圖 6-4），所以應該早就有所準備了。

為了使遠道來訪之外賓有親切感，接待人員應事先將來訪國家之國情，來訪賓客個人及隨行人員之資料、風俗習慣、嗜好等

收電者（TO）：

電傳（FAX）：

電話（TEL）：

發電者（FROM）：

電傳（FAX）：

電話（TEL）：

日期（DATE）：

頁數：含本頁共　　頁

Number of pages（Including this cover page）：

聯絡事項（MESSAGE）：

圖 6-3

外交部國賓來訪以傳真聯絡參觀訪問之企業聯絡單

1.○○○○○國會議員 前○○○部長 ○○○○○先生
　（Mr. xxxxxxxxxxxxx）
2.○○○○夫人 ○○○○女士
　（Mrs. xxxxxxxxxxxx）
3.○○○○國會議員 前○○○部長 ○○○○○博士
　（Dr. xxxxxxxxxxxxx）
4.○○○○博士夫人 ○○○○女士
　（Mrs. Xxxxxxxxxxx）

圖 6-4

xxxxxxxxxxxxxx（國名）訪問團名單

有關資訊查閱清楚，談話時可以找到適當的題材，也使訪客因對方的關注而感到愉快。

國際人士往來為了溝通方便，避免誤會，應有基本國際禮儀的認識，如果不甚了解，可多蒐集資料多觀察學習。與外國訪客接觸應注意以下幾點：

1. 了解客人的宗教習俗與禁忌：例如中國人不能將筷子插在飯碗的飯上；到印度廟宇或住宅要脫鞋，要用右手拿食物或敬茶，不用牛皮製品；泰國人不能用手去觸摸別人頭部，不能將鞋底對著別人；西洋人忌十三這個數字也是大家都知道的。

2. 共同語言使用：有外賓場合宜使用共同語言，如要使用自己的語言也要向外賓致歉，講完最好簡單向其解釋說明。

3. 談話內容：不要說些攻訐本國政府的言論或不宜外洩之機密，或是發表對該國不當的批評及言論。

4. 形象風度：注意自己的儀態，說話遣詞用字文雅，速度不要太快，以免對方聽得吃力或是產生誤解。

5. 尊重隱私：避免談及隱私，不揭人之短，不炫耀自己之長，注意國際禮儀。

6. 貴賓特定人士：如外國人係貴賓或特定人士，則應事先了解其身分，準備會談之資料內容，接待時方不致有所怠慢。

7. 自尊自信：雖然外賓的接待要特別慎重，但是態度還是要不卑不亢、自尊自愛、彼此尊重。

(二)接見訪客應注意事項

訪客經接待至會客室，有時不能馬上見到主管，或是與主管談話過時或是見客中電話的處理，秘書應有經驗妥善處理。

■訪客談話時之暗示

有些訪客常並非需要而談話過時，秘書應設法提醒，以中止會見，這種情況下，暗示時絕對需要技巧的，例如提醒主管開會時間已到，又如有重要電話，或是下位約定接見訪客已到，等待接見，使原先之賓客了解主管之忙碌，而告辭離開。

■賓客等待中之安排

賓客來到辦公室時，要注意桌上文件是否收妥，特別是機密文件更應避免外人看見。

訪客到辦公室等候的時間，可安排至會客室等待，應使其舒適。若約定時間已到，而仍未見到受訪人，接待人應代為道歉，不可任意將訪客留在會客室不理不睬，若耽誤的時間較長，約十五分鐘就要去打個招呼，如受訪人因要事或在外趕不回來，可徵求對方意見可否再稍候，或另約時間詳談。

當訪客在會客室等待時，接待人員送上茶水，態度和藹，通情達理，表情愉快、友善，但不必表現得非常熟識，不要喋喋不休，更不應一言不發，板著面孔、冷落客人，談話也絕對不可洩漏本單位之某些機密。如果需要與訪客聊天，應該是一些平常之話題，談一些一般人知道的或是有趣的事。

如本身工作很忙，可以致歉不能作陪，準備一些書報、雜誌供訪客排遣等待的時間。

■準備訪客資料及記錄談話的約定

不論事先預定或臨時來訪賓客，在得知來訪的目的後，都應迅速準備訪客要談事情的資料及相關資訊，以便主管或受訪人與其談話時之參考。

訪客來訪談話的內容或有任何約定，訪客離去後應立即記錄，以便日後處理時之依據，不致遺漏主管與訪客約定之事項。

■見客中電話之處理

主管或受訪人正在接見賓客時，若有必須親自接聽之重要電話，應記下來電者之姓名、公司、討論事項，請對方稍後，將便條立即交由主管或受訪人，不可大聲在訪客面前傳達受訪人電話。但若非絕對重要或情況不許可，可留下電話或留言，待主管或受訪人稍後回覆。

若有來訪賓客之電話，可轉知情況，由其本身之意願來決定處理方式。

■訪客之鑑定

任何來訪之賓客，事前有約的或是臨時來訪的，都應盡快將訪客背景資料組織一下，訪客之姓名、相貌與公司之關係，來訪目的等迅速予以了解。若是不認識的訪客，或不記得姓名之訪客，應先行禮貌的問清楚，對於堅不洩漏來訪目的之訪客，可憑經驗與直覺來判斷其來訪之目的，以提供主管或受訪人接見時之參考。

(三)代理主管接見訪客注意事項

接待訪客的工作時，常有已約定之訪客因主管臨時有事而又無法通知訪客改期的情況，或是事先未約定的訪客來訪，主管有時會交代秘書代為接待處理事件，即使沒有交代，秘書也要知道如何處理這種情形。下面提供數點參考：

■正確轉達主管之意見

主管平時做人做事一定有其原則與看法，所以主管不在，如其有交代，應按其指示行事，如未交代，也應按主管平時處事原則轉達其意見，不能確定者，則待主管回來請示後再行回電訪客說明。

■根據機構的規章處理問題

每一個機構都有自己制定的規章制度，不可因其他機構的規定而比照辦理，或是以自己的看法誤導他人行事，許多誤會和爭執因此而發生，主管不在，更是應按規定處理事情。

■確定答案再行答覆

許多訪客所提問題，並非自己清楚或負責的事項，絕不可憑常識和猜測，認為可以如此，應該不成問題，而使得他人多次奔波，浪費時間，或是根本提供錯誤的方向，造成他人莫大的損

失。所以主管不在，不清楚的問題或是當時不能回答的問題，一定要問清楚了才予回覆。

■重要的約見，事後應報告主管

許多訪客來訪時主管不在，也許訪客未說什麼，但是可能對主管或公司來說，這是一項很重要的情報來源，所以訪客來訪除了問題的解決之外，亦應報告主管哪些賓客來訪，以免影響處理事情的時機。

三、訪客接待的禮儀

不論是主管平時業務上的訪客、重要貴賓或是接待團體訪客，秘書要針對不同情況做好接待安排。接待應注意事項分述如下：

(一)接待前之準備

■會客室的準備

賓客來訪大都會在會客室等待或見面，因此會客室是賓客對公司行政管理的第一個印象，整齊、清潔、舒適、美觀是基本的要求。此外燈光、照明、溫度、溼度是否調整在適當的狀況，窗戶、窗簾是否拉開在合適的位置，有無破損掉落，植物、盆栽保持生意盎然，日曆的日期、壁鐘的時間正確，肖像、旗幟懸掛是否正確，凡此種種，都可看出平時管理的要求以及人員的訓練是否有專業的水準。

會客室的桌椅、數量及排列擺設要事先布置妥當，主、客、尊、卑的位置要分清楚，原則上面對門的位置最尊，右邊又比左邊為大。如果訪客是來參加會議，則會議室的桌椅排列、茶水飲料準備、會議資料都要及早備妥，關於會議的籌備可參閱本書第

五章「會議籌備與安排」之內容。

■資料準備

　　來訪者個人資料背景的了解，來訪所談事項資料之準備，陪同會見人員之通知及應準備之資料，公司簡介、名片、禮品、紀念品之準備及包裝，甚至等待時書報雜誌的提供，都要考慮及早備妥。

■餐飲準備

　　茶具、杯盤備妥並保持清潔，飲料事先備置妥當，如有特殊飲品之要求應及早準備。如果準備點心水果，要方便食用並適合訪客之習慣。水果要注意衛生，盤、叉、餐巾紙都是要考慮準備的。

　　如果要招待餐食，飯盒是最簡單方便的，要注意衛生，用餐地點要準備用餐墊紙、餐巾紙、茶水，如能再準備一份水果就更周到了。如是在外用餐就要事先預訂餐廳，最好選擇公司附近的餐廳，可節省交通時間，又可避免停車的困擾。

　　接待訪客時若有正式餐會安排，宴客禮儀要注意以下數點：

1. 宴客名單：主客陪客應關係和諧，考慮客人宗教信仰飲食習慣因素。
2. 時間地點的選擇：食物品質、環境衛生優良，交通、停車方便。
3. 請帖發放：請帖寫好後，最好兩星期前發出，宴客前一天再以電話邀請或提醒賓客赴宴。
4. 席次安排：正式宴客席次安排原則上以主客為尊，職位高者坐上位，年長者坐上座，女士上座，再就是與主人之間的個人關係程度了。

■服裝儀容

　　接待人員為了使訪客對自己及公司有良好印象，本身的服裝

儀容應有一定的要求，穿衣的基本要求就是整齊、清潔、美觀，如果公司有規定的制服，當然是穿著制服，如無規定，則男士可穿西裝，以深藍色、灰色系列較爲適當，襯衫白色最爲愼重，其他則可著素色或細條紋襯衫，領帶選擇務必小心，否則會破壞了整體效果，皮鞋及襪子都應爲深色。

女士可穿整套套裝，亦可穿上下不同色套裝，只要搭配適當、美觀就好，如穿連身洋裝，應配一件外套較爲正式，現在長褲套裝亦可上班穿著，牛仔褲是不適宜在辦公室穿著的。如果接待的是團體賓客，可穿較鮮艷服裝，使訪客容易辨認。此外穿著要適合工作場合，例如又長又寬的裙子是會影響到工作的方便和安全的。至於皮鞋應穿有跟船形淑女鞋，腳指頭都露出的涼鞋是不適宜在正式場合穿著的。絲襪的顏色要適當，鮮艷複雜花色都不適合上班穿著。合宜的化妝是一種禮貌，同時也能增加自己的美麗與自信，表現專業的服務精神。除了服裝之外，頭髮要清潔，梳理整齊，指甲保持乾淨，修剪合適，不要塗鮮艷的指甲油，可配戴合適耳環及其他簡單飾物，增加整體的美觀。

■接待步驟

1.張貼歡迎標示：如有貴賓蒞臨，可在入口處放置海報看板歡迎貴賓來訪。

2.專人迎接：應派專人等候迎接，特殊貴賓更應請身分地位相等的主管迎接。

3.引導就座：引導來賓到會客室或會議室就座。

4.安排主管接見：盡可能使賓客很快見到主管。

5.簡報參觀會談：視賓客來訪之性質是會談、做簡報、參加會議或是參觀訪問等，做好接待之準備。

6.茶點餐宴準備：視賓客來訪性質安排茶點或是酒會、餐會等。

7.紀念品、禮品準備：如需要贈送禮品、紀念品，應及早準備並包裝安當，附上贈送者之名片，安排適當場合贈送。

8.送客離去：視賓客的情況，送客到辦公室門口或電梯旁或是大門口。一般重要賓客受訪人都會親自送客離去。

(二)接待禮儀

■建立良好形象

整潔、親切、誠懇的態度，建立良好的第一印象。不要因自己的情緒而露出疲倦及不耐煩的表情。接待訪客要主動積極，訪客一進入大門就要先打招呼、詢問來訪目的，以便掌握賓客之情況。如有名片，接受時右手齊胸左手並跟上接過，盡快記住訪客姓名和職務。

■注意行進間的禮節

1.前為尊，右為大，三人行，中為尊，男女同行，女士優先，但是在引導來賓時，應走在前面數步，並以方便行走之方向讓客人行走。

2.上下樓梯有扶手之一邊讓客人使用，上樓女士及客人先，男士或接待人員在後數步，下樓則反之，以防賓客、女士踩滑跌倒，前、後樓梯有人有保護之效。電梯則先行進入控制按鈕，客人後進，出時則客人先出，自己跟進，電梯靠裡位置為大。

3.如為陪同者應在被陪同者之後方，兩人陪同則右邊為尊。

4.坐車的禮節：轎車有司機則右後為最大，主人自己開車則其旁邊位子為大，火車順方向窗邊為大，飛機則窗邊第一，走道第二，中間最小（如圖 6-5）。

■會客室

進入會客室，門向裡開，則先推門入內，站門旁迎客人入

圖 6-5

坐車的禮節

內；門向外開，則拉開門，站在門外，先請訪客入內；自動門則客人先入。

　　會客室的座位，原則上是離門越遠對著門的位置越尊，桌椅的擺設應座內朝外；一般來說，長沙發位置大，主牆前座位為大，面對窗戶可看風景者座位為上位（如圖 6-6）。如在會議場所則正面牆壁那一面為尊位。安排座位時，客人位高於主人、地位職位高者在上位、女士優於男士、年長者在上位。如為國際會議場合，大都按國名之英文字母順序排列座位。

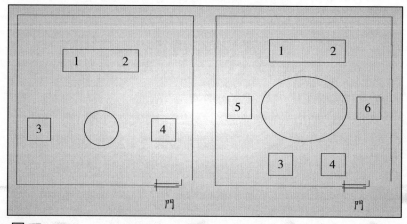

圖 6-6

會客室座位排列的禮節

■茶水之準備

1.平時茶水飲料準備周全，茶具應保持清潔，無破損。

2.倒茶或咖啡不要太滿，七分或八分滿，溫度適當，杯盤可分開放在大托盤上，敲門進入，先將托盤放在附近桌上，再依次上茶。

3.上茶客人優先，再按公司人員職位高低上茶。送茶水時不要用手端著茶杯杯口，上茶應自客人正面或右斜面輕輕放在其面前桌上。

4.若備有點心水果可先送點心，接著送茶水，點心水果準備應以方便食用為原則。不要忘了備紙巾，以便食完清理用。

5.客人走後，會客室應立刻清理，以免下次使用時之不便。

■盡量遵守介紹的禮節

　　把握介紹的時機，一般介紹男士給女士，但是職位高、年長者則不在此限，介紹低職位給高職位，年輕給年長的，賓客給主人，如不能分辨情況，則以年齡來判斷介紹的順序。介紹時態度誠懇、尊敬、和藹，聲音、語調清晰，使雙方能馬上了解情況。

■送客人離去

　　訪客拜訪結束將離開時，不要忘了提醒客人應帶的東西，遠道訪客可指示回程路線，送客時要等客人離開視線再轉身，搭電梯等電梯門關才離開，坐車離去應幫忙開車門，等車開後才離去。這是接待訪客的最後一項工作，不要因最後一個步驟疏忽而前功盡棄。一般主管對普通訪客僅送到辦公室門口或電梯口，重要的長輩、長官才會送到大門口，有時主管不方便時，秘書可以主動接下送客人搭電梯或送到大門口上車的後續工作。

■整理訪客資料

　　訪客離去後，秘書應將訪客的資料姓名、職稱、電話、來訪

目的、談話內容等建立訪客的檔案,因為訪客來訪而借調出來的資料要歸還原單位或放回資料夾,以為日後方便使用。

四、介紹的禮儀

(一)介紹的原則

- 將男士介紹給女士相見,為一般原則。例如:

  張女士,這位是我的同事王○○先生。

  Mrs. Curtis, May I present Mr. Pratt?

  Mrs. Chen, I'd like you to meet my son, Walt.

  Dr. Pratt, may I introduce you to Mrs. Curtis?

- 將位低者介紹給位高者,這是最常遵循的方式。

  張總經理,這位是○○公司業務部李○○先生。

- 將年少者介紹給年長者。尤其是在不容易判斷雙方背景情況的時候,就以年齡為依據。

  王經理,這位是我的學生李大偉,請您多多指教。

  Professor Yeh, I'd like you to meet my niece Linda.

  Aunt Mary, this is Bob Jones.

- 將未婚者介紹給已婚者,當然有時也要將年齡及職位因素列入考慮。

  Mrs. Curtis, may I present Miss Brown?

- 將賓客介紹給主人。

  Mr. Wang, this is Mr. Lee,

  Mr. Lee, this is our manager, David Wang.

- 將個人介紹給團體。

  Miss Hsu, I'd like you to meet the class "2A".

◉將較不有名或較不重要者介紹給較重要者。

Bishop Ku, may I present Miss Collinton?

(二)介紹的方式

介紹有自我介紹、介紹一般人、介紹團體等不同的情況，分別說明如下：

■自我介紹

不相識的兩人自我介紹時：

1. 自道姓名，聲音清楚大小聲適中。
2. 男士起立握手為禮，女士點頭為禮。
3. 握手快速、握緊、誠懇、注視對方、面帶微笑。
4. 女士被介紹給年長、高職位者、年長女士或主賓應起立。
5. 女士亦可與男士握手為禮，但是男士應輕握女士指尖隨即放開。
6. 有些地區擁抱親頰為禮，可入境隨俗。
7. 交換名片時字的方向應朝著接受名片者。

以下為實例：

◉中文實例

我是○○公司○○○，這是我的名片，請多指教。

我是○○○，○○公司○○部門，請問貴姓大名。

◉英文實例

May I introduce myself? My name is David Wang.

My name is Mike Johnson, the hostess Mrs. Smith's son-in-law. May I have your name?

I am Mrs. John Kendricks.

How do you do? Mrs. Kendricks, I am James Smith.

It's my pleasure to meet you. My name is John Wang,

Chinese Consul General. May I know your name?

有關介紹的英文語句：

I am so glad to meet you.

I've heard so much about you, Mrs. Cater.

My brother has so often talked of you.

It's been a great pleasure to meet you.

I enjoyed our talk very much.

I am glad to have met you.

■介紹一般人

以第三者身分，介紹不相識者彼此認識時：

1.賓客介紹給主人。

2.在一般社交環境做介紹，先稱呼有名的人、分量較重的人、貴賓、女士、年長者。

3.男士介紹給女士，如果對方男士是教會高僧、皇室成員、總統等，則將女士介紹給他們。

4.聲音要雙方都聽得清楚。

5.姓名、公司、職務要弄清楚，重點要掌握。

◉中文實例

校長，這位是○○公司王○○總經理；王總經理，這位是本校校長葉○○博士。

◉英文實例

Mr. President, I have the honor to present Mr. Ching.

Your Royal Highness, may I present Mrs. Kent?

Mr. Lee, I have the pleasure to introduce to you Mr. Wang.

Mr. Chang, I want you to meet my wife Linda.

Mr. Thomas, may I present you to my wife?

Mr. Thomas, I'd like to introduce you to my wife.

Mary, this is Ted Barrett (Mr. Barrett).

■團體的介紹

將團體介紹給主人時：

1.要先做自我介紹，使大家都認識介紹人。

2.聲音要使大家都聽得到。

3.接待團體時，最好穿制服或穿鮮艷明亮一點的衣服，使目
標顯眼。

4.考慮要周到，男女老少都要兼顧。

5.團體過大時，將團體的主要人士或負責人介紹給主人。

6.對團員不甚熟悉時，請領隊或是負責人擔任介紹團員的工
作。

訊　息　小　站

訪客登記表

時間			來賓		訪問對象			離開時間		備註	登記
月/日	時	分	姓名	公司	單位	姓名	事由	時	分		

第七章
秘書的禮儀修養

一個機構的形象表現、管理是否上軌道，除了壯觀的辦公大樓、齊全新穎的設備外，最重要的還是企業的員工表現，員工的表現絕不僅是指與外界接觸的少數有關業務的工作人員，如主管、公關人員、秘書等，企業的整體形象是每一個工作人員平時的自然表現，除了專業知識、能力、技術外，員工的工作態度、服務理念也是良好形象的重要因素之一，所以辦公室禮儀就成了上班人的必修課程了。而秘書通常是公司對外接觸的第一線，是公司對內對外溝通的橋梁，對於禮儀的要求及修養較一般工作人員更形重要。本章就辦公室禮儀與生活禮儀修養分別敘述如下：

一、辦公室禮儀

辦公室禮儀包括個人的儀容儀態、工作態度、服務理念、工作禮儀等。

(一)上班儀容儀態

上班除了工作能力的表現之外，樹立自己的形象也是一項重要的課題，形象包括外表、行為、態度及內涵。外表的修飾是一種禮貌，裝扮合度，不但可表現精神飽滿，增加自信，也可使別人產生好感和信任。儀態之修養可增加人際關係、產生自信，更應多加注意，以下提供數點參考：

■外表方面

1.服裝整齊、清潔，適合辦公室之工作環境。

2.衣服配件不要太多，適合白天上班配戴，皮包、腰帶式樣、顏色適合服裝搭配。

3.襪子顏色適中，不可破損，平時多備一雙以備不時之需。

4.鞋子配合服裝之包頭船形鞋，跟不宜太高，應保持清潔。

5.涼鞋、休閒鞋不適合搭配正式上班服。

6.頭髮之式樣應選擇適合自己臉型、個性，並保持整潔。

7.化妝合宜，指甲保持清潔，長短適中。

8.下班後之穿著與選擇可稍改變，表現另一種美感。

■行為態度方面

1.工作態度負責認真、真誠自信、表現專業形象。

2.謙虛、殷勤、專注的態度服務人群。

3.培養良好的人際關係。

4.塑造表裡合一的形象。

(二)工作態度服務理念

■建立工作的價值觀念

工作的意義除了是獲取經濟效益之外，也能肯定人生價值，滿足個人的成就感。接受一個工作就要有權利和義務的觀念，雖然目前的工作不一定是自己所期望的，但是仍然要對自己的工作負責，盡量從工作中找尋樂趣，以誠心、用心、愛心及平常心的態度來面對目前的工作，或許因為對工作的努力而產生了興趣，也同時學到了專業技術。如果真的無法適應這份工作，可以利用現在工作的機會，充實自己其他工作的技巧，等待機會轉換其他適合的工作。

■服務的理念

不論從事的是哪種工作，都要抱著是為人群服務的觀念，能為別人做點什麼，不僅肯定自己的價值，也表現了公司的管理精神，留下一個良好的形象。待人處事尊重工作倫理，多包容對方，不要給對方太大的壓力。做事服務熱誠積極快速敏捷，適時、適地、適人，愉快的扮演好自己的角色。

■培養樂觀的人生觀

愁眉苦臉、自怨自艾、驕傲自大,這些都是不受歡迎的個性,當然事業和做人都不可能成功了。想要改變個性不是一件容易的事,但是如果不去做,則更無成功之日。所以後天的努力是必須的過程,培養樂觀的人生觀,改變做人處事的態度,才能達到成功的境界。如何增進個人服務理念,可自以下數點努力:

1. 修飾外表,行為適當:保持優良的態度和儀表,增加自信。

2. 充實自己擴大經驗:工作上精益求精,累積自己的經驗,學習他人的經驗。保持進修學習的觀念,使工作和生活都能擴大知識的範圍。

3. 發揮自己的優點:不論是知識的、技能的、個性的、外表的,都能發揮潛力產生力量和勇氣。

4. 把握機會勇於表現:謙虛固然是美德,但是適時的表現自己,才能有機會得到賞識,展現自己的才華。

5. 學習人際關係的技巧:誠實、熱心、積極、務實、仁慈、忍耐。「助人為快樂之本」、「點燃自己照亮別人」、「己所不欲勿施於人」都是人際關係最高的境界。

■工作禮儀

每一職場都有其文化背景、工作倫理、專業要求,如果不能尊重這種規範或行為模式,一定無法融入其辦公室的文化中。所以應該遵守辦公室的工作禮儀要求,諸如:

1. 上班不可遲到,應五分鐘或十分鐘前抵達辦公室。

2. 上班途中遇意外事件不能準時,應電話聯絡。

3. 進入公司時注意雨具和鞋子的清潔,也別忘了與同事打招呼。

4.公用物品用後放回原處，借他人東西應記得歸還。

5.不應隨便翻閱他人東西，任意打斷別人工作。

6.尊重公司倫理，保持辦公室的公共秩序。

7.不要在辦公室做私人事情，看不相干的書籍。

8.應對進退合宜，在樓梯或走廊遇見主管或客人應請其先過。

9.化妝室不要隨便聊天，洩漏公司機密或是道人長短。

10.下班前應清理自己的辦公桌後離去。

◎二、生活禮儀修養

(一)食的禮儀

一個人吃東西的態度可以很容易看出其個人的教養，而吃也是每天不可少的活動，不論個人家庭用餐，或是外出作客吃飯應酬，都免不了將自己的「吃相」表露出來，因此就不能不在乎平時養成良好的飲食習慣了。

飲食除了講究營養及充飢之外，還要注意清潔、美觀、衛生、愉快，不論中外餐飲的規矩，應該著重平時的訓練，養成習慣，使成為生活的一部分，方能在吃的時候，表現自然的儀態。

■中餐禮儀

中式餐食是我們日常生活每天吃的方式，家庭用餐菜色簡單，配幾道菜也無限制，如是請客宴席則都有一定的配菜原則，由前菜（多半是冷盤）、主菜和點心組成，通常至少十道菜，另加點心、水果，當然有些大排場會更豐富。中餐是我們日常飲食所習慣的方式，但是仍有些規矩為人所疏忽，而成為餐桌上不受歡迎的人物。以下舉出中餐飲食應該注意的一些禮貌提供參考：

1.吃飯端碗，喝湯不出聲，盡量閉嘴嚼食。

2.不要用筷子敲著碗盤叮叮噹噹響。

3.每道菜由主客開始取菜，然後以順時鐘方向輪流取菜。自己取完菜應轉向下一位。

4.不要在菜盤中挑揀所謂有「撥草尋蛇」的舉動。

5.遠處挾菜要恰當，不要有「飛象過河」的動作。

6.坐著不要搖腳，食時不可有挖耳、挖鼻等不雅的動作。

7.飯後殘渣收拾好，不要弄得到處都是剩餘菜渣。

8.坐姿不要妨礙他人，使用左手習慣的人更要當心，不要與隔壁使用右手的人碰撞。

9.盡量少在餐桌上使用牙籤，不得已也要用手遮住，更不可用筷子剔牙。

10.公共場合盡量使用公筷母匙，外國人士可視情況準備刀叉方便飲食。

11.中式餐宴通常是一酒到底，近年來國際宴客也會有餐前酒、席上酒、飯後酒的安排。

12.中式宴會致詞多半在宴會開始時為之。

■西餐禮儀

　　西餐和中餐的用餐方式大不相同，但是既然是吃西餐，就應該對西餐禮儀有一些基本的認識，不論自己用餐或是在工作場合、與人交往或是出國旅遊用餐等，都能表現應有的禮儀修養。良好的餐桌禮節，可以多做練習養成習慣，成為生活習慣後即是品格的一部分，是一種本能自然的表現。以下針對西餐的基本禮儀說明如下：

　　就座離席注意事項如下：

1.就座時從椅子左邊進入就座，離座亦同，如此可避免大家同時入座時相互碰撞。不要只坐在椅子邊緣，坐姿較不穩

重。

2.女士、年長者坐定後，男士才入座。或是等主人請就座時再坐下。習慣上男士為右手邊的女士服務。

3.女士的皮包，可放在自己背部與椅背座位中間；皮包大時放於椅子腳邊，不可掛於椅背上，影響上菜時通道流通。

4.小型宴會應等大家的餐點都到齊後，才開始使用，大型宴會或自助餐則可不必等大家，食物到了可先行食用。

5.用餐速度要與同桌用餐者配合，太快太慢都會造成主人的不便。離席不必清理桌上東西，離開就好。但是家庭用餐，則應協助收拾善後。

餐巾使用禮節如下：

1.餐巾太大時，對摺成三角形或長方形，摺角向外置放於腿上，不要插在衣褲腰帶上。

2.餐巾除用來抹口或是擦拭手上之汁液外，不可用來擦拭餐具、擦汗，或其他不雅用途，擦嘴時用餐巾的四個角落為之。

3.遇到有潑灑之食物，可用餐巾撐起遮擋，但是不要插在襯衫領口上。

4.用餐中暫時離席，餐巾放在椅子上或椅背上。用完餐後，將餐巾稍摺一下放在桌上左手邊或餐巾碟上，有污漬部分摺在裡面。

用餐禮節如下：

1.自餐盤最外之餐具開始使用，亦即從盤子兩邊最遠者開始使用，用完後放在盤子上，以待取走。另上一道菜時，再用最外邊之餐具。如無把握，可跟隨女主人之步驟使用（圖7-1，圖7-2）。

2.餐具根據上菜的順序排列，一般稍正式的西餐有開胃菜（appetizer）、湯及麵包（soup & bread）、生菜沙拉（salad）、魚或海鮮主菜（sea food）、肉類主菜（meats）、甜點（dessert）、水果、咖啡或茶（coffee or tea）。餐具放置右邊為刀、匙，左邊為叉，前方為飯後甜點叉、匙。

3.右邊的飲料杯、酒杯，左邊的麵包碟是自己的，切記不要弄錯了。右邊的杯子，靠中間的最大杯子是水杯，其次配合上菜向右邊依次放置白酒杯、紅酒杯等。不喝飯前酒可點用礦泉水等不含酒精的飲料。

4.用餐時，不要拿著刀、叉、匙在桌前飛舞，強調你的談話。

5.以右手持刀，左手持叉，叉齒朝下，用刀切割食物，然後用叉將食物送入口中，切記不可用刀扠食物放入口中。食物宜切一塊吃一塊，每塊不宜太大，以一口之量為原則。

圖 7-1

餐具擺置相片

圖 7-2

餐具擺置圖

6.用餐中，如要將刀叉暫時放下，有數種方式，最常用的方
　式是：將刀叉放置餐盤前緣上，成八字形，另一種方式是
　將刀叉架在餐盤和桌子上成八字形（**圖 7-3**）。

7.用過之餐具要放在盤子上，一般採用之方式為：刀、叉平
　行以四十五度置於餐盤上，也就是刀叉把手對準四點鐘方
　向，握把向下，刀在右，叉在左，刀口向內，叉尖向上。
　或是刀右叉左交叉置於盤上，用過之餐具不可置於餐巾上
　（**圖 7-4**）。

8.任何用過之匙不要置於杯、碗，或蛋杯內，要放在盤上或
　托碟上，除非托碟太小，才將匙放在杯中。

9.吃肉類如牛排有很嫩（rare）、五分熟（medium rare）、七
　分熟（medium）、全熟（well done），可根據個人喜好定
　餐。吃時由左向右切一塊吃一塊，不要一口氣將食物全都
　切成小塊堆滿餐盤，顯得雜亂且肉類容易冷掉。

10.不要用茶匙一匙一匙喝咖啡、巧克力和茶。如要放方糖應
　　先將方糖放在匙上再放杯內，避免直接放入咖啡濺出杯

圖 7-3

中途休息刀叉放法

圖 7-4

用完該道菜刀叉放法

外，奶精糖粉則可直接加入。茶匙攪拌完畢應放在托碟上，拿起杯子喝即可。

11. 一般來說西餐的清湯及熱湯多用淺盤，濃湯則多用帶耳的湯杯盛置。喝湯用匙由湯盤靠自己這邊向外舀湯，自匙邊喝之，不要將匙全放入口中（**圖 7-5**）。

12. 不要彎著身子靠近湯盤去喝湯，西餐應以食物就口，而非口就食物。

13. 除非在家中，否則不要將麵包或餅乾弄碎放在湯裡食用。

14. 湯快喝完時，可將盤由內向外稍豎起將湯喝完。

圖 7-5

喝湯方式

15. 用杯裝的湯，可用匙或直接單手端杯喝之。

16. 法式起司酥皮湯可用匙自碗面取少許起司先食，再自洞中喝湯。此外亦可用刀或叉順著碗邊將起司切入湯碗，再用湯匙食之。

17. 湯喝完了，將匙放在盤中，把手在右。如為湯杯，則匙放在托碟上。

18. 麵包自邊撕成小塊塗奶油食之。如為硬麵包則用刀切塊塗奶油食之。

(二)衣的禮儀

服裝可以穿出一個人的身分、地位，也可看出一個人的教養，甚至可以代表一個國家的文化傳統，及其經濟能力的反映。在職場工作時，不同的工作環境、公司背景和工作性質決定穿著的服裝，以適合身分及配合工作安全為最重要。穿著也代表專業能力，不當的衣著不但形象不佳，更可能影響升遷的機會。秘書

工作者職場的穿衣學問不能不注意。

衣服的整潔得體，常令人興起歡娛的感覺，可以增加自己的自信，服裝要配合自己的身分和年齡穿著，在不同的場合應穿合適的服裝，要衡量自己穿得漂亮，基本的原則應該講求整齊、清潔、合身、合時、美觀爲宜。職場中辦公衣著大都有所要求，尤其與外界接觸較多的公共關係人員、秘書、業務人員等，高階主管更是隨時保持上班的正式穿著。上班穿著注意事項說明如下：

■男士上班服

男士上班穿著有正式西裝、半正式西裝、外套、西褲、襯衫、領帶、襪子、皮鞋、飾品等。

1.西裝（black suit）：以深色爲主，是屬於很正式（formal）的上班服，深灰、深藍、棕色都是適當的選擇，全黑色西裝配黑色領帶是特別場合的穿著。西裝材質不要太顯眼，淺色較不莊重，不適合重要場合。西裝有雙排釦和單排釦，坐下時西裝釦是可打開的，但站立時，特別在講台上或是照相場合，單排者則扣上面一或兩個釦子即可，不要全扣上顯得呆板，但是雙排釦則應全扣上，否則前緣會拖長影響整齊美觀。口袋蓋應放出來，也不要在口袋裡放東西，影響衣服外觀。

2.半正式西裝（semiformal）：有時在平常上班場合，西裝上衣和褲子可不同顏色穿著，稱爲上班便服（lounge suit）。這種穿法較輕鬆舒適，但是不是隨便，如非公司有特別重大慶典舉行、重要貴賓蒞臨或是自己是上台演講報告者等事項，平時都可這麼穿著上班。

3.襯衫：穿西裝盡量配長袖襯衫，尤其是主管階層，如因氣候因素，一般職員可穿短袖襯衫打領帶。襯衫以白色最爲正式，其次爲素雅的淺色系列，或是條紋或是細小花紋，

深色襯衫爲普通場合穿著，穿時須配合西裝的顏色和打合適的領帶。

4.領帶：領帶是男士服飾中較多變化的配件，也能展現搭配風格品味，是男士在服裝投資不可省的一環。每天打領帶是男士要修的學分，領帶打好的長度應到褲腰帶，打得太長或太短都不適合。

5.襪子：應搭配深色襪子，長度應穿至小腿一半，原則是坐下時不可露出小腿。襪頭鬆了就別再穿，因爲和別人談話時邊拉襪子是相當不禮貌的行爲。

6.鞋子：與整套西服搭配穿著深色皮鞋，鞋子應擦乾淨。

7.飾品：除了公事包、手錶、皮帶、結婚戒指必需品外，首飾盡量少帶。

■女士上班服

　　女士上班服包含有套裝、洋裝、長褲、鞋子、襪子、飾品等。職業婦女上班服，首要條件是清潔、合身、大方、高雅、耐看，卻不惹人注目爲不變的原則，避免穿常要整頓的服裝，選擇可以互相搭配的色系服裝，將不必要的配飾除去，可以減少因穿著而浪費許多時間。

1.套裝、洋裝、旗袍：上班服可選擇端莊樸素大方的成套套裝，可以上裝和裙子同色，也可以上裝和裙子不同色，搭配合適美觀即可。女士上班服最好不露肩、不無袖，穿洋裝最好準備一件外套，外出或與人談事情時可顯得正式一些。現在對於質料合適、剪裁得體的長褲套裝也可在上班穿著。中式旗袍也是很正式的上班服，不過因爲個人身材因素或是行動的限制，不是普遍爲女士上班族所接受。牛仔褲除非週末還是不適合上班穿著。此外裙子不宜太短，視個人年齡身材調整，以膝蓋上下兩寸爲原則，長裙要不

妨礙工作的情況穿著，過於緊身的衣服也要少穿。

2.鞋襪：樸實的皮鞋，不要穿休閒鞋配正式上班服裝，涼鞋在熱帶地方可以穿著，拖鞋絕不應該穿到辦公室。不過在正式場合應該穿前面不鏤空的船形有跟包頭皮鞋。

女士的襪子顏色式樣應與服裝及場合配合，過於凸顯及花俏之襪子不適合平常上班時候穿著。隨時多準備一雙以備不時之需。

3.配件：女士服裝的配件如皮包、皮帶、飾品等搭配得體，才能發揮服裝的功效，不當的配件使人看起來庸俗不堪，破壞了服裝整體美感。不論皮包、腰帶、髮飾、耳環、胸花、項鍊、戒指、手環等之佩帶，都要配合時間、地點、場合。酒會、宴會大型場合，可以搭配花俏大型耳環或閃亮飾品外，一般的原則，身上所有的配件最好不超過七件。合適的服裝儀容是絕對為自己的形象加分的。

4.禮服（dinner dress, dinner gown, evening gown, full dress）：女士在盛大活動應著小禮服，禮服有長到腳背、短到膝蓋上的裙裝，小禮服質料應選絲質、緞質、雪紡紗、蕾絲、絲絨……等質料柔軟的布料來製作。白天和晚上所著禮服其華麗和配飾應有區別。

晚間化妝可比白天濃厚，可選用有點亮度的化妝品，配件可豪華亮麗，皮包與皮鞋可選用金色或銀色。鞋子應著有跟之高跟鞋，除非要與服裝配合，否則應穿前面不露腳指的高跟鞋。不要用毛衣當晚禮服外套，可用披肩或質料好的短外套做外衣。

我國女士可著代表中國傳統的旗袍，在隆重盛大場合可著長旗袍。長旗袍宜長及足踝，袖長及肘，兩邊開叉不宜過高，衣料以綢緞、織錦或繡花者為出色，綴亮片亦能吸引人。長旗袍的穿著可配短外套或披肩，晚近改良式的長旗

袍亦漸流行，因捨棄高領，衣服也較寬鬆，較爲舒適，同時不失美感。中國仕女在參加國際性場合最好穿著旗袍，表現中式禮服的特色。

(三)住的禮節

居住的環境要保持清潔衛生，住處要安全、舒適及便利，注意公共道德，不應妨害他人，與街坊鄰居亦應和睦相處，互相幫助。

在他人家中作客，應配合主人之生活習慣，更不可未經允許隨便使用電話、汽車等主人之財物。

出外旅遊住宿旅館，最好先預訂房間，在旅館不應大聲喧鬧談話或穿著睡衣進出房間，更不能有拿取房間用品等不受尊重的舉止行爲，損害個人、團體甚至國家的名譽。

至於工作的住的禮節應表現在辦公室環境維護中，如個人辦公桌的清理、辦公室清潔、辦公室公務用品的使用與維護等。

(四)行的禮節──搭乘交通工具的禮儀

行走不只是個人的禮貌問題，也關係到整個秩序和安全問題。舉凡與長官、長輩行走間的禮節，乘車、乘電梯、介紹、拜訪等，都關係到個人的禮儀修養與社會倫理之維繫，所謂應對進退合宜合度，是行最好的表現了。

不論自行駕駛交通工具或是搭乘各種交通工具，對於遵守交通規則，以及行駛中的禮貌，乘坐時的車位尊卑等，都要有所認識，以提升「行」的素質。

■使用交通工具的一般禮貌

1.街道有人行道和快車道之分，交叉路口有紅綠燈和斑馬線的設置，無論行人或駕駛，應遵守交通規則。

2.駕車者應尊重公共安寧,少按喇叭,尤其路經醫院學校,應減速慢行、不按喇叭。

3.坐車時,男士應禮讓女士,上車時先開門讓女士先上車,下車時,先下車開門,協助女士下車。對長輩的禮讓,亦應如此。

4.不要占用殘障專用車位(handicap)、座位(priority seat)。

■車位尊卑

坐車時,各種車的車位尊卑不同,座位的大小有一定的基本原則,但是實際運作時,會因為當時的情況而有所調整,有時又會因為主人的安排而「客隨主便」。以下僅就座位的基本原則說明如下:

◉小轎車:

1.有司機情況:不論駕駛方向在左或在右,均以司機右後方為最大,左邊第二,中間第三,司機旁座為最小。如只有三人坐車,第三的位子最好不坐,使後座寬敞些(圖7-6)。夫婦同乘車時女性先上車坐左方,夫坐右側。

2.主人自己開車:主人旁位子最大,後座右邊第二,左邊第三,中間最小。因此如中途主人旁座者先下車,後座者應到前座補位,否則視同主人為司機甚為失禮。不過如在交通繁忙的街道或是後座之人不久也要下車時,則

司機		4
2	3	1

主人		1
3	4	2

圖 7-6

小轎車的座位

可向主人道聲抱歉不必換位子，以免大馬路上換座位危險又會影響車流。如友人開車配偶同行，應禮讓其配偶坐前座，左側行車，後座夫婦可對換座位女右男左，不過客人都以主人的意思爲主（請見圖7-6）。

- 吉普車：不論有司機或是主人自己開車，都是駕駛座旁位置最大，右後次之，左後再次之（如圖7-7）。
- 九人座小巴士：司機後排位置爲最大，再後排次之，右邊又比左邊大，司機旁位置最小（圖7-8）。
- 計程車：前座位小，後座位大，右邊比左邊大。但是因計程車在街上行駛，座位的大小是以安全及方便爲最優先考量（圖7-9）。
- 大巴士：司機後面最前排位子爲大，右邊比左邊大，窗邊

司機	1		主人	1
3	2		3	2

圖 7-7

吉普車的座位

司機	7	8
2	3	1
5	6	4

圖 7-8

九人座小巴士座位

司機		4
2	3	1

圖 7-9

計程車座位

司機
2　4　　3　1
6　8　　7　5
10 12　　11　9
……　　……
……　　……

圖 7-10

大巴士座位

又比走道爲大，不過一般大巴士編排座位以單雙編號，右邊爲 1、3，5、7……，左邊爲 2、4，6、8……（如**圖 7-10**）。

三、公共場所的禮儀

公共場合中最容易看出一個人的禮節修養，禮儀合度的人不但受人尊敬，也到處受人歡迎。公共場所的範圍很廣，舉凡街道上、汽車上、各種會議場所、各種娛樂場所、商店、教堂、公園、圖書館、博物館等都屬之，這些人多的地方，更需要大家遵守公共道德，才能維持公共秩序。

良好的禮儀，絕對不是做表面功夫，而是要靠平時不斷的注意，不斷的改進，才能養成良好的生活習慣，從而一舉一動都能自然表現合宜的禮節，爲他人所尊重。以下分數點說明：

(一)觀賞音樂、戲劇表演的禮儀

觀賞藝術表演提升生活品質是很好的休閒活動，不但滿足自己的興趣，豐富生活的內容，也可以紓解工作壓力、調劑生活、

培養氣質、增加生活情趣。但是對於禮節的要求，對於表演者的尊重，是要一同提升的，有關的禮儀修養是必須養成的。以下為觀賞藝術表演的注意事項：

1. 憑票入場：一人一票，憑票入場，對號入座。亦可按規定購年票、季票或是優待票等方式購票。

2. 遵守兒童入場之規定：除兒童節目外，不得攜帶一百一十公分以下兒童進入演出場所，一方面有些節目兒童不宜，一方面有些節目兒童看不懂，可能會吵鬧不耐煩。

3. 購買節目簡介：進場後可至服務台購買節目簡介，了解演出詳細內容，增加觀賞樂趣。

4. 衣物放置：進入劇院走道前脫下外套、帽子可放椅背或腿上，不要妨礙他人視線。有時也可寄存衣帽間。

5. 覓位就座：有帶位員時女士先行，無則男士先行找位，女士先入座，男士隨後入座。

6. 讓路：節目未開始前，男士應站起來讓別人進入就座，女士則不必起立，如節目已開始，則都不必站起來。

7. 座位尊卑：劇院座位有分區分段不能逾越，應按所持之票就座。如非視線關係男士應坐走道，包廂座席女士、貴賓、年長者坐前座。

8. 遵守錄音攝影之規定：非經許可，不得攜錄音機及攝影機入場。表演中不能照相，應於終場時再照相。

9. 入座離席：必須準時入座，在節目演出中萬不得已不得離席，離席也應在節目告一段落休息空檔時為之。

10. 中場休息：整個表演節目大都有約十五分鐘中場休息時間，每半場約四十五分鐘。也有中場不休息的表演，演出前都會說明。

11. 飲食規定：不得於演出場所攜帶食物、飲料，或吸煙或嚼

食口香糖等行爲。

12.服裝：衣著必須整齊，國外有些首演或演出酒會，貴賓有穿禮服之規定。

13.勿於演出中喧鬧或走動：不僅影響表演、妨礙別人觀賞，還表現出自己不懂禮貌。座位距離較遠，可自帶或租用觀劇望遠鏡使用。

14.動物不得入場：不得攜帶寵物入內。

15.公共道德：務必保持清潔，愛護公物，遵守公共道德。

16.正式重大演出：重大演出於演出三十分鐘前開放入座，而於演出前三分鐘閉門不得進入，遲到要等節目告一段落或中場休息才能進入就座。

17.了解獻花鼓掌之禮節：歌劇、音樂會通常不得在演出中整曲尚未結束時鼓掌叫好，或向舞台擲花，或在中場上台獻花。舞台劇、喜劇、雜技表演，適當鼓掌叫好，有互動的效果。

(二)參觀藝術美術館、博物館

參觀這類公共館舍，尤其要有禮儀的修養，遵守參觀的規定，人多排隊買票要守秩序，參觀時，不能碰觸的物品就不要亂碰，該小聲講話時就不可大聲嚷嚷。維護環境清潔，保持肅靜，少用大哥大，遵守攝影規定，有解說時應尊重解說員之說明介紹。以下各項提供參考：

1.進入參觀必須購門票或憑證或免費進場。

2.記住不要擋在路口或繁忙的通道，保持走道暢通。

3.必須遵守會館所訂的規則。雨傘、髒的鞋子要處理好再進入，不得在館內丟紙屑或垃圾，保持清潔。

4.必須保持肅靜，少用大哥大，帶小朋友校外教學參觀，老

師要教導參觀的禮儀和規矩。

5.不得攜帶手提物品進場，包括照相機、隨身聽、食品等。大型背包可寄放寄物處。

6.進入博物館、美術館後，不得觸摸展出品，如畫、化石、玉石、古物等。除非有「歡迎動手」的標示。

7.許多科學展覽館可以動手實際操作，應按說明步驟運作，愛惜公物。

8.在博物館、美術館內絕對禁止使用閃光燈，也要遵守攝影規定。

9.必須在指定範圍內參觀，不得踰越禁止線。

10.不得在博物館內吃零食、抽煙、喝飲料。一般都會有餐飲服務部，可在此用餐，餐後如再要進入館內可憑票根進出。

11.如攜兒童入內參觀，必須照顧好兒童，不得喧鬧或任憑奔跑，或爬上爬下，不僅影響他人觀賞，也易發生危險。

12.倘患有重感冒、嚴重咳嗽，則不宜進入參觀。

13.愛護公物，保持公共設施的清潔和完好，更不得順手牽羊，偷取公物。或是在圖書館將圖書中某頁撕下帶走。

14.尊重解說員或導遊之解釋介紹，不得隨意干擾。

15.可租用適合語言的錄音機導覽帶，幫助了解。最好先做一點功課，更能有所收穫。

16.注意休館日期，以免白跑一趟。

17.圖書館參考書籍用完應歸還原位或交館員歸位。閱覽書報雜誌後要放好，不要和過期的刊物混在一起。

(三)宗教廟堂

教堂、廟宇是宗教神聖殿堂，尊重不同的宗教信仰，平時進入態度宜虔誠肅穆、遵守規定，例如進入回教、印度教寺廟應脫

鞋，宗教儀式進行時，應保持安靜，對於不同的宗教信仰都應尊重。教堂禮儀簡述如下：

1. 進入教堂態度虔誠莊重，尊重不同的宗教殿宇。
2. 教堂聚會盡可能準時到達，遲到應安靜選擇靠後面位置就座。
3. 服裝整齊，男士脫帽進入。
4. 女士不要濃妝艷抹，用強烈香水。
5. 早到可坐中間位置，晚到應面向祭壇通過別人，並輕聲說對不起。
6. 儀式中遇熟人點頭微笑，寒暄應在儀式結束後教堂外為之。
7. 儀式中傳紙條、耳語、做某些示意姿勢，都不是有禮貌的行為。
8. 除非不得已不要中途離開，如要離開應選擇方便座位，離開時安靜離去。
9. 儀式結束不要擋著門或走道，妨礙他人通行。

(四)其他公共場所禮儀

其他公共場所如道路上、行走時、街上、醫院、公園等，眾人共同使用許多公共設施，在同一地點做類似的事情，因此如何不妨礙他人，遵守公平原則，尊重權利義務，自由平等的行為準則，是個人禮儀的基本修養。

1. 避免在公共場合使自己成為惹人注目的人物，或是大聲講話談笑惹人側目。
2. 不要直接擋著正在走過來的人的路，應靠邊站。
3. 在走動的樓梯上，雨傘、手杖要小心。保留樓梯左邊給趕時間的人通過。

4.不要在馬路上大聲打招呼，引人側目。或是在別人過馬路
　或擁擠的人群中叫別人，不但危險也會妨礙交通。

5.公共場合不談家裡私事或指名道姓談論別人。

6.咳嗽、打噴嚏、打呵欠應掩口。

7.當街飲食應看場合。簡易補妝要快速完成，複雜整妝應在
　私人場合為之。

8.開門、關門動作要輕，人多場合循序漸進，不要插隊。

9.遵守吸煙及不准進入之規定。使用洗手間要保持清潔。

10.不取笑或作弄不同情況的人。

11.公共場合控制脾氣，不叱責服務人員。

12.公共場所不要衣衫不整，奇裝異服。

13.在公園不可摘取花木，保持清潔。帶寵物要清理排泄物，
　　並注意不要傷害到別人。

14.到動物園參觀要愛護動物，不敲打櫥窗玻璃驚嚇動物，不
　　餵食食物或丟東西傷害動物。

四、秘書行政工作有關禮儀事項

　　秘書工作者，禮儀是自身應備的條件，同時在工作中亦是重
要項目之一，從電話的禮節、接待的禮節、集會的禮儀，乃至工
作上主管的社交應酬禮儀等，都是秘書應該了解的工作，本節僅
就秘書對主管工作中有關禮儀事項介紹如下：

(一)贈送禮節

　　平常一個普通人經常會有許多主動的或被動的交際應酬，需
要送禮或參加。一個單位的主管更是因職務的關係，常被有關團
體或個人邀請，諸如婚喪喜慶、展覽會、運動會、開幕典禮等

等。對於這些需要贈禮之事，最好先與主管請示一個原則，以後可以按照原則辦理，或是先處理再呈報主管知曉或是簽稿並陳，可以節省手續的煩擾，在時效上也能相互配合。

主管經常往來的親友、長官或公務上之友人，應將其地址、資料詳列名冊，以便年節可致送卡片或祝福。名冊務必保持最新資料，所以應隨時修正補充。

外國人士特別注重其妻子或家人生日、結婚紀念日等值得紀念之節日，所以秘書應在適當時間提醒主管，有時秘書也會受託購買禮物，此時就要仔細思考，盡量配合受禮者的需要，達到送禮的目的。

贈送禮品或是賀卡，或是拜訪、探病、弔唁送禮、送花等，除了須注意選擇適合及符合禮儀的規矩外，尚應注意時間的配合，如果不能趕上時效，就完全失去意義了，所以最好在記事本上登記，以免遺忘。以下送禮注意事項可供參考：

■送禮的原則

1. 受禮對象：應了解受禮人的嗜好和實際需要，受禮人習慣、宗教信仰、國情等。送打火機給不抽煙的人；送牛皮製品給印度人都是很失禮的。送禮給遠道來客要考慮攜帶方便，不便攜帶的禮物徒增受禮人困擾。

2. 禮品的分量：應與送禮的對象、場合相匹配。過重的禮品對方難以接受，甚至引起誤會；禮太薄則顯得寒傖，贈送禮品必須具有意義和實用。

3. 送禮時機：送禮要把握時效，過早易忘、過遲失禮。大部分送禮都是事前或當時，很少情形是事後送的。尤其喪事是不可以補送的，喜事則可以。

4. 禮尚往來：回禮可視不同情況，有的需要即時還禮，大部分的情形不一定是馬上回，可以先以電話、信函、卡片或

當面致謝，有機會適當時機再行回禮較爲自然。回禮最好配合所收禮品的分量適度回禮。

■送禮注意事項

1. 送金錢、支票的場合要愼重：雖然金錢可能最爲實用，但是對象場合亦要考量。送現金紙鈔要新，並且用信封裝好，上書祝賀或其他適當詞句，左下方簽下姓名送出。

2. 禮品包裝：禮品必須加以美化包裝，在包裝前應注意撕去價錢標籤。包裝前不要忘了檢查禮品有無破損瑕疵。

3. 具名送禮：除親自面遞的禮品外，託人轉交的禮品應貼上送禮人的名片，或寫上姓名，有時收到太多禮品，受禮人不知是誰送的。

4. 送花場合：喜事、喪事絕不能弄錯，各種花種及顏色所代表的意義也最好了解（見本章後面之訊息小站）。

5. 食物類禮品：送水果或食品，要注意其保存期限及是否新鮮。

6. 禁忌：各國各地的禁忌須注意，可問熟悉當國同事、當地使領館、親朋好友、該國商人或向其幕僚打聽。例如中國人不送扇子、傘（與「散」同音），不送鐘（與「終」同音），拉丁美洲人不送手帕（代表眼淚）、刀劍（破裂），日本人探病不送有根的盆花（病生根了不易痊癒）。

7. 非物質的禮物：有時對某些對象最好的禮物不是物質的形式，而是眞心的讚美，充滿誠意的問候、電話、短簡或是適時提供適當的幫助。

■禮品種類

1. 具有代表本國文化的物品：如土產、食品、地區風格產品。不過對外國受禮人應考慮是否能接受食物的禮品或是

能否帶進其國家。送禮還要注意禮品保存期限。

2.能代表本國工業或技術進步形象的產品：如電子產品、著名品牌產品等。

3.具有紀念性的產品：如紀念牌，特別製作的字畫，印章等。

4.具實用性的禮品：如自己公司產品。

5.具食用性的禮品：如代表當地風味的食品，最好送本國人士而且注意保存期限。

6.具榮譽性的禮品：如紀念旗、球、紀念牌、紀念章等。

7.代表團體的紀念品：如錦旗、匾額等，送這類禮品應可供展示較有意義。

8.金錢：包括現金、禮券、支票等，致送的對象和性質要恰當。

9.花類：鮮花、盆景、插花、人造花等。

(二)社交信函

主管經常需要寄些社交方面的信函，這些信件不可耽誤太久，盡可能得到通知就發出，這種信件口氣應真誠、親切，使用主管平日講話或慣用的語調，並應請其親自簽名後發出。如使用電子郵件發信，快速便利又經濟，許多公私務的信函都採用這種方式，但是在社交活動中還是不可避免有些格式仍在運行，所以秘書對於社交信函之製作要有所認識。

■社交信函的種類

1.賀函：主管友人中，經常有些喜事需要祝福或恭賀，這種信件可以用簡短、自然而親切的詞句，最好避免公式化的文句，使人收到讀起來味同嚼蠟。

賀函包括祝賀友人升遷，榮獲某項獎狀或榮譽，榮退或是

到任週年紀念，以及其他值得祝賀之事。茲舉一英文賀函
為例（**圖 7-11**）。

2.慰問函：慰問信函須寫得老練、誠意並簡潔，不要提一些
　人生哲學或是引經據典，要以真誠的心意來慰問對方。
　慰問信函包括弔唁信、慰問疾病或傷害等不幸事件，或是
　對友人失竊或損傷關切等等（**圖 7-12**）。

3.謝函：表示感謝的信件，不要寫得像按公式排列出來一
　樣，要盡量表現出真正歡欣的感情，這種信可以用自己慣
　用自然的語氣，就像給友誼深厚的朋友寫信一樣。
　謝函包括感謝別人為你服務，謝謝別人的招待，謝謝別人
　的慰問或恭賀，對他人贈送禮品致謝，他人應邀演講亦應
　事後數日致謝等等（**圖 7-13**）。

4.邀請函：邀請函可以分為正式的和非正式的，正式的邀請
　函是以請帖方式邀請，非正式的是以短信方式，中式請帖
　格式比較簡單，視婚喪喜慶之性質而發不同形式的請帖。
　西式請帖都以第三人稱發出，字體應使用書寫體，一般帖
　子都是以印刷精美的卡片方式，並附有回條。有些請柬因
　實際的需要，而以中英文並列，這也是目前常見的情況。
　如果小型宴會，參加人數有限，可以用手寫或是以書信方
　式。
　請帖應以全名出名邀請，正式邀請函至少應在兩星期前發
　出。
　邀請函包括宴會、演講會、招待會、酒會的邀請，在家宴
　客的邀請，舞會的邀請，以及迎新或某種捐款會的邀請
　函，此外尚有婚禮請帖、展覽會請帖，甚至結婚或其他紀
　念日的請帖等等。邀請函例另項說明。
　對於邀請某人演講，最好以信件做正式的邀請。對於少數
　人或親密朋友間之邀請，可以用信函方式，更能顯得親切

Dear Mrs. Xxxxxx:

    I just heard the pleasant news of your appointment as manager of Sales Department at xxxxx Company. Congratulations!

    Please accept my best wishes for continued success and congratulations again.

Sincerely,

Xxxxxxxxxx

圖 7-11

英文賀函

Dear Mrs. Xxxxxxx:

    It is with profound sorrow that we heard the sad news of the death of your President. Please accept our sincere condolence and deeply sympathy.

Cordially,

Xxxxxxxxxx

圖 7-12

英文慰問函

Dear Mr. Xxxxxxx:

    Your kind expression of sympathy in regard to the passing of our Chairman of the Board was deeply appreciated.

Sincerely,

Xxxxxxxxxx

圖 7-13

英文謝函

（圖 7-14）。

    5.回帖：中式的請帖發出後，很少用回帖，即便是有回條，也不習慣為人使用。但是在禮貌上被邀請者若因故不能出

（To make Addresses）

University House
Philadelphia, Pa. 19100
May 2, 20____

Dear Judge Bartley:

On June 30 we are to lay the cornerstone of our new college library. If you had not been for your enthusiastic support in arousing the interest of the alumni in the raising of funds, we should probably not be laying the cornerstone this June.

We want you to make the principal address for the occasion as no one else could speak so effectively or so acceptably to both student and alumni. Will you do us the honor to be present and to speak at that time?

Yours sincerely,
George P. Canfield

Hon. Arthur H. Bartely
Annaplois
Maryland 21400

圖 7-14
....
英文邀請演講例

席，應及早回覆或電話通知，使對方方便準備，特別是席位固定，人數有限，若不能去而不事先通知，造成主人很大的不便。有些大型宴會回帖僅請不能參加的賓客回覆（regret only），對參加賓客及主辦單位都可減少麻煩。

西式請帖，若為正式的請帖，回帖也應用正式接受或正式回拒的規格回覆，非正式信函邀請則可用非正式信函回覆接受或不能應邀參加。教堂舉行婚禮或大型茶會的請帖可

不必回覆，其他原則上都應回函，不論來帖用印刷或手寫的，回帖都可用手寫。

6.取消邀請：請帖發出後，因為臨時變故，必須取消或延期原訂的邀約，如果時間來得及，可以用印刷的正式通知；如人數少或時間來不及，則可用手寫的通知單發出。若是能用電話、傳真、電子郵件方式通知，則不失為一快速方便的方法。總之，取消邀請是萬不得已的行動，所以應盡量使受邀請人及早得知及諒解。

■中式請帖例

1.開張柬帖：工商行號開始營業向親朋、同業及社會大眾宣傳所用的請帖。除了印帖分發外，也會在報紙上登啟事以為宣傳。茲舉例如圖 7-15。

2.慶典柬帖：機關、學校、社團、公司行號等舉辦各種慶祝或紀念活動所用的請帖，茲舉例如圖 7-16。

3. 一般柬帖：日常生活中與人往來交際所用的應酬性請帖，舉凡宴會、茶會、酒會、邀約、參觀等都可發帖邀請，以示慎重。舉例如圖 7-17。

4.中西合併柬帖：許多活動邀請中外嘉賓與會，所以為方便起見，可以中西文合併製作請帖，舉例如圖 7-18。

■西式社交邀請函例

1.正式邀請函（formal invitations）：類型頗多，試舉例數例如圖 7-19 至圖 7-25。

2.非正式邀請函（informal invitations）：如圖 7-26 所示。

3.接受與婉拒函：如圖 7-27 至圖 7-31。

本公司謹訂於中華民國○○年○○月○○日○午○時正式開張營業
敬治酒會　　恭請

董事長○○○

光臨指導　　　　　　　　　　　　　　　　○○公司　　　　　鞠躬

總經理○○○

時間：○午○時○分
地點：○○市○○路○○號
電話：○○○○○○○○

圖 7-15

開張柬帖例

謹訂於中華民國○年○月○日（星期○）○午○時假本校中正堂
舉行創校○週年紀念大會　　恭請

董事長○○○

蒞臨指導　　　　　　　　　　　　　　　　　　　　　　敬邀

校　長○○○

地點：○○市○○路○○號
電話：○○○○○○○○

圖 7-16

慶典柬帖例

謹訂於國曆○月○日（星期○）○午○時○分敬備菲酌
恭候

台光　　　　　　　　　　　　　　　　　　　　○○○謹訂

席設：○○○廳○○室
地點：○○市○○路○○號
電話：○○○○○○○○

圖 7-17

一般柬帖例

台中市專業秘書協會

謹訂於中華民國○年○月○日（星期○）下午一時三十分

假台中長榮桂冠酒店 B2F 桂冠廳舉行

第　屆會員大會

誠摯地邀請您的光臨

理事長　○○○　敬邀

敬請回覆

電話：04-234567　吳○○

傳真：04-234568

☐ 準時參加

☐ 不克出席

張○○上　○月○日

Mrs. Margaret Wang

The President of Tai Chung Professional Secretaries Association

Request the pleasure of your company to the 0th Membership's Meeting

Of The Tai Chung Professional Secretaries Association

At 13:30, On November 14, 20 __

The Evergreen Laurel Hotel

R.S.V.P

TEL. 04-234567　Candy Wu

FAX. 04-234568

☐ Accept

☐ Regret

Name：_____

Date：_____

圖 7-18

中西文合併柬帖例

The pleasure of your company is requested
at a dinner
in honor of
Thomas Gray Lawrence
President of the National Company
to be held at the
Parker House
on Wednesday the twelfth of October
at seven o'clock

圖 7-19

晚餐邀請函（Invitations to Dinner）

Doctor and Mrs. Ernest Clark
at Home
on Tuesday November the tenth
from four until seven o'clock
320 Riverside Drive

圖 7-20

家宴邀請函（Invitations to an at Home）

Mr. & Mrs. Gregory Wu
And
Mrs. & Mrs. Leodegario Lazaga
Request the honor of your presence
At the marriage of their
Son and daughter
Francis & Carmen
On Saturday, 20 December 20 - -
At 3:00 in the afternoon at
Mt. Carmet Church
Carmen, Cagayan de oro City

圖 7-21

婚禮邀請函（Invitations to Wedding）

In honor of
The Vice President of the United State
and
Mrs. _____
The Congressional Club
requests the pleasure of your company
at a reception
on Sunday the thirty-first of March
at four o'clock in the afternoon
2001 New Hampshire Avenue

圖 7-22

介紹函之一（Invitations to Receptions）

To meet
Mrs. Edward Howard
Mrs. John Richard Thornton
requests the pleasure of your company
on Friday afternoon, the twelfth of April
from four until seven o'clock
at 7 Lenox Drive

圖 7-23

介紹函之二

Mr. and Mrs. John Richard Thornton
Miss Helen Louise Thornton
Mr. Harold Thornton
request the pleasure of your company
at a dance
on Wednesday evening, the tenth of February
at ten o'clock
at 7 Lenox Drive

The favor of a reply is requested

圖 7-24

舞會邀請函（Invitations to a Dance）

The pleasure of your company
is requested at the
Second Annual Subscription Dance
on Thursday evening,the tenth of October
at half after ten o'clock
at the Susquehanna Valley Hunt Club

Subscription Tickers, # 15
please respond to
Mrs. Frank Stevenson
410 College Road

圖 7-25

認捐邀請函（Invitation to a Subscription Dance）

45 West 119th At.
July the fifth

Dear Mrs. Holmes:

Will you and Mr. Holmes give us the pleasure of dining with us on Friday, July the twelfth, at seven o'clock? We shall be very glad if you are able to come.

Sincerely yours,
Mary R. Fox

圖 7-26

邀請晚餐（Dinner）

Mr. and Mrs. Arthur Wilson
accept with pleasure
Mr. and Mrs. Everett A. Arnold's
kind invitation to dine
on the evening of December the fifth
at 15 Pondifield Road

圖 7-27

正式接受函（formal acceptances）

> Miss Mary Appleton
> regrets that she is unable to accept
> Mr. and Mrs. Frank Grafton's
> kind invitation for dinner
> on Wednesday the fifth of March

圖 7-28

正式回拒函（formal regrets）

> Dear Mrs. Fox:
>
>   Mr. Holmes and I are delighted to accept your very kind invitation to dine with you on Friday, July the twelfth, at seven o'clock, and are looking forward to that evening with great pleasure.
>
>   Sincerely yours,
>
>   Elizabeth Holmes
>
> 52 West Thirteenth St.
> June fifth

圖 7-29

非正式接受函（informal acceptance）

> Dear Mrs. Fox:
>
>   We are sorry that we are unable to accept your very delightful invitation for dinner on Friday, July the twelfth, as unfortunately we have another engagement for that evening.
>
>   Sincerely yours,
>
>   Elizabeth Holmes
>
> 52 West 13th St.
> July the tenth

圖 7-30

非正式回拒函（informal regrets）

Owing to the sudden illness of their son
Mr. and Mrs. Stephen Bishop
and obliged to recall their invitations
for Tuesday, the tenth of June

圖 7-31
取消邀請函（notes canceling invitation）

訊　息　小　站

贈花禮儀

事由／對象	注意事項
誌慶	賀開幕或喬遷宜選用鮮花或觀葉植物，鮮花可美化環境、增加氣氛，觀葉植物可於會後用來美化環境、淨化室內空氣；如劍蘭、玫瑰、盆栽、盆景等，表示隆重之意。
結婚	成家乃人生三大事之一，這樣喜氣洋洋的日子，當然就要送色彩鮮艷亮麗、浪漫有情調的花卉最適合；例如表愛意的玫瑰、代表新婚的火鶴以及象徵百年好合的百合等等，可增進浪漫氣氛，表示甜蜜。
生產	看著兒女呱呱墜地，最高興的就是父母了。母親從懷孕到生產的辛苦，尤其令人佩服，所以在送花時最好挑選色澤高貴及香味淡雅者較佳，例如：代表母愛的康乃馨、表示偉大的海芋等。以送色澤淡雅而富清香的花種（不可濃香）為宜，表示溫暖、清新、偉大。
生日	對於每一個人而言，生日是一個非常重要的日子，送誕生花最為貼切。另外玫瑰、雛菊、蘭花也適宜，表示永遠的祝福。
探病	探病送花宜選用顏色淡雅、香味較淡的花，以粉色系及橙色系者較佳。例如象徵活力泉源的向日葵、表示偉大的海芋等等，劍蘭、玫瑰、蘭花亦皆宜，祝福病人能早日康復。若是百合類的花宜事先將花粉摘除，以免花粉散落，引起病人過敏或不良反應。送花給長期臥病的病人，不宜送盆景（耐久），避免讓人誤會您不希望他早日康復。
喪事	弔唁喪禮，適合用白玫瑰、白蓮花等素花，象徵惋惜懷念之情。
情人節	情人節不需要送貴重的禮物，只要一束示愛的玫瑰花、鬱金香或香水百合，便能使你倆感情盡在不言中。
母親節	母親節除了康乃馨以外，玫瑰、百合亦是不錯的選擇。

訊　息　小　站

（續）贈花禮儀

事由／對象	注意事項
長輩	送花給個性保守的長輩要避免選用黃色或白色的花，尤其整束都是白色或黃色的花。
上司	下屬送花給上司，不論異性或同性，勿亂送玫瑰花，以避免上司誤會你對他有愛意，反而不自在。
朋友	平日多觀察您的朋友最喜歡什麼花和什麼顏色的花，最討厭什麼花和什麼顏色的花，如此方能投其所好、避其所惡。
男性	送花給男生，不宜送康乃馨，因易引起誤會是指他「婆婆媽媽」或「娘娘腔」。

星座花語

牡羊座（03/21～04/20）	星辰花、雛菊、滿天星（熱心；耐心）
金牛座（04/21～05/21）	黃玫瑰、康乃馨、金彗星（溫柔；踏實）
雙子座（05/22～06/21）	紫玫瑰、卡斯比亞、羊齒蕨（神秘；魅力）
巨蟹座（06/22～07/22）	百合、夜來香（感性；柔和）
獅子座（07/23～08/22）	粉玫瑰、向日葵、禪菊、熊草（高貴；不凡）
處女座（08/23～09/23）	波斯菊、黃鈴蘭、白石斛蘭（脫俗；潔淨）
天秤座（09/24～10/23）	非洲菊、火鶴花、海芋（自由；爽朗）
天蠍座（10/24～11/22）	嘉德利亞蘭、紅竹、文竹（熱情；非凡）
射手座（11/23～12/21）	瑪格麗特、素心蘭（活潑；開朗）
魔羯座（12/22～01/20）	紫色鬱金香、紫丁香（堅強；積極）
水瓶座（01/21～02/19）	蝴蝶蘭、蕾絲花（智慧；理性）
雙魚座（02/20～03/20）	愛麗絲、香水百合（浪漫；開放）

訊　息　小　站

各種花語

罌粟花：多謝	羽扇豆：空想	紅玫瑰：相愛
鬱金香：愛之寓言	紫羅蘭：永恆之美	雞冠花：愛美矯情
紫丁香：羞怯	愛麗絲：穩重	石斛蘭：任性美人
大理花：感謝	文心蘭：隱藏的愛	金針花：歡樂；忘憂
桔梗：不變的愛	滿天星：喜悅；愛憐	孤挺花：喋喋不休
白山茶：真情	白頭翁：淡泊	百合：百年好合
康乃馨：親情；思念	夜來香：危險快樂	海芋：宏偉的美
金盞花：離別；迷戀	波斯菊：永遠快樂	萬壽菊：吉祥
石竹：純潔的愛	劍蘭：用心；堅固	火鶴花：新婚；熱情
水仙：高節自信；尊敬	瑪格麗特：情人的愛	蕾絲花：惹人愛憐
蓮花：默戀	太陽花：神秘	姬百合：快樂；榮譽
向日葵：愛慕；崇拜	風信子：競賽；恆心	天堂鳥：為愛打扮
翠菊：擔心	菊花：真愛；高潔	非洲菊：神秘；崇高之美
蝴蝶蘭：幸福漸近	小蒼蘭：純真；無邪	牽牛花：愛情永固
飛燕草：關愛	金魚草：好管閒事	星辰花：勿忘我

第八章

電話的使用與禮節

電話禮儀是辦公室禮儀的第一個要求，是表現員工服務品質工作態度的企業形象，工作中能用電話解決的事項更是占了工作的大部分數量。電話是解決問題的最快速工具，使用電話解決問題，可以節省因見面往返所需時間及費用，電話也是表現企業的文化、形象和公共關係最有力的工具。

一、電話禮節的重要

由於電話的技術不斷改進，在這個處處爭取時效的工商業社會中，電話的功能日益顯著，許多事務都可藉由電話解決，節省了很多時間。接電話者是顧客第一個接觸的對象，因此當你一拿起話筒，就立刻可以顯示出其電話的禮儀修養、公司的管理風格、公共關係上的技巧。所以每一位工作人員，對於電話的種種規定、電話的使用都應充分了解，使本身及工作機關與顧客建立良好的關係，促進業務的發展。

一家公司的電話禮儀，代表企業的文化，從總機到職員至經理等主管階層，都有直接的關聯，公司的形象雖然是靠全公司由下至上所有工作人員累積起來的。但是電話是最容易使對方留下深刻印象的工具，電話使用的禮節是公司公共關係的第一項要件，任何人都應確實體認電話的影響力。在此講求工作效率、爭取顧客信賴、服務至上的時代，更不能不注意此項最高效率之工具。

三、接聽電話的禮節與注意事項

(一)電話是靠聲音和語調傳達訊息

　　隨時記住，電話線的對方是看不見誰在講話的，他不知道打電話者的表情，他的印象是自線路傳過來的聲音與語氣，通常留給對方的印象百分之七十是你的聲音，百分之三十才是你說的話，如果聽到的聲音不痛快或刺耳，則給對方直覺的反應就是不耐煩與不願繼續說下去的樣子，反之若能充分利用電話這種工具，則可發揮說話最大的功效。接聽電話也不可因對象或事情的不同而給予不同的聲音和表情，有著不平等的待遇。

(二)迅速接聽電話

　　電話鈴響，應放下工作立即接聽，原則不要超過兩聲至三聲，若是採用電話語音系統，最好要在第一聲就接電話，因為打電話來的人已經經過了前面一長串的語音服務了，任何人都不願等了許久而未有人接電話。辦公室電話響了許久無人接聽，不僅使打電話的人緊張以為打錯電話，同時亦產生公司管理不善、同事之間人際關係不佳、沒有互助精神的不良印象。若是正在講另一電話應請對方稍候。拿起後來之電話，若能馬上幾句解決之事，可馬上解決，若不能則請留下電話號碼，稍後回話。

(三)注意電話禮貌

　　雖然電話使用非常普遍，但是關於電話禮貌，卻常為大眾所疏忽。電話禮貌要成為生活的習慣，絕對不可認為到時候就會注意了，一旦發生錯誤或誤會已是來不及了。所以要隨時記住講話

的對象是電話線那頭的人而非手上拿的話筒,若是接聽電話不當心,不但造成本身工作之不利,更為服務機關帶來莫大的損失。

電話禮貌的細節,平時報章雜誌都有記載,電話使用人亦多半了解,但是主要的問題就是實行的困難,諸如接電話不要與人開玩笑,不要貿然猜對方的姓名或是來電目的,張冠李戴既不禮貌又顯突兀。如何在使用電話時注意禮貌,這就要靠平時不斷的注意,不斷的改善缺點,養成習慣,長久下去,拿起話筒就自然而然的有禮貌了。

(四)判斷電話處理方式

接了這通電話就要負起這通電話的責任,拿起話筒後,應知道如何答話,分析談話的對象及其所談之問題,何種問題由本身解決,何種轉由主管接聽,何種應轉由其他單位回答。良好的電話交談,應該是要把握正確、簡潔、迅速、慎重其事的原則。

(五)轉接電話

每個工作人員要熟悉公司組織、各單位職掌,本部門不能解決之問題,應轉有關部門回答,轉接前告知主辦單位名稱或分機號碼,以免轉接失敗對方可直接打電話聯絡。如果來電者身分地位特殊,最好不要轉電話,可請留下電話,等問清楚回覆或是請承辦人馬上回覆。

(六)記錄電話內容

隨時準備紙筆,以便記錄電話內容,不可認為事小或本身記憶好而不記錄,殊不知往往因工作忙,而雜事又多,因而忘記電話所談之事,從而影響大局。如替人接電話留言最好使用電話留言條,可留下清楚的紀錄。

留言時對某些容易誤解之字應用拼字方式表示,如「言」

「午」許，「立」「早」章，"Boy" B，"Peter" P，"Mary"
M，"Nancy" N 等。此外告知地點也要說出附近明顯目標，方
便對方尋找。

(七)留心對方講話

許多人常常一面聽電話，一面做其他事情，聽電話漫不經
心，等對方說完了，才不知剛才說了些什麼，又請別人重複，這
種情形非但不禮貌，又浪費彼此的時間。更不要因人因事之不
同，而以不同的表情和聲音對待打電話的人。

此外對於鄉音太重、口音不同的對象，聽話時更應特別注
意。

(八)聽不清楚的電話

電話聲音嘈雜或對方口音不清，應客氣的請對方重複一遍，
以免弄錯影響工作。電話在講話中忽然中斷，應立即掛上，若為
發話人，應再撥一次，並道歉電話中斷，然後繼續談話。

(九)離座時電話交代

有事離開工作崗位，應請他人代為接聽電話，並請將電話內
容留下，以便回來後處理。

(十)主管電話處理

為了幫助主管能有效率的處理公務，不受不必要的電話打
擾，適當的過濾電話是有必要的。主管不願接聽之電話，應有技
巧回覆。

(十一)掛電話方式

電話用完，絕對要輕放話筒，不應使對方聽到刺耳噪音。掛

電話時方向要對，不要使電話線打結，造成下次使用者之不便。

　　在要掛電話說「再見」的時候，應該讓打電話來的人先掛電話，太快掛電話使對方有透不過氣來的感覺，或是有一種你太忙而對他的生意及事情不感興趣或認為不重要的印象。所以在說完「再見」後應隔幾秒鐘，讓對方想想還有沒有事沒說完，等他掛了，再輕放話筒。

三、打電話時的禮節與注意事項

(一)提供資訊準備資料

　　先說明自己姓名、機構，使對方馬上進入情況，以節省用電話的時間。如需要見面接洽事務，亦可先打電話聯絡問清楚須備物品，確定適當到訪時間。

　　準備談話內容及資料，打出電話要有價值觀念，所要談之事應先有腹案，不應毫無準備，而浪費時間和金錢，甚至談不出結果。打電話談論事情之有關資料，亦應蒐集在手邊，以便隨時參考，不要說到哪兒才找哪兒的資料，使雙方都感不便。

(二)使用正確的電話號碼，節省用電話的時間

　　打電話前，查清楚號碼，不可憑模糊的記憶打錯號碼，造成他人的困擾和不便。

　　不論打出或是接聽電話都應控制時間，否則公司的電話線路有限，占用太久可能影響許多需要交涉的事情因電話占線而無法撥通，造成公司的損失、顧客的不便。正確的電話交談應具備正確、簡潔、清晰、慎重、迅速等要件。

(三)塑造聲音形象

使用電話，聲音一定要表示愉快，拿起電話做出微笑的嘴型，會產生甜美聲音的效果。聲音大小、說話速度都要合適，嘴裡不應咬著鉛筆、口香糖、香煙等說話。

講電話時絕對不可生氣，應該忍耐和同情對方，千萬不可表示不耐煩。

(四)注意非語言的訊息

除了專業的技巧之外，不可忽視非語言表達的訊息，諸如誠懇耐心的態度、理性情緒的掌控、聲音語調的適中、周圍環境的干擾，以及應有的電話禮貌等。

(五)顧慮應周到

當主管有重要而須保密的電話時、如有訪客在場，應設法離開回話，如主管在打電話時或與人談話時，有非常重要的事或訪客，應立即以紙條告之。

電話機周圍不要放置容易打翻的東西，如茶杯、花瓶之類，以免不小心打翻造成困擾。

(六)選擇適當打電話的時間

打電話應考慮對方休息時間、特別忙碌時段、國際電話的時差等，除非緊急事件，避免增加他人的不便。

(七)掌握英文５Ｗ２Ｈ的要點

掌握 Who 、 What 、 When 、 Where 、 Why 、 How 、 How Much 這幾項要點，就不容易在通話時漏了消息，影響公務了。

(八)答錄機留言

利用答錄機留言，要說明姓名、公司、日期、時間，留話給誰，並留下聯絡電話或方式。留言簡單清楚，不開玩笑，不要在答錄機上留下機密的、激動的或困窘的留言，收到他人留言也要尊重他人隱私。

四、電話留言條的使用

在辦公室工作中，除了直接回覆的電話外，有許多因主管不在或代同事接聽電話，為了使受話者回來了解電話情況，可以立刻處理，使用電話留言條是最周到的方法了。

留言條內應包括項目及注意事項如下：

1. 通話日期與時刻：以免受話人隔日才回電或重複回電情形。
2. 通話者姓名之正確寫法或拼法：以免回電話時弄錯了姓名，不但尷尬，也不禮貌。
3. 通話人公司行號名稱。
4. 接洽或待辦事項：使受話人了解，可以採取適當之行動。
5. 記下通話人之電話號碼：問明是請受話人回電或是對方再打電話來，在問對方電話號碼時，雖有人會說「他知道我的電話」，但是為防萬一，仍應問明記下較好。
6. 簽名：留言條後，如受話人為主管，可簽上自己的名字或一個字代表，但如替他人接電話，記錄下來時，應該簽自己的全名。
7. 寫好留言條：最好向打電話者重複念一遍，以免錯誤，誤

會意思或遺漏交代事項。

西式電話留言條格式如圖 8-1 。

中文電話留言條格式如圖 8-2 。

To:			
Date:		Time:	A.M/P.M.

WHILE YOU WERE OUT

From:　M

of:

Phone:

TELEPHONED		PLEASE CALL	
CAME TO SEE YOU		WILL CALL AGAIN	
WANTS TO SEE YOU		CALLED TO SEE YOU	
RETURNED YOUR CALL		URGENT	

Message

Message taken by:

圖 8-1

西式電話留言條

電話留言條

受話人姓名：_____

日期：_____ 時間：_____

發話人姓名：_____

機構：_____

電話：_____

打電話來	請回電話	
來電請去見他	將再來電	
要來看您	緊急事項	
回您電話		

留言：_____

_____

_____

_____

_____

_____

_____

_____

接話人：_____

圖 8-2

中文電話留言條

五、主管電話之處理

　　爲了幫助主管能有效率的處理公務，不受不必要的電話打擾，適當的過濾電話是有必要的，秘書必須很快判斷外來電話哪些是主管一定要接的、哪些可以打個招呼，後續工作由秘書接手、哪些是秘書可以自行接話處理的，都要很快的用正確的判斷能力處理，千萬不能以身爲主管左右手，認爲任何事跟你說也一樣，如此不但失去電話應有的禮節，也侵犯了主管的職權。此外爲主管打不同地區的電話要知道時差的不同，主管私人電話號碼應該保密。

　　替主管接打電話可注意下面數點：

1.主管若在辦公室而且有空，則了解是何人打電話來，請對方稍待，然後接給主管告知何人來電話請接聽，若是經常往來的朋友，則可直接將電話接給主管。

2.主管在辦公室，但是因有事不希望被打擾，則禮貌的告知對方，主管有約無法分身，是否可留言，假如對方堅持要主管接聽，可請他過一會再打來，或是留下電話，請主管有空再回電話。

3.主管在公司，但是在另一間辦公室，秘書應確實了解主管是不是願意離開其自己辦公室時接聽電話。不過通常在緊急的電話情況下，應該轉請主管接聽。

4.主管要秘書接通某人電話時，秘書通常接通接話人後才請主管接聽，如果對方是秘書先接，則請告知某人致電其主管，然後請自己主管與對方講話，打電話給對方主管，最好不要讓對方在電話線上等著接打來的電話。應該是主管

先在線上等待對方來聽電話，除非打出電話的主管職位較高，可請對方等著接主管講話。

六、秘書可以處理的電話

(一)索取資料

如果確定對方索取的資料可以給予，如簡介、產品目錄等，則可直接答覆；若不能確定所要資料可否公開，則最好先請示上級或轉請有關部門回覆。

(二)訂約電話

訂約電話，秘書在答應或回覆前，應核對主管日程表後才做確定。若主管當時不知，應在主管回來後盡快說明，以免也許主管自己訂下其他約會而未告知秘書，發生時間的衝突，有此情況，應盡速通知改期。

(三)轉達消息電話

來電僅為告訴主管某些消息或資料，秘書可將消息或資料內容記下，盡快送到主管桌上即可。但是下次見到提供消息者時，應請主管當面致謝。

(四)轉接其他單位之電話

電話內容並非秘書或其主管可以答覆的問題，即徵求發話人的同意，告知其事件處理的單位和分機後，轉到有關單位回覆，若發話人不同意，則秘書可將事情打聽清楚，再打電話回覆。應注意的是，在轉電話時，應確定電話確已接到有關部門，如果可

能，秘書應先對有關單位說明電話詢問的問題，以免發話人再重複提出問題，費時又費力，增加不便。

七、困擾電話的處理

既然電話在日常生活及工作中都占有不可或缺的地位，難免也會遇到一些棘手的電話，特別是在公務上，稍不小心，發生爭執，便造成不可彌補的錯誤。

(一)不說姓名的電話

特別是總機或是秘書助理人員接到找主管的電話，應與主管協調處理方式及可接電話的程度，客氣地請說姓名以便通報，對方若堅持可以直接找主管談，則可請問何事轉告上司，此時可稱主管開會或有客人的藉口，如果仍不能得知姓名，如主管不在則只好請其稍後聯絡，主管在就要看主管的意思決定了。

(二)查詢的電話

作為一個公司的職員，對於公司的組織、背景、產品或服務項目都應有相當的認識，如有查詢電話，盡快給予滿意答覆，不甚清楚之問題，應問清楚再回覆，若是請承辦單位回答，應確保電話接通及獲得滿意答案。

(三)抱怨電話

抱怨是任何公司都可能會面臨的事，通常不一定是對接話人。抱怨電話通常不是喋喋不休，就是破口大罵，這時一定要沉住氣，同意他的看法並致歉意，聽完怨言，待對方稍冷靜時，再做解釋，或馬上處理，避免爭辯，以免火上加油，不可收拾。處

理這方面的電話，除非自己能掌握之事務，否則不應輕易承諾，以免造成自己、同事及公司的困擾。抱怨電話，有時亦可在適當時候，請上司出面使對方覺得受到重視而減低怒氣。

(四)糾纏不清的電話

辦公時間，接到談不完的電話，不但影響工作，也使電話占線、影響公務。所以應單刀直入找個理由，如開會、主管找你等來打斷電話，或是請同事在旁故意提醒你，有國際電話，適時化解困境。

(五)致歉的方式

有時眞的在電話中得罪別人，或是錯誤在我，或是先前匆忙不客氣掛了電話，可以在適當的時候打電話致歉。如果錯誤嚴重，還可另用書函補充說明表示歉意，或是約定時間，親自拜訪，對方一定可以接受致歉，了解你的誠意的。

八、行動電話的禮節

行動電話的使用非常普遍，在許多公共場所行動電話一響，常常見到好幾個人同時檢視自己的電話，可見行動電話的使用率之高了。行動電話帶給人們方便是不可否認的事實，但是在公共場所不懂禮貌妨礙別人，造成困擾，似乎大多數人都認爲不是什麼大不了的事。

禮儀不僅是社會的規範，最重要的一個觀念就是除了自己方便和喜歡之外，是否影響侵犯到他人的權利，所謂你的自由應不侵犯到他人之自由才是眞正懂得自由的道理。所以行動電話的使用應該要遵守一些禮節：

訊　息　小　站

結束麻煩來電用語

✎ I am sorry, but I have a call on another line.

✎ I'd like to talk longer, but I'm due at a meeting now.

✎ We must continue this at another time, for I have an important letter I must finish it.

✎ Excuse me, but Mr.xxxx has just buzzed for me to take a message.

1.公共場所如電影院、圖書館應關機或改為震動方式收訊。

2.聽演講、音樂會、看戲劇表演,都應關機。

3.開車不能用手拿話機講話,這是法令的規定。

4.飛機上不僅行動電話要關機,其他電子儀器也不能開機使用。

5.在餐廳、電梯或是交通工具上應小聲交談,長話短說。

6.學生上課更應關機,常見上課中手機此起彼落,不但不尊重師長,也影響了同學聽課的權利。

7.語音信箱留言簡單扼要,姓名、電話號碼、時間不可遺漏。

8.國際漫遊了解付費方式,不少國際漫遊是雙方都要付費的。

9.簡訊的使用不要侵犯他人隱私或作為詐騙工具。

九、中文電話良言美語

- 對不起、謝謝、請。
- 某某公司您好,請問您找哪一位?

  不要說:「你哪裡?你找誰?」
- 請稍等一下好嗎?

  而不是說:「我沒空,不知道,我怎麼知道?」
- 對不起打擾了。
- 謝謝您打電話來。

  不要說:「我很忙,明天再打來好了。」
- 非常謝謝您的提醒,謝謝您的幫忙,謝謝您的意見。

  而不是傲氣專橫的說:「不可能的,沒這回事,知道了你
  不要再說了。」
- 非常抱歉這是我們的不是,請別介意。
- 麻煩您真不好意思。
- 您看這樣好嗎?這樣可以嗎?
- 對不起,讓我們商量一下好嗎?

  不要說:「我只能如此,我沒辦法。」
- 對不起,請等一下,我再查查看。

  而不是說:「不可能的,沒這回事。」

十、英文常用電話用語

- Mr. Martin's office,(Sales Department)Miss Chang
  speaking. May I help you? 馬丁先生辦公室(業務部),我

姓張，能爲您服務嗎?

◎ What can I do for you? 能爲您服務嗎?

◎ Mr. Smith is not in his office right now. May I help you? 史密斯先生現在不在辦公室，我能爲您服務嗎？

◎ I am sorry, he is busy on another line, may I take a message? 抱歉他正在講電話，能爲您留話嗎？

◎ May I take a message? 您要不要我幫你留話呢？

◎ Would you like to leave a message? 您要不要留話呢？

◎ Would you care to leave a message? 您要不要留話呢？

◎ He's not in his office at the moment. May I tell him who called? 他現在不在辦公室，要我告訴他哪位打電話來嗎？

◎ Mr. Smith is talking on another line.Would you care to wait or may I ask him to call you? 他正在講電話，您要等一會兒還是請他回電呢？

◎ I am sorry, he is not in at the moment, would you like to leave a message?

抱歉，他現在不在辦公室，您要不要留話呢？

◎ I am sorry, he is in a meeting right now, would you like him to call you back when he returns? 很抱歉他現在正在開會，您要請他回來後回電嗎？

◎ I'm sorry, Mr. Smith will not be in the office today. May I help you or may I ask him to call you tomorrow? 很抱歉史密斯先生今天不在辦公室，我能爲您服務嗎？或是請他明天回您電話？

◎ Mr. Smith won't be in the rest of the afternoon. However, I expect to hear from him shortly. May I give him a message? 史密斯先生今天下午不在辦公室，可能一會兒會聯絡，您要留話給他嗎？

◎Mr. Smith is out of the office until later today. May I have him call you when he returns? 史密斯先生今天要晚一點才在辦公室，您要他回來後回電嗎？

◎Mr. Smith is on vacation this week. Can someone else help you? 史密斯先生這星期休假，能請別人為您服務嗎？

◎Just a moment, please.請稍待。

◎Hang on a moment please.請不要掛斷。

◎Hold on a minute, please.請稍待片刻。

◎Hold on a moment, please.請稍待片刻。

◎Will you hold the line, please.請你稍待片刻好嗎？

◎That's right.對的。

◎Will you please hold the line for a moment while I refer to our records? 請你稍待片刻好嗎？我去查一下紀錄。

◎Please wait a moment while I check the record for you.請你稍待片刻好嗎？我去替您查一下紀錄。

◎I am sorry, but you have the wrong number.抱歉您打錯電話了。

◎I am sorry, I think you have the wrong number. What number were you calling? 抱歉您打錯電話了。您打的是幾號呢？

◎May I ask who is calling, please? 請問您是哪位？

◎May I tell him who's calling please? 我能告訴他哪位打電話來呢？

◎Who is calling, please? 請問您是哪位？

◎May I have your name, please? 可以請問你的大名嗎？

◎I am sorry, could you repeat your name? 抱歉，能再說一次您的大名嗎？

◎Could you spell your name, please? 請您拼一下您的大名好嗎？

◎I'll transfer your call to Mr. Wang's office. Please don't hang up.請不要掛斷電話，我將您的電話轉給王先生。

◎I'll transfer this call to Mr Philips in the insurance department. 我將您的電話轉給保險部門的菲利普先生。

◎May I speak to Mr. Lee? 我可以找李先生講話嗎？

◎I'd like to speak to Mr. Lee, please.我找李先生，謝謝。

◎Thank you for calling.謝謝你的來電。

◎Would you mind repeating that information? 請您再說一次好嗎？

◎Could you possibly speak a little slower? 請說慢一點好嗎？

◎I am sorry to have kept you waiting. 抱歉讓你久等了。

◎Thank you for waiting, Mr. White.白先生，抱歉讓你久等了。

◎I'll call you back soon.我待會兒回你電話。

◎Thank you for reminding me.謝謝你提醒我。

◎Sorry to interrupt you.抱歉打斷你的話。

◎Mr. Smith of ○○○ Products Corporation is calling Mr. Jones.○○○公司史密斯先生請瓊斯先生聽電話。

◎Mr. Smith of ○○○ Product Corporation is calling you, Mr. Jones. Here he is.瓊斯先生，○○○公司史密斯先生請您聽電話。

◎I'm terribly sorry.我非常抱歉。

◎Is this the Lee residence? 這是李公館嗎？

◎Is this the Lee's? 這是李公館嗎？

◎May I ask who is calling, please? 請問你是哪位？

◎Your name and phone number, please?請問你的大名及電話？

◎Will you speak a little louder, please?能不能請你講得大聲一

點？

◎Will you speak more slowly, please? 能不能請你講慢一點？

◎I can't hear you very well.我聽不太清楚。

◎Should I call you back? 要不要我打過去給你？

◎I'll be waiting for your call.我等你的電話。

◎I'm glad that you called.很高興你打電話來。

◎He is not in right now.他此刻不在。

◎He is out at this moment.他出去了。

◎He is on another line.他在講另一通電話。

◎I'll get him to the phone.我請他來聽電話。

◎What can I do for you? 有什麼事要我效勞的嗎？

◎Could you tell me when he will be back?能告訴我他什麼時候會回來嗎？

◎This is Mr. Lee.我是李先生。

◎This is Mr. Lee calling.我是李先生。

◎This is Mr. Lee speaking.我是李先生。

◎Please ask him to call me back as soon as possible.請他盡快回電話給我。

◎Please tell him I'll call again later tonight.請轉告他，我今晚稍後再打給他。

◎Who do you want to talk (speak) to? 你找哪位？

◎My phone number is 700-8281.我的電話號碼是 700-8281 。

◎I can be reached at 700-8281.打 700-8281 可以聯絡到我。

◎Does he know your phone number? 他知道你的電話號碼嗎？

◎I beg your pardon. 抱歉，請再講一遍。

◎Pardon me. 抱歉，請再講一遍。

◎I'd like to place a person-to-person call.我要打個叫人電話。

◎I'd like to place a station-to-station call.我要打個叫號電話。

◎I'd like to place an overseas call to New York.我要打個國際電話到紐約。

◎I'd like to place a collect call to Taipei, Taiwan. 我要打個對方付帳電話到台灣。

◎Make it a station call, please. 請幫我接個叫號電話。

◎Make it person to person. 請幫我接個叫人電話。

◎Will you hang up, please? 請你掛斷好嗎？

◎Do I have to wait long? 我得等很久嗎？

◎Your party is on the line.對方在線上了（電話接通了）。

◎Go ahead, please.請講。

◎Cancel the call, please. 請取消那通電話。

◎Please tell me the time difference and the charge. 請告訴我時差以及費用。

◎How about the charge?費用呢？

◎There is no Morris at that number.那個號碼沒有莫瑞斯這個人。

◎I'm sorry to call you up so late.很抱歉，這麼晚才打給你。

◎I'd like to reserve a table for two.我想訂個兩人的桌位。

◎I'd like to reserve a seat for your current show.我想訂目前上演的節目的位子。

◎Where can I contact him?哪裡可以聯絡到他？

◎Where can I reach him?哪裡可以聯絡到他？

◎When will he be back?他什麼時候會回來？

◎When will he be in?他什麼時候會在？

◎I'm calling from a pay phone.我是從公用電話打的。

◎I'll call you back soon.我會盡快回電給你。

◎May I use your phone?可以借用你的電話嗎？

◎There seem to be a bad connection.電話好像有雜音。

◎Can you hear me all right?你聽得清楚嗎？

◎I'd like to confirm my flight reservation.我要確認我的飛機訂位。

◎I'd like to confirm my reservation.我想要確認我預定的席位。

◎Can you send a cab to the crossroads of Main Street and Garden Road right away?請你馬上派輛計程車到大街及公園路的交叉口好嗎？

◎You can reach me at 515-8037.你可以打 515-8037 和我聯絡。

◎You can reach me at the Grand Hotel, room 811.你可以在圓山飯店八八一號房聯絡到我。

◎I can be reached at the Holiday Hotel, extension 301.可以打到假期飯店分機 301 與我聯絡。

◎The line is busy.占線中。

◎Would you like me to keep trying or do you want to cancel the call?你要我繼續試試，還是要我取消？

◎Will you check the number again?你要不要再重查一下號碼？

◎May I make an appointment now?我可不可以現在就訂個約會？

◎Could we have a little talk over dinner tomorrow evening?明天晚上我們能不能邊吃晚飯邊聊聊？

◎Drop by for a cup of tea sometime.什麼時候來坐坐喝杯茶。

◎I'll be there around 7:00.我大概七點鐘到那裡。

◎That'll be fine with me.我可以。

◉ I'll pick you up at 6:30. 我六點半來接你。

◉ I'll be looking forward to see you. 我會很盼望見到你。

◉ I'd like to cancel my reservation. 我想取消我的訂位。

◉ Let me try again. 我再試試看。

◉ I'd like to send a cable to Mr. Williams in New York. 我想發通電報給紐約的威廉斯先生。

◉ There is noise in this telephone connection. 這電話中有雜音。

◉ When will you be available? 你什麼時候會有空？

◉ I'll be available this Friday night. 這個星期五晚上我會有空。

◉ I'll pay for the call. 這通電話費我付。

◉ I'll get your call through in a minute. 我馬上幫你接通。

◉ I'm sorry that I couldn't return your call last night. 很抱歉昨天晚上沒回你電話。

◉ I'm so glad that I got hold of you at last. 很高興終於找到你了。

◉ I've been trying to get in touch with you for these 2 days. 這兩天我一直試著跟你聯絡。

◉ Extension 321, please. 請轉（分機）321。

◉ We were disconnected. 我們的電話被切斷了。

◉ The lines often go dead these days. 這些天電話常被切斷。

訊　息　小　站

鴻海精密工業公司董事長郭台銘的話

如果你是個助理：

✎ 你只是接電話，告訴客戶不知道、沒辦法。

✎ 你只是開訂單，不聯絡、不追蹤，有問題不回
報、不處理。

✎ 你只是打報表，不確定數字正確性。

✎ 你只是接電話，從未希望客戶有滿意的感覺、
從未希望客戶多訂一些貨。

✎ 你只是認為自己是助理，從未想過自己一言一
行代表業務、主管、老闆、公司。

　那麼，你不夠格做一個稱職的助理，你的工作任
何人都可以取代。

第九章

主管公務旅行安排與管理

現今世界交通發達，交通工具日新月異，旅行各地成為隨時可行之事，因此企業界為了貿易往來，彼此間訪問、商談交易，成為商業行為中不可或缺之事實。機構的主管更是經常需要為公事或商業旅行，所以秘書對於旅行有關事項，應有所了解，以便必要時能順利處理。

在國內外有些規模龐大的公司機構，為了其本身職工之出差旅行，設有專門旅行部門，替公司職員辦理及安排旅行計劃，以節省每個人自行辦理所費的時間和金錢。規模較小的公司機構，雖然沒有專門部門處理公務旅行之事，但是亦大都委託專門辦理旅行業務的旅行社為該公司員工辦理旅行事宜，其服務範圍，諸如飛機、火車、船票的購買，旅館的安排，出租汽車之接洽，甚至要出國旅行代辦所有出境手續等等，皆為之安排妥善，旅行社僅向服務公司收取手續費，一般來說這是一種便利、省時之方式。但是有些公司因無公務旅行之需要，或是規模小，或是鮮有旅行的機會，所以不願特別委託旅行社辦理，若偶爾需要旅行，也是由公司職員辦理。此時秘書就特別需要這方面的知識了。

不論公司大小，旅行是由旅行社或是職員辦理，從事秘書工作者，對於主管之公務旅行應該妥為安排，或提供有關資料給旅行社，或是自己準備資料辦理，一切務必多做考慮、多做聯絡，使主管旅行順利成功。

一般對於主管之公務旅行，應該注意事項分述如下頁「訊息小站」。

一、了解主管之意向

主管需要公務出差，首先要按公司規定辦理文書作業，如簽呈核准填寫出差單（**表 9-1**、**表 9-2**），或是國外出差手續辦理

訊　息　小　站

主管公務旅行之流程

出差申請文書作業

→了解主管意向

→辦理各項手續

→訂機票旅館

→聯絡拜訪對象

→製作行程表、日程表

→準備文件及攜帶物品

→旅費申請

→安排啓程

→返回後工作

→報銷帳目

→文件歸檔

等。秘書爲主管安排公務旅行，首先就需要了解其意向才能做妥善安排。

1.公務旅行目的：出差的目的是治商、巡視或是開會，因目的不同而做適當安排。

2.目的地：一個目的地或數個目的地。

3.日期：離開之大約日期，或離開每一目的地之日期，回來日期、時間。

4.喜歡乘用何種交通工具。

5.旅館之型式：市區、市郊旅館或是過境旅館。

表9-1

國外出差申請單

姓名		部門		職別		代理人	
出差事由							
出國時間	自 年 月 日 時	至 年 月 日 時		國家地區			

預訂行程

日期	時間	國家	地點	拜訪對象	預定完成任務		

預計費用

	天	交通費	生活費	特別費	小計		
合計	出國						

匯率	暫支旅費	合計	暫借				

| 備註 | | | | | | | |

主管	財務	人事	總經理	出差人 年 月 日

表 9-2

國內出差旅費報告表

單位		職別		出差起迄日期　自民國　年　月　日起至　年　月　日止　共　日				附單據（出差人填寫）　張

起訖地點	交通費（萬 仟 佰 拾 元）	交通類別	住宿費（萬 仟 佰 拾 元）	膳雜費（萬 仟 佰 拾 元）	其他費用 摘要	其他費用 金額（萬 仟 佰 拾 元）	總計（萬 仟 佰 拾 元）
小計							
備註						科目	

差旅費（大寫）計新台幣　拾　萬　仟　佰　拾　元正　業經如數收訖。

會計主任	人事主任	院總務部室主管	系所中心組主管	具領人〔簽章〕	出差人

6.在目的地停留之時間。

7.在目的地拜訪哪些賓客。

8.各項證明文件：如身分證、護照、黃皮書、駕駛執照等。

9.業務所需之文件、資料：如合約書、公司組織、董事會之組織，與所訪公司之往來文件、會議資料等。

10.旅行人數：個人或家庭一起，或是隨員或是有同事相偕旅行。

11.旅行保險之辦理：金額、日數、受益人等。

二、旅行時準備攜帶之參考資料

(一)時間表

雖然旅行前各項時間都大體安排就緒，但是仍經常臨時因事而改變時間，所以對於各航空公司之國內、國外電話及班機時間表、火車、汽車、船之時刻表等，都應準備一份，以便需要時，可以馬上應用。當然能提供各交通公司的網站會是一個更方便查詢時刻的方法。

(二)旅館指南

旅館若未事先預定或是已預定的房間不合理想，要臨時找個旅館，旅館指南是非常必要的資料，所以對於目的地的旅館的資料或網頁，應有些資訊，以為選擇住宿之參考。

(三)旅遊資料

盡量準備一些目的地附近之旅遊行程資料，以便提供主管或其家屬在公餘之暇遊覽參觀之用。

三、預訂機票及預約旅館

　　主管公務旅行，住和行之問題最好事先預訂，特別是長途旅行更應考慮周到，因此預約是必需的，如果不能確定離開或停留的時間，則可做兩種可能的預訂，等確定了日程，立刻回覆正確的答案。秘書手邊應有旅行社及航空公司及陸上交通工具公司之電話及網站，需要時可以隨時聯絡安排。如果無法訂到需要的機票或旅館，可請旅行社設法代為處理，旅行社有較暢通的管道可以協助辦理。

(一)預訂交通工具

　　預訂交通工具，飛機、車、船票應提供下列內容：

1.搭乘者姓名。
2.起站與訖站。
3.搭乘之日期、時間。
4.搭乘之班次。

　　由於現代是一個分秒必爭的社會，為求時間之經濟，一般公務的往來，皆採用飛機這種快速的交通工具，國內班機手續簡單，預訂也容易。國外航空公司很多，班次也各有不同，有時一次旅行要換乘數個國家的航空公司飛機，所以一定得在事前預訂較為可靠。如果回程時間可以確定，則可同時預訂回程機票享受優待，假如中途有數地需要短暫停留，應該在預訂時說明，以便承辦人可以在票面註明換乘飛機之班次或是換乘何家公司飛機。現在電子機票（electronic tickets ，或稱 e-tickets）可以從航空公司電腦系統購票，因為沒有真正的機票票券，所以可以將電腦印

出之訂票收據、機票之號碼至機場登機時換登機證登機。不過公務旅行應索取購票收據，以便返回後報銷帳目。

在國外機票可以用現金、支票或信用卡支付，我國亦同。一般大都市，各國航空公司皆設有辦事處，預訂機票可以電話聯絡。現舉例如下：

「這裡是某某公司的某小姐，我要為本公司麥先生訂一張貴公司九月十日上午八點，第八○二次班機，從台北飛香港的機票。」

"This is Miss △△ of So and So Corporation. Will you please make a reservation for Mr. Miles of this firm from Taipei to Hong Kong on flight 802 leaving September 10 at 8:00 A.M."

機票雖然預訂了，但是在每一站之前數天，一定要做機票確認及再確認（confirm, reconfirm）的工作，否則會有搭不上飛機的困擾。

(二)預訂旅館

現在是一個網際網路的世界，稍有規模的旅館皆有網頁，利用電子郵件預訂旅館住宿迅速又方便，否則用傳真（FAX）也是很方便，不過不論哪一種聯絡方式，都一定要求回覆確認，以確保預訂旅館手續完成。

預訂旅館內容應包括下列數項：

1.住宿者之姓名。
2.住宿日期和天數。
3.房間之形式：房間方向、單人或雙人、浴室附帶否、價格要求等。
4.需不需要接送。

5.停留期間交通工具需不需要代理。

6.要求回函答覆。

7.聯絡電子信箱、電話或傳眞號碼。

　　預訂旅館電話訂房在國內比較方便，若是預訂國外的旅館，最好以電子郵件、書信或是傳眞方式，使對方能夠更確定和明瞭，現舉例如**圖 9-1**。

四、旅行應備物品

　　公務旅行須準備的重要證件、公務需要之文件及個人生活必

FACSIMILE TRANSMISSION

TO：○○○○○......................

ATTN：..............................　　　DATE：○○○○..............................

FROM：○○○○○.............　　　NO OF PAGES：..............................

TEL：..............................　　　FAX：...................................

EMAIL：...

Gentlemen:

　　Please reserve a single room with bath for Mr. Jason Wang, beginning Thursday, January 15. Mr. Wang plans to leave the afternoon of January 23.

　　Since Mr. Wang will not reach San Francisco until Thursday night, please hold the room for late arrival.

　　Please confirm this reservations as soon as possible.

Yours very truly.

Miss C. C. Chang

Secretary to Mr. Wang

圖 9-1

國外訂房例

需品，都要在行前盡量設想周到準備齊全，以免在外公務繁忙，購買又不方便，除了下面的物品之外，如果主管經常出差，可以製作「攜帶物品核對單」，逐項清點以免遺漏。

(一)公務用品

1.公司文件、信封、信紙。

2.手提電腦、手機、PDA（手上型）。

3.聯絡地址簿、名片。

4.信用卡（有些公司提供出差專用卡）、現金、支票簿。

5.會議、報告、簡報、演講資料等。

6.身分證明文件（護照或其他文件）。

7. 公務旅行之資料。

8. 拜訪單位及客戶資料之準備。

9.禮物的準備。

(二)證照及行程資料

1.護照、簽證、駕照。

2.機票及班機編號。

3.住宿資料及確認號碼。

4.租車或機場接機車的品牌及號碼。

5.旅行行程表、日程表。

6.目的地聯絡人地址、電話。

7.各種需要時間表網站。

五、國外公務旅行

國內旅行僅須攜帶身分證明文件就可成行，國外旅行必須先

辦理護照及簽證，才能購票出境，出國旅行所需文件如下：

(一)申請護照

　　國外旅行，護照是最重要的證件，辦理護照手續亦頗方便。一般準備身分證影本、最近兩吋相片兩張、申請書及費用向外交部出入境管理處申請，在規定的工作時日內就可領取，一般護照使用期限為十年，若常有公務旅行，可辦目的地之多次簽證，如此隨時有需要即可起程。此外，應注意護照的有效期間，辦簽證時護照有效期限都要六個月以上，護照最好能留下影本，以備查考和不時之需。

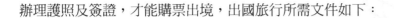

訊　　息　　小　　站

攜帶物品核對單

證件類.	公務用品	衣物類	其他用品
□護照及影本	□手提電腦	□正式上班服	□禮物
□簽證	□PDA	□禮服	□萬用插頭
□機票	□手機	□休閒服便服	□變壓器
□信用卡	□公務文件	□正式皮鞋	□手錶鬧鐘
□現金	□名片	□便鞋拖鞋	□自用藥品
□旅行支票	□聯絡地址電話	□內衣褲睡衣	□萬用小刀
□國際駕照	□文具紙張	□襪子手帕	□手電筒
□半身相片	□行程表	□領帶飾品	□吹風機
□黃皮書	□訪客日程表	□盥洗用品	□化妝品
□	□會議資料	□雨衣傘	□針線
□	□	□	□

(二)簽證

辦理國外目的地之使領館簽證，有些國家或地區在規定時間內停留免簽證，也有像歐洲某些國家採「深耕」簽證，也就是簽了其中某一國，到其他國家就可以免簽證了。這些資訊都可以自網站或旅行社取得。申請簽證須備齊下列物品：

1.申請單。
2.護照。
3.簽證費。
4.相片。
5.其他證明文件：如邀請函、銀行背書、公司保證書、生活保證書、黃皮書、來回機票、戶籍謄本等等。

(三)黃皮書

為防治傳染病，各國皆有進入該國須接種何種疫苗之規定，所以黃皮書是有些疫區國家必備證件之一。預防接種之種類因擬去之地區及國家不同而異，通常有下列幾種：

1.天花，有效期限三年。
2.霍亂，有效期限六個月。
3.黃熱病，注射後十年內有效。

六、編排行程表

(一)日程表

將預定旅行的行程，按時間之先後編成日程表數份，一份交

主管作為沿途交易之依據，一份留存，以便聯絡，一份可交給其家屬，使其了解主管之行蹤，日程表所包括項目如**表 9-3**。

(二)訪客日程表

日程表確定後，按時間先後編排一個訪客日程表，其內容如**表 9-4**。

(三)發函

行程確定以後，應及早寫信通知要拜訪之賓客或公司，以便到時拜訪。行程如有變更，時間緊迫，可用電話、傳真或電子郵件通知對方改期，時間許可，最好以信件為之，說明得更為清楚確實（見**圖 9-2**）。

七、旅費申請

公務旅行之旅費可事先按規定辦理預借，或是使用公司提供之信用卡消費，不過出差回來後仍須檢附單據，辦理報銷結帳手續。

八、旅行返回後處理事項

1.整理報銷旅行之帳目：蒐集收據，結算出差費。
2.函謝旅途中之招待與接見（**圖 9-3**）。
3.旅行中蒐集資料、文件之整理。
4.未處理之公文及信件處理。主管旅行中信件處理辦法如下：

表 9-3

日程表

日期 date	星期 day	起站 from	訖站 to	交通工具 forms of travel	到達時間 time of arrival	旅館 hotel	約會 firms and persons to see

表 9-4

訪客日程表

地點 place	日期 date	時間 time	姓名 name	地址 address	電話 telephone	見面地點 place for appointments

Dear Mr. xxxxx ：

x. x. xxxx, the General Manager of ABC corporation will be in Los Angeles on Tuesday, May 24, and would like to arrange a tour of your plant while he is there.

Would it be possible for him to visit your facilities sometime during the afternoon on Tuesday? Please let me know what time would be convenient. Thank you very much.

Sincerely,

圖 9-2

行程安排函

(1)一般信件、公文由代理人處理。

(2)重要信件，通知發信人收到信函，待主管回來後處理。

(3)可由其他部門回覆信件，轉由有關部門回覆。

(4)重要信件，以影本與主管聯絡。

(5)將信件分類，須簽字的、重要信件、已回信件、報告類、其他等，主管回來送呈主管處理或知曉。

5.主管回來後，應協助其在最短時間內了解業務情況，盡快銜接上工作。

Dear Mr. xxxx and Mrs. xxxx ：

Thanks for a delightful evening with you and your family. I certainly enjoyed visiting in your lovely home, and arranged a special dinner for me. It is a memorable occasion for me to be greeted so warmly and treat with so much hospitality.

Anyway, you must give me a chance to reciprocate the next time you are in Taiwan.

Please give my best regards to the children.

Cordially,

圖 9-3

感謝招待函

第十章

辦公室行政管理

秘書工作者在辦公室擔任的角色，就如一個家庭中之家庭主婦或管家一樣，因此外國對秘書有 office wife 的稱呼。主婦在家庭中舉凡大小事物，都得設想周到，妥善處理，才能將家庭管理得井然有序。秘書在辦公室中也是一樣的性質，要將辦公室大至各項設備，小至文具紙張，環境布置，一盆花、一件裝飾都能顧慮周到、各得其所，這樣才算是一位合格的秘書。尤其是女性秘書工作者，管理辦公室更是義不容辭的工作。

一、辦公室行政管理意義

辦公室的改革是自三百年前工業革命開始，工業革命之後，辦公室成了文書行政工作的最主要場所，諸如文書、報告、資料及檔案管理等工作，皆在此完成。

辦公室裡有打字員、秘書、會計、檔案管理員、事務機器操作員、事務員、督導、經理等各種職務的人在忙著各種不同的工作。

隨著第三波的改革，辦公室開始轉移到資訊的管理及溝通的要求，資訊管理亦成為管理上重要的工作。

如今第四波的改革時代，國際化的網路成了工作中通訊及資訊蒐集主要的工具，它衝擊著所有辦公室工作人員，沒有這方面的知識和技能，就有被淘汰的命運，當然這些不斷進步的工具，可以帶給工作人員更有效的工作能力和生產能力。

二、辦公室管理功能

雖然工具不斷進步，但是辦公室的管理功能：包括計劃、組

織、管理、控制等工作，仍然由管理者來領導及指揮著所有的工作，朝著生產目標前進。

辦公室的工作可用 6M 來表示：Manpower 、 Materials 、 Money 、 Methods 、 Machines 、 Morale 。管理階層根據其職責計劃組織及掌控辦公室的工作，使各部門的工作人員都能完成組織所定下的目標。

辦公室管理工作，在小公司可能由各部門主管負責，如人事經理、會計經理、財務經理等分任。但是大的公司為了統合整個公司行政資源、減少浪費，都可能設有辦公室行政管理經理人擔任專職。

(一)辦公室行政經理人之功能

1.計劃：根據過去及現今之情況，擬定未來計劃及目標。
2.組織：將所有的經濟資源、工作場地、資訊、工作人員結合組織起來完成目標。
3.領導：推動及引導員工成功完成組織的目標。
4.控制：保證行動之結果，能與組織的計劃契合。

(二)行政經理人之職責

1.監督管理服務工作，包括打字、接待、印刷、複製、檔案管理、郵件、辦公用品供應、採購等文書行政工作。
2.辦公用品、設備採購、談判及訂約。
3.督導管理部門提貨、裝貨的業務。
4.管制內部文件，各單位間之溝通、督導，維持電話系統暢通。
5. 特別事項研究之聯繫，設備展示及價格之決定，複查業務人員提出之新設備。
6.聯繫管理部門，建立新的管理服務模式及實際的制度。

7.訓練人員使其能表現在工作上，或是教導其用於公司之政
策和執行上。

(三)辦公室行政管理工作內容

■辦公室管理

辦公室空間布置、改造，辦公室之環境、空氣、表面觀感、
視線、安全保障、能量儲存，辦公設備家具取得、維持、補充、
裝置，設備之控管、保管。

■文書管理

文書作業流程、文件種類、傳遞方式、郵件管理等。

■檔案與資料管理

檔案管理系統、檔案管理功能、檔案管理方法、工具等。

■會議管理

會議文書製作、會議籌備、會議紀錄製作。

■訪客接待管理

公司或是主管的訪客如何安排接待，涉及到公司的形象表
現，管理不善甚至影響辦公室的安全，不可不慎。

■時間管理

「時間就是金錢」，如何充分發揮時間的管理技巧，減低時間
的工作壓力，是需要經驗和學習，才能運用表現到工作績效上。

■總務、事務管理

機構都有專責的行政部門處理總務、事務的業務，就秘書工
作來說，僅須根據工作的需要配合管理即可。

■人力資源管理

人才甄選、員工督導、教育訓練、工作職掌、薪資管理、福
利分配、勞資關係、員工身心管理、保險、退休等。秘書可以學
習人力資源管理的技巧，作為未來轉換工作跑道之準備。

■公共關係管理

　　企業內部、外部公共關係對象的溝通，各種活動的籌辦與媒
體關係的建立，新聞發布、記者會、產品發表會的舉辦，這些公
共關係工作都與秘書的關係密切，應為辦公室行政管理工作之
一。

■辦公室工作管制

　　工作簡單化、工作評量與標準、流程控制等業務。

三、秘書與辦公室管理

(一)辦公室之清理

　　一般辦公室的清潔工作皆雇有專人負責，但是秘書應督導這
方面的工作，使負責清潔工作者達到應有之標準。上班時間環境
的維護，訪客來訪前的會客室茶水準備，來訪後的清理都是秘書
應做的工作。

　　主管辦公桌之清理，是秘書上班時的第一件工作，本日應辦
公事取出分類放好，檢查電話線路有無故障，各種辦公文具是否
短缺，本日工作表、約會時間表等應放在明顯位置，使主管一上
班就能注意到本日之活動。本身的辦公桌也應檢查一遍是否準備
工作都已完備，以便工作可以順利進行。

　　除了上班時辦公室之清理外，下班前，辦公桌上的文件清理
收妥，應該上鎖之屜櫃應鎖好，信件處理完畢分類收存，事務機
器、文具、紙張各歸其位。防火、防盜各項安全措施是否損壞。
同時檢查一下今日工作是否完成，明日工作程序如何，心理上應
有準備。

離開辦公室前，檢查電燈是否關了，空氣調節開關是否關好，各種機械用具是否確實停止等等，一切妥當才能鎖門離去，結束一天的工作。

(二)辦公室環境之布置

有些機構秘書和主管是在同一間辦公室辦公，有的則是分爲裡外兩間，不在同一間辦公室。不論同一間或是不同一間辦公，辦公室的布置及設備，秘書都應負起責任，隨時考慮到辦公桌椅、櫥櫃是否夠用，會客室、休息室之布置，各種圖表、書架、裝飾物、花草盆景等的安排，總之有關辦公室的環境美觀，秘書應該隨時注意或是提供參考意見。

辦公室之環境布置可分幾項來說：

■辦公室之布置

有些公司行號在一開始時，就聘請裝潢公司來包辦一切布置和設計，所以秘書就不必太費心，但是對於辦公室的空間配置、工作動線設計、隔間的方法等，通常公司人員或秘書在需要時必須提出參考意見，因此秘書一定也要有這些方面的鑑賞能力。

辦公桌椅之放置，會客室之布置，各種櫥櫃之安置都應配合地點的大小，並力求美觀與實用。

■書報雜誌之整理

辦公時爲了資料的參考或是爲來賓準備等候時之消遣性書報、雜誌，應注意每期是否完整，新的送到舊的應換下，放置的位置應適當，每天應加以整理，對於資料類的書籍、雜誌，尤應注意保存，以便工作時隨時查考。

除了辦公室主動訂閱的書報雜誌外，有許多公司行號或雜誌報社會經常寄些樣品、宣傳單或是贈閱的書刊等，這些印刷品往往在每日郵件中占了很大的數量，如果經久不理，容易造成紊亂，所以應當看過以後，何者值得留下，何者可以丟棄，何者可

以轉送其他單位參考，隨時處理完畢，否則越積越多，勢必影響辦公室的整潔。

■植物的處理

在辦公室的布置方面，盆景占了一個重要角色，可以增加美觀、調劑辦公室工作環境。放在室內的長綠盆景或花草，應當隔一段時間就要更換，鮮花要保持新鮮美觀，如果是委託花店來安排，花商到時間自會來更換處理，但是在選擇植物方面，可提供意見，特別是主管對於植物的喜好或是不能適應，都應多多觀察，作為布置的參考。此外企業有重大活動慶典時，可請店家在花藝布置做適當的配合，增加盛大熱鬧的氣氛。

四、辦公處所的管理

(一)主管辦公處所之管理

主管辦公室是上班工作最重要的地方，是機構或是部門的指揮中心，也是主管私人的空間，因此在布置規劃及管理上要更用心。除了整齊、清潔、舒適和方便的基本要求之外，最重要的是要能符合工作機能與工作效率，所以桌椅、櫥櫃、沙發、綠色植物等的空間配置要舒適安全使人有愉快的感覺，色彩調配要莊重大方，照明隔音空調適合人的生理及心理舒適程度。

好的辦公室規劃還要好的管理，人們稱秘書是辦公室的守門員，雖然有些忽略了秘書的其他專業才能，可是這句話也確實表現了秘書對主管辦公室管理的重要，主管辦公室管理可分以下幾點：

■辦公室整潔的維護

上班時間辦公室隨時保持桌椅、沙發整潔，客人離去後立刻

清理恢復原狀，植物要按時澆水，枯黃枝葉要清理除去，書報雜誌不可亂放，窗簾沒有脫鉤破損，時鐘日曆在對的日期、時間上，窗戶、地板、地毯保持清潔，凡此種種都是給人的第一印象，也是影響工作情緒的因素。

■辦公用品的備置

辦公室事務機器如電腦、傳真機、影印機等是否可正常運轉，有無故障情況，電話功能良好，辦公文具紙張齊全，並隨時檢查補充需用物品。

■安全保密

秘書是主管身邊最接近的部屬，管理辦公室、接聽電話、接待訪客、傳送公文，接觸知道的事情較多，口風要緊，多聽少說，舉凡企業機密、人事安排、員工薪資、投資計劃等都不應在公開場合談論。辦公室的垃圾桶不可丟文件紙張，文件類應用碎紙機處理後才能丟棄。

■文件管理

送到主管辦公室的文件應做機密、最速件、速件、普通件分類，注意文件的時效，不要耽誤了公文管理的規定，機密文件尤其要注意管控，傳送時最好親自為之。

■名片管理

英文稱為 visiting card, calling card，一般名片都有一定的規格，講究的人名片分私用、公務用，甚至男女性用的名片都各有不同。不過通常印製名片都以個人喜好選擇樣式或是按公司統一規定印製，有的僅用中文，有的為了方便與國外人士交往而加印英文。

名片的規格，私用的是 3 × 1.5 英吋，公用的是 3.5 × 2 英吋或是 3.5 × 2.5 英吋。現在許多人自己用電腦設計創意名片，不過一般公司名片之樣式還是以美觀大方、顏色調和為原則。

主管的名片代表其身分及職位，因此平時就應持有足夠的名

片，公司若有統一圖案規格應按公司規定製作，若無規定應選擇簡單大方的設計，格式可僅用中文或中英文同列，名片設計可代表個人風格，所以不可馬虎。主管的名片是公務上不可少的必需品，所以秘書應該隨時補充，有客人來訪時或出外拜訪他人時，都爲其準備足夠的名片，以便容易相識交換。

　　賓客名片的管理更爲重要，因爲賓客的名片是主管人際關係的重要情報（information），一項重要的人際關係情報來源，也是基本的溝通橋梁，有了某人的名片，可以從中得知對方的背景資料，更可藉此聯絡、溝通、交換消息，甚至結交爲知己好友。不論是工作往來、開會見面，或是友誼關係，總是與人有一面之緣才可能有對方的名片，累積人際關係的人脈就是自此開始，所以應妥爲管理。名片若是量多，管理時可置名片管理盒（**圖 10-1**），一方面存用名片方便，一方面盒子又不占地方，常用名片用專盒存放，老舊或不常使用的名片可另存他處。電腦也有專門設計的名片管理功能，更可大量的管理名片

　　賓客的名片應按照檔案管理的分類方式，以各行各業作爲分類標準，如果某類名片多，可以在類下再分綱，甚至再分目，例如新聞界此類名片過多，可以在新聞類後再分爲報紙、電視、電台、雜誌及其他各項，如果還是過多，可以在報紙這項下分日報、晚報及其他，電視這項下分甲電視台、乙電視台、丙電視台等。如此不論是用名片整理盒或是名片整理簿，都可以很容易找到所需名片。

　　此外，名片取得時最好在背面記下日期或是簡單事由，或是認識之地點、場合，如此在聯絡時亦是容易喚起記憶的一種方式。如果用電腦軟體名片管理，就需要將名片資料隨時輸入，使用時方便尋找。

　　管理名片應注意以下幾點：

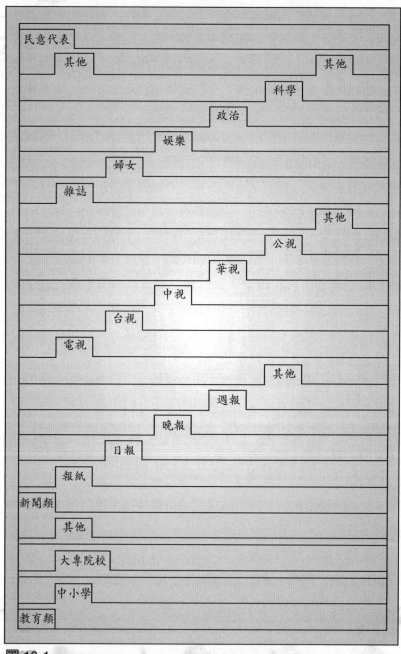

圖 10-1

名片管理盒分類範例

1. 名片要做分類管理：按檔案及資料管理的分類方法分類管理，名片分類方法有職業別、地區別、姓氏筆畫或注音、外文名片按姓的英文字母順序等，不過在工作上大都用「職業別」管理名片。

2. 加註參考事項：日期、地點、簡單事由、特徵等，增加記憶，需要時不會完全忘了在哪或是爲什麼事見過面。

3. 名片排列方式：常往來公司名片分類在前，時間近的名片排列在前，同一間公司名片排在一起，高職位或業務常往來者名片排在前，跨多項行業者名片可另做名片卡放不同類別中。

4. 名片清理：名片亦如檔案管理一樣要常清理，將重複名片、過時名片、無用名片取出處理減少資料數量。

(二)個人辦公處所之管理

從事秘書工作者之辦公桌椅都有一定的規格和尺寸，桌上之物品都有其固定位置，抽屜收置物品應配合工作之方便，常用物品放在上面抽屜，不常用的放在下面抽屜，資料夾辦完者收入檔案櫃內，待辦者放在每日處理公文處。私用物品放在一個固定地點，不可隨處放置，弄得到處都有自己的東西。

由於秘書所面對的是一項活動而形形色色的工作，因此手邊資料必須豐富，以便隨時查驗及參考，諸如中、英文字典，英漢辭典、文法書、電話簿、記事手冊、地圖、各種交通工具時刻表、書信大全、萬用英文手冊、公文程式等等。

大事記在一個機構中，也是必須準備的，將當天發生之重要事項記入大事記，以便將來查考，大事記也是將來該機構最眞實的歷史資料。

五、辦公用具之訂購與請領

稍具規模的機構，採購皆設有專門部門負責，使用單位僅以請購單或物品請領單，請求採購或是向保管部門請領就可。但是若是公司規模很小、採購無專人負責，秘書所需辦公用品就得自己負起任務，一般辦公用具可分兩類：

(一)紙張類

辦公所需的紙張範圍大體上有中西式信紙、公文封、中西式信封、便條、速記紙、傳真紙、電腦用紙、影印紙、牛皮封袋、各種業務所需表格等等。

採購紙張類用具，對於所需用紙張的品質、重量、顏色應有所認識，對於其規格、種類亦應符合規定，如西式信紙之尺寸，第二頁應無抬頭，信封大小亦應按一般規格訂製等等。

(二)文具類

辦公文具都是些零碎物品，如設想不周，用時非常不便，一般要準備的有：筆記簿、便條紙、膠水、膠帶、鉛筆、原子筆、毛筆、簽字筆、橡皮擦、紅筆、剪刀、尺、打印台、日期章、小刀、訂書機、訂書針、大頭針、迴紋針、圖釘、檔案夾、公文夾、印泥、桌曆，甚至配合辦公室自動化所需用品等等，都應隨時準備，以利工作之進行。

對於物品的保管，秘書最好自己製作一份表格，將日常所用之用品品名、大小、格式、顏色、重量、目前存餘量等資料記下，或輸入電腦。待用品將要使用完時，可以照表中所示增添新貨，如果需要特別申購物品，應及早通知採購單位補充，避免用

時缺貨。

需要補充物品時，不要小單位採購非絕對必需的物品，因爲數量少，購買起來比較浪費麻煩，同時所需時間也常常會拖延。雖然所需用品有一定規格，但是對於市面上的新產品，隨時注意，也許可以提供更價廉物美的服務。

六、時間的管理

在忙碌的現代社會中，不論是主管或秘書、助理人員，都常感覺沒有足夠的時間去完成分內的工作，因此常產生恐慌、壓迫感、精神緊張等影響身心健康的問題。所以如何有效的管理時間，是主管和秘書該共同研討的問題。

首先，作爲秘書工作者，在每天各式各樣大小事情當中，如何整理出頭緒，而又不遺漏主管交代的事情，就要靠有效率的時間分配了，現就秘書的時間管理問題探討如下：

(一)正確的時間觀念

■「重要」又「緊急」爲優先

事有輕重緩急，工作時要能分辨其重要及緊急才能安排時間，所謂「重要」，可以說凡是職務上要求達成的工作項目都是重要的，但是在這些工作項目中，一定要按其重要性排出先後順序。所謂「緊急」，是有些事項必須在短時間內完成，所以也要將其排在最優先的順序。當然「重要」又「緊急」的事項，絕對是放在所有事項之前處理的。

至於「重要」但「不緊急」的事務安排在其次，「緊急」而「不重要」排在第三，「不重要」又「不緊急」當然是最後處理了。不過首要之務，就是要把握事情的輕重緩急，才能按部就班

的完成工作。

■掌握「八十」「二十」原則

　　大多數人都有這種經驗，就是在一大堆事務中，屬於「重要」的只占少數，通常以百分之二十來比喻。而屬於「瑣碎」的多數卻占了絕大部分，也就是占了百分之八十，而我們卻花了百分之八十的時間去處理那百分之八十的「瑣碎」事務，而花百分之二十的時間在百分之二十的「重要」事務上。以生產力來看也是一樣，如果時間管理不善，將百分之八十的生產力集中在百分之二十的事情上，也就是大部分的生產力卻只產生百分之二十的成效，那便是失敗的時間管理。所以，如何能夠以百分之二十的工作量，而達到百分之八十的成果，就是我們要追求的目標。

■「效率」與「效果」並重

　　工作時常常「效率」很高，對於時間和速度都能掌控得很好，可是當工作完成時，常是有一個「效果」不彰的結果，對工作的人不只是一個打擊，更產生極大的挫折感，甚至有浪費時間的懊惱。如何同時達到「效率」與「效果」的雙重成就，減少時間的浪費，也是重要的時間管理觀念。

(三)秘書的時間管理困擾

　　秘書工作者常是辦公室裡最忙碌的一群，可是一天忙下來，也常說不出什麼具體的工作成就，主要就是工作中太多瑣碎事務將時間分成破碎的間斷，無法成就具體的工作。但是，雖然是很多的雜事，對主管卻是不可或缺的重要事項，沒有這些秘書替主管分擔這些大事旁邊的枝枝節節的工作，他們也無法有足夠的資訊及團隊合作去完成重要的計劃，所以還是要在時間管理的困擾中，找出方法妥善利用時間。

　　首先談談秘書的時間困擾問題：

■電話不斷

電話是無法預約的，也許正在進行某項工作，桌上的電話響了，只好打斷工作接聽電話，再繼續前項時要將前面的從來一次，這種情況做同一件事時還不只發生一次，當然浪費了不少時間，這也是主管要用秘書的重要原因，秘書可以為主管過濾電話或是直接處理某些電話業務，主管可以不受電話的干擾，專心工作。

■訪客接待

臨時訪客固然會打斷正在進行的工作，但即使是事先約定的訪客，也要做些事先安排準備相關接待事宜，而且訪客來訪停留時間常常不能確實掌握，自然影響秘書的工作進度。

■垃圾信件

每天信件中常充斥大量的廣告函件，要過濾其有無留下的必要一些例行公務文件要了解，更多的是電腦上大量的垃圾文件，還夾著不知從哪兒傳來的病毒，每天都得花些時間處理，否則信箱擠爆了還得另花時間處理。

■會議工作

會議雖然是預先安排的工作，但是會議進行的時間經常是不可控制的，所以常常安排在會議後做的事經常無法執行。

■等待工作結果

有些工作前面部分尚未完成，後面就無法繼續；或是預定前面工作很快能完成，後面立刻可以繼續，可是等待卻是超過了預期的時間，而時間卻在等待中溜走了。

■不善拒絕

因為個人個性的因素，對於別人要求的工作總不好意思說「不」，使得自己總是有做不完的事，尤其秘書工作者個性熱心，能多做些事可以表現自己的能力，相對的自己的時間就少了。

■辦公室的危機事件

　　辦公室常有些意外事故如無預警停電、電腦當機故障，有同事發生紛爭或意外，這些事故也是超乎時間安排之外，需要另花時間去完成分內的工作。

(三)秘書的時間管理

　　「時間即金錢」，這是經常可以聽得到的話語，尤其企業界高效率的要求，總是每一件事都是在與時間賽跑，因此「時間管理」就成了企業管理必談的課題。一般的公司職員，職務上大都有「從」和「屬」的關係，長官交代事項，分層負責的完成自己分內的工作，每部分的負責者承受著其該承擔的壓力，只要在規定或要求的時間內完成工作，就算是盡忠職守了，對於「時間管理」的技巧需求不是工作上必要的條件。

　　但是對「秘書」工作者來說，除了秘書行政單位的秘書主管可以有部屬指揮外，一般的企業秘書上要面對主管的指揮，下卻沒有可以使喚的人協助工作，所以時常須獨立完成主管交託的任務，甚至運用協調、溝通的技巧和良好的人際關係達到工作的要求，因此對時間的支配倍感壓力。秘書無法掌控時間就不可能有工作效率，工作的能力也會受到懷疑，增加企業的成本，當然不會是一位合格專業的秘書。

　　此外，由於秘書的工作必須取決於老闆的指示，配合主管的行事風格，經常無法自己掌握時間去完成一些必要完成的工作，也就無從去享受工作的成就和滿足，反而會因為工作的時間壓力，產生身體病變、精神緊張、恐慌等影響健康的問題，適當的調理身心，平衡工作量是要學習適應的。

　　如何有效的管理自己的時間，協助主管節省時間達到彼此互動的效果，是主管和秘書都要研討的課題。以下數點秘書的時間管理重點提供參考：

■安排處理事情的順序

　　時間的管理應該以事件的緊急性及重要性來安排運用。工作經驗中常常發現一件事快做完了，卻是不如預期的完美，或是因為次序不對不能完成，需要從頭來過，懊惱做了許多白工，更有做事很快很有效率但是效果卻不佳。這些情況都是對事情處理的優先順序沒有安排好的後果。也常發生某些事花時間做好了，而最重要的事卻沒時間在時效內完成。所以應將每天必須完成的工作依重要性、緊急性的次序先後排列，做一份每日工作日誌，然後從最優先的做起，完成的即可畫去，同時也要不斷的調整事情的優先次序及時間的分配，用最有效的時間管理完成任務，當排列的事情一件件完成時，工作的壓力也慢慢減輕。

　　至於不一定需要當天完成的工作，也應準備一張便條，隨時將該辦的事情列入，每天抽出重要而緊急的事情先辦，如此不但可以確定自己做好了哪些工作，同時也不容易遺漏主管交代的大小事情。

■注意檔案與資料管理的重要

　　辦公室的工作，許多都是文書工作、資料整理的工作，也就是為了配合主管的工作，經常要閱讀一些資料，經過過濾、整理提供主管參考，也要尋找許多資料，提供主管應用，更有許多行政的工作留下來的公文文書需要整理存檔，所以一定要有檔案管理的觀念和技巧，如此才不致常常為尋找資料及文檔而浪費了許多工作時間。

■信件的處理

　　每天的郵件是大宗的文書，因此要替主管節省閱讀的時間，對於一些可以拆閱處理的郵件，應馬上拆閱，並且採取行動，不要放置待有空才處理，這樣不但得另找時間處理，並且常常會誤了時效。對於可以保存的資料則可呈閱後存檔，至於無保存或參考價值的印刷宣傳品等則應立即丟棄，否則不但製造辦公桌之亂

象，同時以後處理時還要再花時間過濾一次，徒然浪費時間。對於不緊急而又須處理的函件或是例行公務，可集中時段一次處理完畢，也是一種省時的方法。

■制訂例行工作模式

爲例行（routines）之公務制定一套制度或模式，一方面工作技巧成了習慣，工作自然可以很有效率，另一方面因爲有了規範依循，可以將工作分配出去，請適當的人協助處理。

■拖延誤事

秘書的工作經常是一些瑣碎的事務，如下午要給某某打個電話，給某某發個電子郵件，老闆交代明天要某份文件等之類，可能是隨時都會產生的工作，想到問題就要立刻記下，即使是在外面也應簡單記在筆記本上幾個字，回到辦公室記錄辦理事項中，可以馬上辦理。可以隨手處理的事情應隨手處理，也許一個電話一個交代馬上辦理就可解決問題，拖延不但效果不佳，甚至遺忘，可能要花更多的時間和精神去處理。

■充分授權、有效分工

處理事情時是否應以理性的思考判斷事情的重要性及必要性？答案若是肯定的，則考慮親自做或是授權別人做？要立刻做或是可延遲做？經過這一思考動作，事情的輕重緩急優先順序就出來了。除了可以授權請同事處理某些事情外，也可以請別人幫忙完成工作，不過請他人協助工作時，應有耐心解釋工作內容，原諒學習過程的錯誤，但最重要的是檢查完成之工作，不能疏忽錯誤。當然如有某些機構內無法迅速處理事務，不妨採用付費方式，請外界專業人才完成。總之，爲了節省時間，並表現工作效率，應學習評估事務之輕重緩急，採用何種方式，完成使命。

■事先協調，準備充分

許多事情事先與有關單位人員的協調非常重要，否則陰錯陽差，重複或遺漏反而是浪費時間、徒勞無功。協調時，可用電

話、書函、簽條、會議等方式聯絡溝通，減少處理事情的複雜及時間。

　　處理事情前之準備工作充分，亦是工作效果好的方式之一。如召開會議，就應將會議時間、地點、參加人員接洽妥當，開會資料準備周全，如此才能達到會議之目的，減少與會人員的時間成本。

■ 多角化處理事務

　　不要某段時間執著處理單一問題，一方面會感到倦怠無趣單調，同時有時對困難癥結所在，亦不容易靈活突破，所以可以利用空檔，多樣性處理大小事情，反而可調劑身心，並且常容易發現最好的解決問題的新方式。甚至工作當中不要急著做事，留點時間做適當的休息及思考，反而可以創新工作模式，提升時間管理的品質。

■ 協助主管節省時間

　　秘書工作者，除了自己要有時間管理觀念，發揮工作效率外，更應該協助主管控制時間，配合工作之進展。例如辦公室的行政工作盡量減少其負擔，資料情報文書檔案的工作可以盡速提供，人際關係的部分業務可以分擔，電話、訪客的過濾處理給予適當的協助，會議的籌備完善，開個節省時間又有效率的會議，減少主管直向與橫向溝通的困擾。凡此種種，都是秘書與主管如何適當的配合，以團隊的工作精神，達到共同節省時間的目的。

第十一章
秘書的人際關係與說話技巧

　　秘書與主管是一個工作團隊，除了辦公室的行政工作以外，很重要的還是與「人」相處的關係，作為主管的幕僚及溝通的橋梁，必須了解主管的個性處事方式和觀念，才能擔負起良好人際關係的任務。

　　從事秘書幕僚工作者，除了辦公室的行政文書工作外，大部分的工作都是在做與「溝通」有關的事情，例如電話的聯繫、訪客的接待、會議的籌備管理、公共關係的業務、機構上下裡外的聯繫等，這些傳達橋梁工作，在在都需要語言表達的技巧，所以如何成為一個高明的談話者，除了專業知識要有一定程度的水準，還要有成熟的溝通技巧，當然聲音、語調、姿態要經過不斷練習改進，務必使談話內涵有一定水準，表現出談話言之有物、措詞適當的真功夫。

一、人際關係的重要

　　哈佛大學研究經營與人際關係的調查，曾從數千名職業介紹所介紹工作而被辭退的人員中，發現因為無法與人和睦相處工作而遭辭退者，竟是無法做好工作而被辭退者之兩倍。此外卡內基研究所也曾做過調查顯示，由於技術訓練、業務能力或經驗等因素而能成功的人僅占百分之十五，反而是因為性格能與人和睦相處等的良好人際關係因素而成功的情形，卻占了百分之八十五。由此看來，人際關係的和諧，在工作的領域占了很重要的地位。

　　良好的人際關係是要求組織的目標和個人的需要互相調和，使每一個工作人員在達成組織目標時，亦能獲得個人需要的滿足。在一個人際關係良好的機構中，一定可以營造出良好的工作氣氛，愉快的工作環境，從而提高工作效率，不論對公司和個人，皆能獲得公私皆利的目標。

一、秘書與溝通

人際關係首重溝通，常看到徵求秘書的廣告，其中有一項 "Good standard of written and oral communication"，要應徵者有口頭及書面溝通的水準，可見溝通的技巧對秘書工作者的重要。秘書工作領域有幾種溝通情況：

■上對下的溝通

主管有所指示訊息要傳送給部屬時，不論是直接或電話告知或是以電子郵件傳送訊息，一定要清楚正確，態度語氣親切，要以上司處理事務的規範來傳達消息。如果對方有意見也應該耐心聆聽，將其意見適當轉達，以下座右銘提供參考：

- 適時誇獎，接納諫言。
- 不聽讒言，察言觀色。
- 控制情緒，不論長短。

■下對上的溝通

秘書與主管共事最怕溝通不良，與主管意見相同時欣然接受，意見相異時以部屬的立場最好先表贊同，如有可能可適當提出自己的意見，否則應照著主管的要求處理，避免批評頂撞。其實這也是一個學習的機會，當處理完畢主管交代的事務，如果結果是對的，可以真正體會主管的做事方法和能力，從中吸取經驗。

■平行溝通

工作時最困難的還是平行溝通，因為沒有上級和部屬的關係，工作的相關性又多，要通過溝通協調才能完成工作，所以溝通時要以相互尊重、平等互惠、易地而處的態度，私下的非正式

溝通先了解彼此的看法，也是一個可行的方式，但是應該避免耳語謠言，徒增是非苦惱。

二、秘書的人際關係

在整個經濟結構中，由於市場競爭的激烈，高生產率的要求以及優良成本控制的重要，是一種必然的趨勢。這種必然的趨勢，使得行政上的要求也相對嚴格，對於行政人力的素質要求水準也逐漸大幅提高。所以作為一個優秀的秘書，不僅本身的工作效率要達到某一水準，同時還要有能力領導全體員工的工作態度，使大家都能分工合作，簡化工作程序，消除重複無用的流程，改進工作方法，建立默契，解決困難問題，這樣才能表現一位專業性秘書的真正效率。

秘書領導工作的範圍，對高級主管的秘書而言更是明顯，在這種非正式的領導中，溝通管道的暢通，人際關係的和諧，不但可以提高工作效率，相對減低了生產成本，加強對外競爭的能力，更顯著的功效，是使參與此項工作者，可以自他們的努力中，獲得實質的成就感，這才是工作的最大目的。

秘書在工作環境中，除了主管是主要對象外，對企業、對同事及個人本身的工作態度，都是需要相當的了解，如此才能做好人際關係的工作。

(一)秘書與主管的工作關係

主管是位居管理職務的人，秘書是為主管所信任且賦予公司機密事務的人，這種有密切關聯的關係，在工作上因彼此文化背景的不同，而有不同的工作範圍，秘書的責任也會因主管的不同而變化，因此如何與主管共同工作，愉快相處，是首先要考慮的

問題。特就秘書與主管的人際關係討論如下：

1. 主管與秘書都是具有人格的個人：人類所共有的特性，諸如情緒、態度、壓力、耐性、時間的壓迫感、多重的計劃、與同事相處、與主管相處等等，所有這些關聯，都影響到彼此工作上的協調，因此對於相互之共同目標，以及人性的形態，必須要有充分的了解與認識。

2. 主管和秘書工作上的關係時時改變：主管和秘書工作關係並非靜止一成不變的，這種不定的改變，很容易產生不確定感，造成怨恨、冷淡、煩躁等情緒，因此主管與秘書間一種友善而開通的關係是很必要的，任何一方態度有所改變時，對於改變的原因和結果，應該彼此了解，以便做更新的調整，適應新的改變。

3. 人際關係的基本原則：就是如何有效的溝通彼此的意見，促進彼此的了解。主管和秘書的工作關係有些類似雇主與被雇者的關係，不同於一般雇傭關係的是秘書與主管因工作性質接近，容易達成彼此了解與合作的目標，由於彼此的了解，共同工作應該是愉快的，也因此才能產生一個良好的工作環境。

4. 秘書與多重主管的關係：一位秘書為數位主管工作，已是一種明顯的趨勢，因為如此秘書的責任可以加重，報酬也可以增加，加上事務機器的不斷發明，都能促使秘書更具工作成效，提供更多的貢獻。多重主管的相處，當然比單獨一位主管較難相處得多，因此對於每一部分的責任要有相當清楚的劃分，工作細節要有詳細的規定，優先秩序也要按其優先要件處理。年度終了，主管也應檢討工作，公平的核薪和獎懲，如此才能維持秘書和多重主管的關係。

5. 秘書與主管家庭的關係：秘書與主管一起工作的時間，通

常都遠超過主管和家人在一起的時間，因此往往造成秘書
對主管的了解比家人還要清楚，但是這種了解應該全然是
工作上的，秘書不但要尊重主管的家人，更應在安排日程
活動上，盡量避免占去主管與家人在一起的時間，除了幫
助主管提醒其家庭的重要紀念日或節日外，有適當的機會
時，可以和主管的家人建立友誼上的來往，維持在工作外
的一種和諧關係。

(二)秘書與主管相處之道

1. 了解主管之嗜好、興趣，及其關心之事物，增進對主管個
   性的了解。
2. 不可期望過高，人無十全十美，對主管亦不可要求過高，
   應盡量發現美德忽略缺點，如此才能為其愉快的工作。
3. 熱心負責，幫助主管熱心對待同事，若有問題，在尚未提
   到主管時，應考慮問題的內容及解決的方式，使問題到達
   主管時，減少解決或尋找資料的時間。
4. 對主管忠誠及尊敬，應保護其身分、地位，不受無謂的傷
   害，但不應過分，否則顯得虛矯。應尊敬主管的處世之
   道，有些問題雖看法不一，但應試以其他的方式去了解其
   意義。
5. 欣賞並學習主管的學識和經驗，幫助跟隨主管完成工作。
6. 公事公辦，不可經常拿私事煩擾主管，帶給主管困擾。
7. 主管若遭遇困境，應表示關切，使有一種「患難與共」的
   感情。
8. 與主管不能共事時，離開後，不可任意批評，應讚美其優
   點。

(三)秘書對服務機構的工作態度

1.機構中成文及不成文的法規、條例應有相當的認識。

2.遵守機構的規定，不可恃寵而驕，造成特權階級。

3.要有敬業精神，表現工作的責任感，方能獲得公司的器重，得到工作的樂趣。

4.不可洩漏公司的機密，特別是在談話中或桌上公文都應小心保密。

(四)秘書與同事相處的態度

1.誠實、誠懇、守信是待人的基本原則。

2.欣賞他人優點，不可吹毛求疵，多爲他人著想。

3.雖然職位特殊，但絕不要自設藩籬，與人隔絕，造成孤立。

4.和藹可親，使別人有安全感，並不可占他人便宜，損人不利己的事千萬不可做。

5.公私盡量分明，尊重他人私生活習慣。

6.要有「施人慎勿念，受施慎勿忘」的助人精神。

7.如有爭執，應反省自己，並想想易地而處的情況。

8.同事之間保持適當之友誼，不應與某些個人特別親近，造成集團。不論平日相處或電話交談，都要保持和氣友善的態度。

(五)自處之道

1.接受客觀批評，改進缺點，增進經驗。

2.發揮適應能力，改變個人固有方式，適應他人，減少摩擦。

3.做事正確、謹愼，凡事顧慮周到，他人之錯誤應小心而技

巧的糾正。

4.自信、自尊，工作經驗雖很重要，但是自信是一種方法，能自信，才能對工作有信心。做事修身應有一定的態度和準則，方能鞏固本身之地位，獲得他人尊敬。

5.積極主動，保持警覺，判斷正確，不可等待事情之進行，應隨時注意事情之發生，以正確之判斷主動處理事情。

6.自我鞭策，不斷學習，進修新的技能，保持工作之能力及水準。

7.良好儀表，雖然不必打扮得花枝招展，但應做到整齊、清潔，隨時給人清新、賞心悅目的感覺。

8.要誠實，要有自知之明，選擇時間和地點表露自己的才華。

9.在工作上越得信任，就越要注意自己的言行，培養謙遜之美德。

四、說話的技巧

語言是人類傳遞訊息、增進了解、建立關係、減少爭端、消除誤會的主要工具。語言更是人們表達自己思想的方式。語言是溝通的橋梁，說話時運用合宜與否，態度、語調、聲音大小高低、肢體語言的運用，都會產生截然不同的結果。

不論是工作或日常生活，都須藉由語言的技巧來表達意見，因為說話不當，一時疏忽或是缺乏訓練，發生了許多錯誤及誤會，導致人際關係的失敗，這也是常有之事。社交場合談話時不僅要注意態度措詞，還要適時適地適人講話，更要顧及內容是否恰當。掌握說話的藝術，不僅有利結交新朋友建立關係，也能維繫舊朋友的友誼，擴展自己的人際關係。

　　語言也是在職場中專業要求的主要項目之一，每一個人踏出社會謀求一份工作面試時，就要面對主試者的言詞考驗。他們千方百計的以各種方式測試你的表達能力，是不是能將你的知識、專業能力、技術、經驗以及個性、人際溝通、人際關係等，在短短的時間裡充分發揮出來。雖然他們知道，說話和表達技巧是可以經過訓練而成功的，但是他們絕對沒有耐心慢慢等你學習成長，因此，如何在步出社會前，在成長的過程中，培養表達的能力，是非常重要的功課。

五、秘書工作說話的要求

(一)表達能力

　　在工作時有很多需要說話的場合，例如：

1.向主管報告事項：要能在有限的時間將報告事項的重點說清楚，使主管盡快了解事情的始末，做出正確的判斷和處理的方式。

2.主管交代準備及擔任報告的任務：在會議時，宣讀紀錄及做會議報告，或是做簡報等，能夠口齒清晰、語調平順的完成任務。

3.會議及公開場合應答：開會時需要發言或是應答，態度要大方，把握重點，掌握技巧的發言。

4.掌握發言的時間：說話人人會說，但是如何在有限的時間裡，讓人聽得懂，講清楚，不囉唆，才是說話表達能力的展現。

(二)溝通的技巧

說了許多話卻不能達成任務，徒然浪費了自己和別人的時間，所以用說話來做溝通時，技巧的熟練是很重要的。

1. 聆聽：溝通的第一要件就是聆聽，唯有仔細的聆聽，耳到、口到、心到才能接收正確的訊息及工作的指示，也表示對談話對方的一種尊重。談話的時候，不要任意打斷別人的談話或勉強加入別人的談話。

2. 協調與合作：工作時與各部門多少都會產生直接或間接的關聯，如能在決定之前先與有關單位或是有關人員聯繫溝通，取得協調和共識，一方面表現對有關者的尊重，同時也可避免自行決定後，對方認為不受尊重，本能的產生反彈，反而要花更多的時間精神去解決問題。

3. 避免衝突：言語不當、用詞不妥、態度不佳，都容易引起誤會和衝突，增加溝通的困難，否定式、命令式、權威式的說話方式都容易遭到直接或間接的反抗，所以說話要避免與人發生衝突，多用肯定、讚美、認同的態度和語氣溝通，會使事情處理起來容易得多。即便是在過程中發生誤會，也要有紓解的能力和技巧。

4. 學習成長：學習是成長最可靠的方法，平時多接觸溝通高手，觀察其表達方式，除了專業知識外，也可多參考各種溝通表達的書籍，多聽專家的演講，尋找機會實地演練，接受同事前輩或專家的建議和指導，一定很快能體會溝通的技巧，成為溝通高手。

(三)說話的禮貌

語言是溝通的橋梁，說話時運用合宜與否，態度、語調、聲

音大小高低、肢體語言的運用，都會產生截然不同的結果。不同國家民情也有不同的語言表達方式，所以不論會不會說話、表達能力技巧如何，說話首要注意禮貌。

社會進步並不表示道德禮儀規範可以一併捨棄，物質文明生活條件進步，許多古老的禮儀會隨著時代而改變，但是一些人與人之間的往來，不論在電話中或是面對面溝通，忍著不跟對方發生爭辯是很重要的，爭著說明只會使對方更加惱怒，不是認為在敷衍搪塞，就是會發生言語的爭執，要說明也要等對方說完以後再做解釋，認錯並不是一件丟臉的事，尤其不是什麼了不得的大事，口頭道歉可以化解怨氣，避免僵局，擺脫敵對狀態，大事化小，小事化無，何樂而不為呢？因此不管什麼情況，若能避免無謂的口舌爭執，不僅減少時間的浪費，同時雙方也不會撕破臉傷了和氣。以下說話注意事項提供參考：

1. 尊重隱私：不要探人隱私，每個人多少都有些不希望別人知道的事，如果不是影響公務，侵犯他人的權利，應給予適當的尊重。俗話說「莫議人之短，莫道己之長」，是說話的千古名言。
2. 說話要誠懇謙虛：說話時，語言、態度、眼神、表情等的表現都要誠懇，態度要謙虛友善，有錯要勇於認錯道歉。否則還不如一個善意的微笑，更能博得別人的好感。
3. 聲音要適度：高低、速度、音調、快慢適當，避免鼻音、尖聲、咬字不清，敘述事情要條理分明、簡單明白。
4. 把握說話的主題、重點：不要冗長、乏味、吞吞吐吐、說重複的語句。要言之有物，言之成理，順理成章，才能達到說話的效果。
5. 要有機智幽默感：幽默感說來容易，要做到恰到好處，卻是很不容易的。若有這天分，可好好發揮，如能講句具有

哲理的句子、說段笑話，氣氛輕鬆又能表現自己的深度，若沒有機智幽默的本能，則多做培養練習也可獲得改善。

6.適時、適地、適人：適當的時機、地點，容易為當事人理解的語言表達。社交場合適宜談一般性的話題，如運動、健康、旅遊、食物、流行風尚等，不傷大雅，每個人都可加入話題。

7.「想」著說話：會說話的人「想」著說，不會說話的人「搶」著說，愛說話的人並不一定是會說話的人。

8.方言的使用要視情況：說話場合大家都懂得某種語言，當然可以使用該語言，又親切，溝通亦方便。但是如有人不懂，則應使用共同聽得懂的語言。

9.批評否定要小心：讚美批評適當運用，可先稱許對方的成就，緩和緊張的氣氛。個人的情緒因素牽涉進去，不僅不能解決問題，反而惡化人際關係。

10.肢體語言的表現：姿勢儀態優雅，眼光注視對方不要東張西望，心不在焉。手勢恰當，動作不要妨礙他人。

六、演講技巧

許多演講家常自誇的一句話：「天下沒有不好的演講題目，只有講得不好的演講人」。天生會演講的人少之又少，絕大多數都是靠後天不斷訓練、努力，累積經驗，才能有爐火純青的技巧。一般言之，要做一個演講人，可從以下幾點著手。

1.慎定題目：吸引人來聽演講的原因，一個是演講者個人的魅力，另一個就是題目的吸引力了，所以題目要定得直接、清楚，引起聽眾的興趣，當然選擇自己專業及熟悉領

域的題目做演講是最爲重要的。

2.好的開始是成功的一半：給聽眾的第一印象是很重要的，「好戲在後頭」這句話是不能用在演講中的，應該要將精華部分拿出來打頭陣，有時也可用一個眞實故事，一次自己的經驗，某位名人的話或是最新的資訊做開場白。

3.生動比喻眞實故事：抽象的原則是理論的基礎，但是可以用一些故事、實例或是比喻，將抽象的條文用生動的方式表現出來，多描繪一些人物或特別的地方，會更能活潑講演的氣氛。

4.見好就收：把握時間、控制時間、重點提示、見好即收，不要拖泥帶水，做個掌控全場的人。

5.「衣」表人才：服裝儀容是個人形象的一部分，站在台上穿著合宜，不僅是禮貌，也可塑造個人魅力，爲演講加分，男士西裝、女士套裝或洋裝，是最保險的穿著。

6.自信：對自己要有自信才能讓聽眾產生信任及肯定，說服對方要有內容充實的講稿，要有適當的儀容修飾，聲音語調強弱適中。

第十二章
公共關係

近幾年來，隨著政治的改革、社會運動的萌芽、文化的調整、危機管理的重視，國內不論是民營企業、政府機構、社會團體，均已體認公共關係的重要性，紛紛成立專責部門或聘請公共關係顧問公司負責公共關係業務，以因應目前多變的經營環境。秘書的工作內容與公共關係工作十分密切，所以本章將公共關係的工作簡單敘述如下。

一、公共關係概說

近二十年來科學與技術的快速發展，使得現代的生活變得極為複雜。電子電腦的設計及應用，人們能在同一時間處理各種不同的事件，並且可以在極少的人力下擴展其業務，人們變得異常忙碌，而人所接觸者也僅限於工作、機器，以及操作上相關的人。

這種忙碌的現象，無可避免的將造成人與人的接觸及交往傾向於「職業化」或「官式化」的現象，而不是過去生活於「文化式」的人類了。人們感情的交流也趨向「技術性」，有些專門的術語或是特殊的隱語，更是只有少部分同樣圈子裡的人才能了解，這種情形在世界商業中心的各大城市中，表現得最為明顯。

由於這種情形，生活在大都市的人都偏向「無人格」的趨勢，他們害怕參與他們所不能認同的事務，他們固執地與他們所認識的及所信賴的人生活在一起，並逗留在自己感覺安全及被認為受尊重的群體組織。因而在整個世界上、國家中、社會裡，這些大團體中形成無數個小集團。由於這些小集團的形成，使得人們在語言上、觀念上、思想上的交流更形困難，也許雖然用著相同的文字，但卻有著不同的意思，善意的言辭和忠告，也許常被錯誤解釋，這些都非常容易造成彼此的誤會和衝突。因此如何能

夠使大眾的思想、言行溝通，有賴某些專門的學問予以引導、協調，方能促進社會的和諧與進步。

公共關係就是解決「溝通」上某些問題的方法。特別是針對一個機構和其有關的「公眾」，諸如機構內部的人事制度和職員關係，機構本身與外部客戶和股東的雙邊利害關係等等。因此「公共關係」在現今商業機構的管理技術上，占著重要的地位。

企業的經營不只是獲取經濟的利益，也要善盡社會的責任，如何塑造企業的形象，提升企業的知名度，如何借助公關活動促進產品的銷售，也都成了企業公共關係重要的工作。

一、公共關係之定義

公共關係的定義很多，學者專家也為公共關係下了不同的解釋，從最簡單的「溝通」，到以不同的行業角度詮釋數百種公共關係的定義。不論從哪一方面去界定公共關係，總是脫不了以下的幾點：

(一)公共關係定義基本要件

1.刻意的：有計劃的設計某項事件影響他人，獲取同情或認同，希望提供的資訊得到傳播對象的回饋。

2.事先策劃、長久持續：公共關係是有計劃、有組織地找出企業體的問題，研究分析，解決問題，是長期而有系統的活動。

3.傳播表現：實際的政策資訊，傳播表現給公關對象，得到回饋及支持。

4.共同利益：大眾利益與本身利益相結合，達到互利的目的。

5.溝通：對內對外、上下相互平行溝通，散布資訊，聽對方
　傾訴，獲得內外公眾之回饋。

6.管理功能：最高管理部門決策工具之一，公關提供意見及
　解決問題，做好諮詢的工作。

(二)公共關係定義摘錄

以下摘錄數種公共關係代表性之定義以為參考：

1.公共關係即為「某一個人或機構與其有關大眾建立良好關
　係的技術，其決策應以大眾利益為前提，並利用傳播媒
　介，以真誠良好的態度，提供真實報導，經常與社會大眾
　保持相互聯繫，努力使本身之利益與態度和大眾利益與態
　度相合為一體」。

2.公共關係，對內就是企業將經營的理念和目標正確傳達給
　全體員工，使其了解參與、共同為公司而努力；對外就是
　讓社會大眾認同企業經營理念，塑造企業良好形象，使企
　業的產品或勞務能為社會大眾所支持。

3.所謂公共關係就是某一個人或組織為使其個人或團體獲得
　更多的利益，而適當的運用其本身的政策、勞務、服務與
　活動，使社會真正理解，並給予適當評價。

4.公共關係是個人或機構對不同組織團體的溝通，增進互相
　的了解，減少摩擦，爭取最大的互利。

5.公共關係是有企圖、有計劃、持久的努力，以求建立及維
　持與公眾之間的相互了解與利益。

6.公關協助一個組織和她的群眾採取彼此互利的態度，公關
　也是一個組織為了得到群眾的合作所做的努力。

7.公共關係是讓企業體內員工獲得疏通管道，產生向心力，
　是將企業成長的目標及方向，向大眾求取認同及支持。

8.公共關係是指公司機構衡量公眾意見，運用有計劃的蒐集大量的資料，力求政策或措施的配合，爭取並維持公眾之了解、接納與支持，用以獲得共同利益。

9.公共關係是一種管理功能用以辨識建立維持一個組織和各群體之間的互惠關係（Center , Cutlip, *Effective P. R.*）

三、公共關係部門的工作

企業成立公共關係部門或是無特定公關部門，都會從事許多公共關係的相關業務，爲企業體做溝通、協調、宣傳、幕僚、諮詢等工作。每個機構因行業性質公關對象不同，所採用的公共關係的方法和技術，也用不同的計劃和方式推動。除了有系統的計劃外，各機構應配合客觀的情況加以定義，也就是每一機構應該擬定一份適合該機構的公共關係計劃，並成立一個公共關係專責部門，安排適當的工作人員，執行及推動公共關係工作，共同努力達成預期目標。公共關係部門的任務和工作可分兩點說明：

(一)公共關係單位的任務

■內部方面

設計企業體之公共關係計劃，宣揚公司政策和方針，傳達企業文化，協助高階層到低階層相互間意見的溝通，鼓勵員工認識自己的價值，培養其對公司的認同感與向心力。

■外部方面

創造社會大眾對企業體正確的形象，將公司之政策與活動利用適當的媒介傳遞給公眾，使其與客戶、股東、政府、新聞界、社區、國際等有關公眾維持友好而長久的關係。如此公共關係單位才能成爲企業最高當局顧問的地位，溝通的橋梁，進而達到管

理的功能。

(二)公共關係單位的工作

■擬定公共關係計劃、目標、預算

擬定公共關係計劃之前,應就機構的需求,先做研究調查,進行評估,確定機構為何需要公共關係,可以如何運用公共關係,預期可達到何種功能。若是肯定對公共關係的需求,則可擬定公共關係計劃,並將近期、中期、長期目標明確設定,預算費用分配方式,方能使公共關係工作不致流於形式。

■建立與維護公共關係對象之關係

每個企業體周邊的環境,都是企業公共關係的對象。所以從員工、股東、顧客、政府、社區、新聞界、供應商、批發銷售商、金融界、甚至國際關係,都是公共關係單位需要溝通的對象,因此如何建立彼此之間的良好關係、維護長久而友好的互動態度,就是公共關係部門的責任。

■規劃、推動各項公共關係活動

不論企業塑造形象、促銷產品、辦理各種活動,借助與傳播機構聯繫、廣告的刊登、企業識別系統的製作、刊物的出版、各種報告、簡報之製作、聯誼活動、展示會之籌劃、甚至公益活動的辦理等等,都是公共關係部門或是與公關、廣告等專業公司合作規劃推動的工作。

■資訊的彙總、分析

在這各行各業競爭激烈的社會,情報的蒐集、活用,影響至巨,能掌握行業的動態、社會的脈動趨勢,方能領導企業走向正確的方向。所以公共關係部門經常要做調查、剪報、蒐集資料、分析、彙總,才能提供決策單位有用的建議,真正做到諮詢的功能。

■危機協調與處理

　　企業或多或少都會有些危機發生，危機管理是公共關係部門最重要的工作之一。危機管理包含危機未發生前之預防，危機發生時之處理，危機後之復原三項主要工作。危機事件小至員工與主管不和，大至勞資糾紛、意外災難事件等，公共關係部門平時就應擬定一項危機管理計劃，注意平時異常現象，檢討企業形象，事先預防或處理可能的危機事件，模擬及設計應變方法，如此不但能預防危機的發生，同時即使危機發生，亦能按照平時的演練盡快處理。

■評估、檢討公共關係運作的績效

　　公共關係部門對於企業公共關係計劃的執行，應該定期評估，雖然公共關係工作很多的效益不是馬上可以表現出來的。公共關係的工作是整體的，是全員參與的，而且要有計劃持續性的努力，才能顯現其真正的功能。但是對於公共關係所做的各項工作，都應檢討、修正、評估，以期設計更適合企業的公共關係計劃，找尋更有效的執行步驟，期盼未來的豐富回饋。

四、企業界的公共關係

　　近年來，由於社會的進步、政治的改革、環保意識的興起、傳播科技的進步，使得政府或民間都開始體認「公共關係」的重要性，尤其是當企業界面對越來越激烈的競爭，消費者意識的抬頭，企業危機的發生，因而為了促銷產品，建立形象，善盡社會一分子的責任，努力使本身利益與大眾利益相結合，所以紛紛成立公共關係部門，或是委託專業的公共關係公司協助處理公共關係事務。

　　企業因為目標、組織和性質不同，而有多種公共關係目標、

策略、方法等的不同需要。但是大體言之，企業的公共關係對象，可分為內、外兩方面，對內可以透過策劃的管道，使員工及股東了解公司的經營理念與目標，培養員工敬業樂群的工作態度，全力為公司服務；對外，可透過各種媒體及方式與消費者、社區團體、供應商、銷售商、政府、新聞界，甚而同業競爭者，保持良好的溝通，給予企業支持，促進企業的發展。

現就企業的主要公共關係對象，說明如下：

(一)職工的公共關係

良好的公共關係應自企業內部開始，企業不重視員工，就不可能有良好的管理制度和生產成果，員工是企業的根本，沒有優秀的職工，企業不可能成功。同時公司的任何一位工作人員的言談和行為，常被認為代表公司的形象，在這講究全員公共關係的時代，影響至巨，所以公共關係首要注意的就是職工的關係。

■建立良好的職工關係

1. 健全的人事制度：健全的人事制度是職工計劃的基礎，職工計劃必須以滿足員工的需要為原則。諸如待遇合理、工作有保障、福利措施良好、有平等升遷的機會、員工工作受到尊重及肯定、同事合作愉快等。此外應建立有效激勵員工士氣的制度和方法，對於公司政策及組織情況也應讓員工有所了解。

2. 公司政策及活動使員工了解：為建立員工的向心力、歸屬感，一定要使員工了解公司的政策和各種活動，真誠地與職工宣導公司的事實情況、經營理念，建立企業的特有文化，平時要保持溝通管道，有問題隨時溝通，提供資訊使員工了解問題真相，有變革亦事先宣導，如此方能培養員工的參與感，真正與公司同進退。

3.尋求職工的交流：員工應有雙向溝通的機會，所以公司應積極尋求員工對公司管理當局的意見及建議，作為修正人事政策及改進工作之參考，亦應設立職工申訴的機構，以公開、公平的態度處理員工的問題。

■職工關係溝通的方式

1.出版刊物，報導公司動態。

2.布告欄、壁報之利用。

3.廣播、閉路電視、電影視聽器材之利用。

4.設置意見箱及申訴、建議管道。

5.職工代表參加公司會議、員工會議。

6.主管訪問員工，開門接談。

7.員工及眷屬參觀公司。

8.舉辦員工休閒及各種活動。

9.問卷調查。

不論以何種方式推展職工的公共關係，都應配合公司情況、職工需求，而將各種方式混合或搭配使用，使工作發揮最大效果。

(二)股東的公共關係

在自由化經濟社會體制下，公司由少數股東組成的固然很多，但是企業大眾化，也是必然的趨勢，因此公司之所有權人，不僅限於某些個人，團體亦為構成股東的重要分子。由於企業股東都為特定及可掌握的大眾，企業對股東的公共關係單純得多，但是以企業出資人來說，企業與其之間的關係是很重要的。

企業與股東間良好關係的維持，最重要的是要擬定健全的財政政策，與股東保持密切的聯繫，提高股東對股權的自尊，使股

東感受企業的活動都是為了股東的利益，使股東願意與企業積極合作，謀求企業的發展，享受參與企業的光榮，而非僅為紅利而已。

股東關係溝通的方式：

1.財務報表：公司年度報告、財務分析報告等。

2.刊物：股東雜誌、各種公司發行的刊物。

3.個人訪問：電話、郵件、訪問，維持股東之興趣與聯繫。

4.股東大會：報告公司業務，產品展示，公司參觀，意見交換，或是招待度假娛樂。

5.調查：股東認股因素，產品使用，紅利分配等之調查。

(三)顧客的公共關係

滿足顧客的需要，獲取經濟利益，乃是目前企業最大的目的，因此企業是否成功，要靠顧客的支持和信賴。而顧客的多寡，又要視每個公司之性質和產品之不同而擁有不同的消費大眾。因此每個公司應根據其本身產品及服務性質來決定其關係最密切的顧客大眾，制定顧客的公共關係計劃，這種計劃應以消費者的利益為前提，也就是讓消費者有「知的權利」、「安全的權利」、「選擇的權利」、「意見被聽取的權利」。

■企業與顧客公共關係計劃之制定

1.經常調查：利用各種方式調查分析，以獲得顧客對公司的產品、服務或公司政策的意見，以謀改進，並藉此培養企業的商譽。

2.改善服務品質：給予員工良好的訓練，了解公共關係是每一位員工的責任，如此才能為顧客提供迅速、禮貌而周到的服務。

3.產品的報導：利用各種媒體、報導或宣傳公司的產品和服

務，務必以誠實、不虛僞誇大的態度，推廣企業的產品，
使其爲消費者所接受。

4.聯繫合作：保持與消費者的聯繫，使消費者對公司產生感
情，成爲產品的忠實愛用者。對與本公司產品有關係及影
響力的團體，應加強聯繫合作，藉團體的力量和信譽，推
廣本企業產品。

■顧客關係溝通之方式

公司與顧客溝通可分爲私人聯繫及大眾傳播媒體兩方面。私
人接觸雖爲直接的途徑，但是由於接觸的範圍有限，往往不能充
分發揮功能，因此大都借重大眾傳播媒體的影響來推展與顧客的
關係，其方式如下：

1.新聞及廣告：利用報紙、雜誌、刊物等的新聞或廣告，做
有系統的報導，效果最廣。

2.視聽通訊：利用電視、電台廣播、電影宣傳片等視聽媒
體，製作節目或廣告，以服務、娛樂或評論的方式，達到
宣傳目的。

3.刊物與通訊：製作期刊及用戶通訊，不但可以與用戶及顧
客保持聯繫，掌握顧客的資訊，並藉以蒐集問卷資料、消
費者意見，以爲企業參考。

4.舉辦活動：招待顧客參觀公司，舉辦展覽會、表演會，各
種運動活動的贊助等，一方面可推展產品，一方面可塑造
企業良好的形象，推廣企業的知名度。

(四)政府的公共關係

現今世界各國對於企業界的各項措施逐漸加強，爲求彼此的
充分了解，企業界必須採取有效的步驟，與政府保持良好的關
係。與企業界有關的政府大眾可包括中央及各級地方政府機構、

官員、各立法機構及民意代表。

企業界因要了解各級政府之職務、各部門的工作程序，且須探聽擬議中之立法、新頒法律、條例、總則及政府之各項規定等等，最好能有聯合公會之組織，由專人負責，如此比各個企業各自進行要方便和有效得多。

企業界對政府關係之媒介，主要採私人接觸方式，因爲有關之政府官員有限，目標確定，進行比較容易。一般之方法如下：

1. 私人訪問：企業代表向有關人士解釋問題，尋求了解。
2. 舉行餐會：以餐會招待有關官員，報導企業界之問題和需要，並交換意見。
3. 開放工廠：開放工廠，招待政府人士、民意代表參觀，使其對企業之操作、問題能有所了解。

(五)社區的公共關係

現代的企業或多或少都與所在地的社區發生一些關聯，大型企業更因社會運動的興起，環保意識的高漲，直接影響到公司的生存。所以現在的企業爲了生存，推展其產品和服務，塑造企業形象，增加員工的士氣、認同與榮譽，都主動、積極的推展與社區的公共關係。

■社區關係規劃的要點

1. 社區的需求和目標：社區環境的維護，幫助社區民衆就業，支持社區公益文化活動等，企業應根據社區的需求而制定計劃，逐步達到目標。
2. 溝通的方式和對象：用哪些方式與社區溝通，最能發揮效果；社區的正式和非正式民意領袖的聯繫與溝通管道是否暢通，是社區關係發展的重要因素。
3. 訂定社區關係計劃：計劃的目標、使用的人力、推動的時

間、花費的預算及可利用的當地資源、使用的方法，都應
在社區的公共關係計劃中詳細說明，以為行動的依據。

4.評估社區公關發展的成果：計劃實行前預估效益，實行後
更應評估其結果，以為改進的參考。

■社區關係溝通的方式

1.刊物、出版品分送社區民眾。

2.舉辦各種活動，如運動、健行、展覽等。

3.參與並贊助公益活動，如急難救助、地方慶典、醫療服
務、獎助學金、文化民俗活動等。

4.協助地方環境的美化與改善，如公害的防治、道路公園的
美化、交通的改善等。

5.訪問社區領袖，參與地方活動與會議。

6.開放參觀，提供場地供社區民眾活動。

7.提供就業機會，安定社區，繁榮地方。

(六)新聞界的公共關係

新聞界不僅是企業界的一個重要大眾，更重要的是，新聞界
是企業界與其他大眾取得聯繫的主要媒介。善於利用新聞界之關
係，就可透過這個媒介與其他大眾建立良好關係，所以新聞界在
公共關係計劃中，占有極其重要的地位。

企業界與新聞界良好的關係，應建立在報紙、電視台、電台
等的記者、編輯及評論員的關係上，其中尤其以報紙的關係最為
重要。

在企業裡，原則上企業中的每一個人都在直接間接的推展新
聞界之關係，但在正式組織上，與新聞界的關係，應該是公共關
係部門的直接職責。

企業界的新聞應當在適當的時機提出正確而富有報導價值的

消息和資料，如本身不能寫出新聞稿，應請記者代為處理，通常企業界可發布的新聞大約有：新產品的發明、工廠之擴建、重要人事的調動、新式機器及設備之使用、公司有意義的活動、公司之意外事件等。

■企業與新聞界的溝通

1.認識媒體的特性：主動了解媒體定位、工作、作業流程、截稿時間、媒體的種類等，有基本認識後，方能配合各種媒體，達到傳播的效果。

2.媒體與大眾的需求：預先設想媒體人員的需要，以大眾及媒體需求為出發點，新聞的價值和立即性如何，讀者、觀眾、聽眾的需求又是什麼，如此新聞人員才有興趣報導，社會大眾才會注意傳播的訊息。

3.誠懇與尊重的態度：保持主動、誠懇的態度與媒體人員溝通，建立良好的人際關係，彼此互相尊重，不要玩花樣，才能充分發揮與新聞界良好關係的效果。

4.溝通人員的權威性與公平態度：企業與新聞界溝通的人員，應對企業本身有相當的專業了解，職位、授權程度要能受到對方的肯定和尊重。對待新聞媒體人員，亦應公平，不可厚此薄彼，獨家報導反而因小失大，因此企業與新聞界往來的公共關係人員，應具有權威性與公平性。

5.溝通內容：要有充分的準備，缺乏事實根據的論調，不易達到溝通的目的。溝通內容言之有物、準備充分，有價值、簡單扼要、淺顯易懂、口齒清晰、說服力強、有系統提供訊息。避免商業化、廣告化無事實根據之溝通。

■與新聞界溝通的方式

1.私人接觸：平時保持聯絡，隨時注意記者的異動，與記者

個人保持良好關係，以私人友誼影響新聞界。

2.記者招待會：重大新聞可舉行記者招待會，廣泛提出說明報告事實及回答詢問。

3.以新聞稿、特寫、特稿發布新聞。

4.新聞預展：未展覽前，事先以預展招待新聞界參觀。

5.聚餐會：平時或定期舉行餐會，邀請新聞人員餐敘，聯絡感情，交換意見。

6.資料提供：平時提供相關照片、新聞照片及資料、印刷品，送新聞界使用參考。

■企業意外事件處理與媒體的互動

1.推定能代表企業的發言人，統一對媒體發布消息。

2.協助記者迅速、正確而完全的採訪，並盡量給予方便。

3.不可企圖隱瞞真相，說謊是危機事件處理最大的危機。

4.不可拒絕記者進入公司或工廠採訪，除非危險性尚未解除。

5.在紊亂時期，消息真相不易獲得，應就所知，告訴新聞界，不可胡亂猜測情況，以免不實報導。

6.不幸事件之有利不利事實，都應發布。

7.事件刑責由司法機關負責，不可任意猜測。

8.對各方面之記者應一視同仁看待，厚此薄彼，容易造成糾紛。

■企業可發布的新聞

1.「新」：新產品、新技術、新包裝、新機器、新廠落成、分公司成立等。

2.「財務」：年報發表、股息分派、大宗訂單、業績報告、生產紀錄、價格變動等。

3.「人事」：高階人員任命、升遷、退休、受獎等。

4.「活動」：舉辦大型活動、慶典、促銷等。

5.「榮譽」：公司員工榮譽獲獎 —— 運動、娛樂、比賽、英勇事蹟。

6.「危機事件」：意外災難、勞資糾紛、罷工、裁員等。

五、記者訪問、記者招待會、酒會

(一)記者訪問

■電話訪問

冷靜與禮貌，掌握問題，空檔思考，公關部門協助棘手問題及後續工作。

■直接訪問

事先取得題目，公關部門提供背景資料及相關報導參考，預留足夠時間，可請公關部門列席協助。

■注意事項

可說的話：說實話、禮貌、平靜、態度合作、聽得懂普通語言、不提質疑不正確答案。

不要說的話：無可奉告、說謊、反問、要求審稿、爭辯、推諉責任、爭取同情、重複問題、中途離開等。

(二)記者招待會

■記者招待會目的

以雙向溝通的方式，透過不同新聞媒體，公平、快速及廣泛地傳播主辦單位的訊息和意見，是一種雙向溝通的方式，通常代表人發表開場白或說明主題後，再答覆記者的問題。

■記者招待會的功能

透過不同新聞媒體，公平、快速及廣泛地傳播主辦單位的訊息及意見。

■種類

1.對於突發事件或引起爭議情況，舉行記者會說明或辯解。

2.某類新聞後自然舉行的記者會：如諾貝爾獎公布後，得獎人舉行記者會接受記者的訪問，運動選手得勝後、選舉勝利後亦同。

3.政府機構定期舉行記者會：如每週的行政院院會、美國白宮每月的總統記者會等。

4.企業重大事件記者會：如重要人事更動、新產品發表、公司變動等。

■召開記者招待會的原則

1.要有新聞價值。

2.新聞未達重大新聞標準時，可用新聞稿傳送媒體發布新聞。

■安排記者招待會注意事項

1.選擇方便的地點：地點要適中，交通、停車方便，環境優雅，餐飲精緻，可以選擇飯店、俱樂部等地，場地大小合適，設備亦能配合，結束後也有空間可以交誼。

2.日期、時間：不要與其他重要記者會同時，週五下午、假日不宜，時間不宜太早，以上午十時後下午二時後為宜，原則不超過一個半小時，可以趕上午間或晚間新聞播報及發稿。午餐會也是一種很好的記者會方式。

3.邀請函：及早邀請，最少兩星期前寄出邀請函，內附資

料、記者會目的、重要出席人等資訊，一兩天前再以電話
邀請，同一媒體不要同時邀請採訪記者和工商記者，以免
工作性質不同，造成困擾。

4.記者會前新聞稿：重要記者會前一天可發出新聞稿，宣
傳、提醒記者會的重要性。

5.主持人的準備：主持人說話要有權威和態度公平，聲明或
說明稿事先要做演練，準備可能提出的問題。

6.資料袋：內裝公司資料、書面資料、相片、新聞稿、樣
品、贈品、交通費等。

7.視聽器材的準備：單槍投影機、投影機、錄音機、幻燈
機、麥克風、海報等。

8.會場布置：主持人台、記者席、簽名桌、攝影記者位置、
記者會大名條、出席證（名牌）、各種標示牌、指示牌、主
題標示等，桌椅安排一般不設固定座位，自由就座，花草
盆景可請花藝公司設計提供，最後，事先要檢查會場，確
定各項工作完備周全。

9.工作人員：

　(1)接待人員：事前訓練，人不在多要能稱職。接待人員要
　　準備簽名簿、名牌、資料、胸花等簽名時之必需物品，
　　並做就座引導接待的工作。

　(2)操作人員：各種電器用品、器材操作人員，要事先安排
　　準備。

　(3)攝影人員：事先聯絡準備需要器材。

10.飲料點心：精緻一流，避免酒精飲料。會後茶點增加主辦
單位與記者交誼機會。

11.停車問題：要考慮都會區停車問題，如在飯店舉行記者
會，可與飯店協調停車優惠，並可事先將停車證附在邀請
函中，增加誠意。

12.廣告跟進：如為發表新產品宣傳，第二天廣告應跟進，記者會後隔天應密集在各媒體登廣告連續數天，加強宣傳效果。

(三)酒會

1.目的：新產品發表、迎新送舊、週年慶、開幕、喬遷、推銷商品等。

2.時間：下午四至六時、五至七時。

3.場地：因人員流動大，場地大小須適中，以免人多太擠，人少冷清。

4.邀請卡：目的清楚，兩星期前發出。可附停車卡、名牌、回覆卡、提醒貼紙、贈品券等。

5.餐點：人數與定餐點配合，食物挑選精緻並與預算配合，飲料提供可按杯計、缸計、按小時計，會場可請服務生在場中流動送飲料點心。

6.接待人員：資料準備、簽名簿、送花回卡、放名片銀盤、胸花等。

7.停車安排。

六、企業發言人

(一)企業發言原則

適當的、有效的、有計劃的為企業發言。掌握 When 、Who 、 How 、目標、資源，因時間、空間、環境條件不同而有不同的組合應對。

(二)發言形式

1. 企業本身發言人：企業發言人、各級主管或特定員工。
2. 第三者發言人：立場客觀、超然、沒有利益輸送或利害關係、形象良好、有公信力及說服力的第三者，如媒體、意見領袖、學者等。

(三)發言人工作原則

■主動接觸不迴避

1. 口頭接觸：電話、面對面溝通，每月固定數次提供公司近況、有用資料保持聯絡。
2. 書面接觸：公司重大訊息、新聞稿、特稿，主動傳真媒體參考。

■有問必答不隱瞞

法令範圍內，可公開資料，有問必答，避重就輕，靈活應對。

■誠實可靠不欺騙

不可誤導媒體或對不同媒體做不同報導。

■一視同仁

對所有大小媒體應公平對待。

■隨時有人不空城

發言人不在，應有代理發言人，並在截稿時間前，回答媒體詢問或要求。

■發言管道統一

發言人以一人為原則，不可造成混亂，主管對媒體談話，發言人可在旁協助。

■與媒體建立默契

　　與媒體確定互信關係良好，不欲為外人知的消息應守口如
瓶。

七、危機管理

　　危機是企業不可預期的傷害，企業在多變的環境及各種變動
因素影響下，危機隨時都有可能發生，如果組織沒有做好危機管
理的策略及應變措施，一旦危機發生定會對企業或組織造成嚴重
傷害，所以危機管理是公共關係人員重大的考驗。

(一)危機管理定義

　　所謂危機管理是將企業關鍵時刻的風險或不確定因素消除或
是降低，使企業避免或減少傷害，維持企業生存與發展。

　　美國公共關係教授 Otto Lerbinger 則認為，危機是「將企業
或組織陷入爭議，並危及企業未來之利益、成長或是生存的事
件」。

　　因此危機是將企業陷入經營困難或是影響企業生存的重大事
件，而危機又常常是不確定性的，企業無法預測或估計何時危機
會真正發生，危機一旦發生也有時間的壓迫感，企業主管必須在
最短的時間內做出快速而正確的處置。企業的危機除了重大意外
災難事件外，尚有其他程度不同的危機可能發生，諸如歹徒勒
索、消費者抵制產品、產品侵害他人權益、產品品質瑕疵、員工
健康傷害、勞資糾紛、管理者財務問題等，任何一項發生問題都
會影響企業的經營發展。因此企業要制定危機管理的機制，平時
要著重危機的預防，加強危機管理意識，避免或化解可能產生的
危機。萬一發生危機事件，應有應變策略迅速處理。危機處理

後，須思考如何盡速恢復元氣，重新出發。

(二)危機管理原則

　　危機管理的階段可分幾個階段來做規劃，首先是偵測可能的危機因素發現警告信號；其次就是危機應對的準備，最好能有預防的措施使危機能及早化解；第三是危機不能避免發生的處理階段，如何盡速處理控制損害的程度；第四是復原計劃恢復企業元氣，最後就是記取教訓吸取經驗，避免危機再次發生。危機管理可以下列原則處理：

1. 預防勝於治療：危機事件雖然具有不確定性，但是如何防止危機事件的發生，消除危機發生的風險或疑惑，或是減低危機發生的傷害，最重要的工作就是預防危機的發生，除了制定危機管理計劃外，尚應有危機小組組織，注意企業大環境之發展與改變，檢討企業負面形象，注意可疑事件及企業內外部異常現象，並定期模擬演練危機事件及訓練應變的能力。

2. 加強危機教育，提高危機意識：平時加強危機教育，使全體員工都具有危機管理的觀念，企業內外溝通的管道暢通無阻，避免危機產生。

3. 建立內外溝通管道：溝通不良，缺少溝通管道及機會，容易產生誤會，企業內部上對下、下對上、平行之間溝通無礙減少摩擦，企業對外做好公共關係，與媒體、政府、警政機構維持良好關係，發生危機事件可有暢通管道尋求協助。

4. 掌握危機事件事實：第一時間掌握事實情況，誠實是最好的原則，謊言增加處理困擾及傷害。

5. 當機立斷迅速處理：危機事件企業應以負責誠懇的態度盡

速處理，減少媒體曝光及對企業造成之傷害。

6.成立危機處理小組：企業應有危機處理小組的機制，視危機事件類型機動編制小組，並規範各小組之職掌。例如意外災難事件，應設指揮中心，由總召集人負責全盤指揮調度行政聯繫工作，另設公關組負責協調、聯絡媒體對外發布新聞及發言工作，接待組負責家屬聯絡接待工作，法務組負責法律保險協商工作，勤務組負責現場支援工作等。

7.化危機為轉機：危機也是轉機，企業因處理危機事件的誠實負責態度獲得社會及消費者肯定，建立新的企業形象，或是企業因危機事件產生的生存威脅，使企業重新運作以新的面貌適應新的環境，危機對企業來說也是一個很好的革新機會。

(三)危機處理步驟

企業如有危機管理的機制，發生危機事件，即可按照危機處理的步驟迅速處理，僅提供以下步驟作為參考：

1.危機直接相關主管報告事件發生經過，主動掌握情況。
2.確定危機公關工作的對象。
3.確定危機小組成員、職責、溝通方式、授權範圍。
4.決定危機處理方式。
5.建立危機公關資訊回饋系統，整合內外部有效資源。
6.確定危機事件的法律地位。
7.推定危機事件發言人，發言範圍及重點。

(四)災難危機處理的工作

災難事件通常都是不可預測的意外事件，是公共關係人員危機處理最大的考驗，公共關係的危機管理工作做得好，設有危機

處理小組的機制，危機發生可以盡速規劃危機小組，依據平時的演練處理危機。災難危機處理有以下步驟可供參考：

    1.成立危機處理小組。

    2.推定發言人，設立新聞聯絡中心。

    3.盡快抵達現場，協助救護、醫療及協調工作。

    4.家屬聯絡、協助，安排專人專線服務。

    5.提供媒體採訪方便。

    6.保險理賠處理。

    7.向協助之有關機構及人員致謝。

    8.公司之處理人員鼓勵、安慰。

    9.療傷止痛。

(五)危機發生公關人員的工作

企業發生危機是企業的重大事故，不能只靠公共關係部門人員處理，企業全體員工都要全力投入協助處理渡過難關，但是公關部門卻是主要的策略和諮詢單位，其工作內容如下：

    1.內外公眾之溝通，高階層人士之溝通。

    2.對其他危機處理小組人員提供策略諮詢。

    3.與企業總部之聯繫溝通。

    4.協助控制事故現場。

    5.分派溝通任務：社區、員工、工會、政府、顧客等。

    6.媒體溝通工作：推定發言人，設新聞中心、發新聞稿、提供資料、擬聲明文件、聯絡媒體記者等。

八、秘書與公共關係

在未談秘書與公共關係的相互關係之前，首先我們要了解的，就是任何機構其成長的先決條件，乃是視其與「公眾」良好的雙邊交通是否健全而定。有了優秀的員工、嚴明的紀律，可以增加工作效率、強固組織；有了與顧客及股東良好的關係，可以獲得交易上的成功。這些都是外在的因素，而管理上的效率則是屬於公司內部成功的因素，要達到管理上的效率，最重要的就是公司上下良好連鎖溝通的機能。

所謂溝通，不單指人們之間用某些方法交換或傳遞消息，更應包括一種思想的交換。言辭固然是任何語言及消息中最重要的因素，但是思想的不能溝通，言辭也就失去意義，這也就是公共關係主要的宗旨。

在公共關係的工作網中，溝通主管與其從屬意見時，秘書扮演著非常重要的角色。因為最能了解主管的工作人員就是秘書，秘書與其他員工不同的價值就是他能了解主管的個性，他的價值觀及其好惡，這些因素或多或少都會影響到機構的前途。而要完全了解主管，這也是秘書工作中最困難的一部分。因為一個人的行為，實際上是起源於其個人思想的決定與對各項事務的反應的結果，其行為常因其本身的知識、感情上之好惡，及其意志、思想、靈感及雄心所支配，由於這些不確定的因素，使得即使受過高深教育的人，也不能永遠是公平的、無偏見的、客觀的處理一切事務，情緒和感情常會在處理事情時占了一席之地。為了調和因為人的因素造成的不協調，妥善的運用公共關係，在現代化的商業界及社會中成為不可或缺之一環。

世界各國都設有專門機構訓練高水準的公共關係人才，以適

應日益增加的需要，而作爲現代秘書，又是公共關係工作網中的一分子，更應對公共關係的運用，具備適當的知識和了解。

秘書在公共關係任務中擔任何種角色呢？秘書在工作上，可以說是主管的一部分，因此主管的決定在公共關係計劃執行時，由於計劃本身目標和內容的程度不同，秘書或多或少占有一份重要的職務。

此外秘書可以提供較可靠的資料的消息來源，而且公共關係的活動，諸如消息的發布，宣傳品的出版，雜誌、年報的出刊，攝影、幻燈片、影片的製作，展覽、市場情報的蒐集，貿易商展等等，這些活動無可避免的，秘書勢必參與一部分的工作，發揮其在公共關係中所扮演的角色功能。

第十三章

簡報製作與簡報技巧

在職場中主管人員、行銷人員，以及資深幕僚秘書工作者，都有機會做簡報，除了規劃簡報的方式，掌握製作的技巧，做出圖文並茂的簡報之外，也要具備良好的公眾表達能力，能面對群眾侃侃而談，因此，都應該有做簡報的訓練，才可以在需要時勝任這項工作。本章就以簡報的製作及表達技巧分述討論如下：

一、簡報的意義

所謂簡報，就是將機關、團體、企業的概況，某一項工作或是某一種計劃，某類商業產品或服務的狀況，以簡單扼要的方式，對有關人士做的文書介紹或說明，以達到溝通與傳達訊息的效果。

做簡報的場合，不外乎在正式集會時做業務報告，或是為客戶做產品介紹，以及推廣服務的業務，特別是行銷的場合，更是少不了要做具有說服力的簡報。當然有時在對公眾演說時，為了政策的推展、政令的宣導、主管單位的視導等，也是要做簡報的。

二、簡報溝通的過程

簡報是將所要傳達的訊息，由溝通者利用各種不同的方式，如口頭、書面，並配合圖表及現代化的視聽設備等通路，使接受訊息者能自簡短的簡報過程了解訊息的意義，甚至很快的使簡報達到回饋的效果，因此如何製作有創意、清楚、簡明的簡報，負責簡報者如何以文字及口頭的表達技巧，達到溝通及說服的目的，才是簡報最好的表現。

簡報溝通的過程，是由溝通者為了某些目的將需要傳達的資訊或信息內容，使用最有效的媒介通路給需要傳達的對象知道，使接受者了解政策而遵循執行，或是對宣傳的產品產生興趣進而購買。其過程如下：溝通者→訊息→通路→接受者→效果→回饋（Communicator → Message → Channel → Audience → Effect → Feedback）。

二、簡報製作的步驟

精湛的簡報要根據目的來做規劃，才能真正不浪費人力、物力、財力，而達到簡報應有的目標，因此簡報應該自以下數點著手規劃：分析事實→確定目的→設定主題→規劃架構→製作簡報→媒體輔助→完成簡報→實作演練→正式演出。

(一)分析事實確定簡報的目的

任何簡報都有其目的及特定對象，簡報要根據事實需求之目的及對象特質為製作的依歸。簡報大都以書面敘述方式為主，配合彩色、影像、圖表、視聽效果等表現所要傳達的事務，當然在表現方式上，可以用會議說明方式，行動表演方式，甚至娛樂休閒方式，總之針對不同的目的、不同的目標群眾，若能說服簡報對象達到溝通傳達訊息的效果，這個簡報的目的就是確定達到了。

(二)發揮創意選擇主題

吸引醒目的主題才能在一開始就提起接受者的興趣，對於相關的主題特性要做預先的研究，構思主題必須經過一番腦力激盪的動作，如果成立一個團隊自多重的角度來看事情、發現問題，

大家一起拋出點子共同激發一個好的、有創意的主題，這是在製作行銷簡報時常常採用的方式。

(三)訂定大綱規劃架構

主題確定以後，接著要將簡報的大方向擬定出來，要分幾個項目來製作簡報，大綱的分項不能太多、太雜，要能標題明確、分段清楚，使閱讀者一看目錄就能大體了解簡報的架構及內容，而且有了明確的大綱及架構，製作簡報者可以有一個正確的方向去蒐集所需要的資料，接受簡報者也能因為大綱的導引，很快的進入簡報的主題。

(四)蒐集資料製作簡報

豐富的資料才能充實簡報的內容，所以如何蒐集相關的資料是製作簡報的基本工作，除了搜尋與主題相關的資料外，對於與主題有關的實例事實亦不可遺漏，尤其在做現場簡報時，實例是最容易說服對象的事實。書面的簡報將資料蒐集齊全，將資料按主題及大綱的項目分別以文字敘述，或是圖表、圖片等方式編寫簡報，經過電腦打字、編排、校對、印製成冊，呈請有關主管核閱，經修訂後才能定案，簡報首頁要列目錄，此外封面要有報告名稱、日期、簡報單位或簡報人員，製作完成的簡報在正式簡報時分發參閱。

簡報內容不要以冗長的開場介紹企業的組織及過去的歷史沿革，簡報的對象關心的是問題的解決方法、新的觀念和知識，以及具體的結論。簡報的內容要考慮對象及其程度，用他們看得懂的文字及說明來表現簡報的主題。

四、媒體輔助電子簡報

利用多媒體簡報軟體製作簡報是現今的趨勢，POWER POINT 是一套普遍功能又多的簡報軟體，可以將文字、圖像、影片等素材加以結合，利用其提供的多種範本製作精緻的簡報，甚至可以配上動畫、影像、音效等特殊效果，設定播放方式，製作出動態又美觀的簡報。

簡報的文字大標題、次標題，字體大小應有分別，文字內容不可太多，每張都能呈現重點並清晰易懂，行距不能太小，字體避免使用細明體，粗圓字體效果較佳，背景顏色最好有對比效果，盡量保持版面清爽。

POWER POINT 簡報製作過程包含：

1.訂定大綱：依據目的和需求訂定大綱及內容。
2.選取格式：利用 POWER POINT 提供之範本、色彩配置等功能，選取簡報的格式或風格。
3.內容製作：將簡報的內容文字鍵入格式中，美工圖案、圖片、圖表、相片等適當插入。也可以將音效、影片、動畫利用 POWER POINT 提供的支援格式加入簡報中。
4.設定簡報播放方式：自行控制播放方式或是由電腦自動執行播放動作。

五、簡報的結構

一份完整的簡報應有基本的架構，其項目可以因為實際的需

要增加或減少，在簡報決定大綱後，大都根據大綱來作為簡報的結構，不過前後要如何串聯，使簡報內容充實、條理分明、前後呼應、一氣呵成，就是製作簡報最大的考驗了。

簡報的架構可包含以下數項：

1.封面：簡報要用稍厚的紙做成封面，封面上要印上簡報的標題、簡報的時間、簡報單位或人員。

2.目錄：許多簡報或報告都未做目錄，不但不易了解整個簡報的內容，翻閱尋找某些項目也倍增困擾。

3.簡報內容：簡報內容完全視簡報的目的和需要來定，一般可有以下的項目：

   (1)前言。

   (2)定義或沿革。

   (3)主題之現況。

   (4)詳細業務狀況及說明。

   (5)可行的策略或辦法。

   (6)未來展望或效果。

   (7)評估或結論。

簡報製作的內容要確實，資料蒐集要豐富，實例事實舉證要有根據，書寫時要根據大綱項目分段分項依次書寫，結構嚴整，長短合度，長篇大論的文章，不但讀者抓不著要點，也浪費閱讀的時間，簡報最好配合圖表、圖片來表達，不但清楚易懂，也使簡報生動活撥，現場說明時容易表達，當然如能利用現代簡報多媒體軟體設備的包裝，就更能增加視覺、聽覺的效果，發揮專業簡報的功能。

製作 POWER POINT 的簡報與書面的簡報方式不同，其內容都是大綱標題式，因此文字力求簡單，每一張的投影片說明一項要點。圖表顏色對比鮮明，使觀眾很快了解之間的差異。數字表

格資料橫線線條不要超過三條，關鍵數字可用不同顏色或做出記號，數字之間的比較可用圓餅狀或條柱狀來表現數字的關係。穿插實物或幽默的圖片也會增加簡報的效果。

六、簡報場地實務

(一)會場場地的選擇

場地是簡報給人的第一印象，房間大小要適合，太大人不多顯得冷清，太小擁擠不夠大方體面，整齊清潔舒適是基本的要求，如果是大型公開的簡報，更要注意交通的方便、停車的空間，甚至茶點的場地都要考慮進去。簡報的房間天花板的高度不可太低，否則影響布置且有壓迫感，桌椅排列尤應注意視線要好，座位要舒適，要能達到溝通的效果。人數少之簡報都用小型會議室，簡報者與螢幕都在正前方或是螢幕稍偏右邊或左邊，如果人數較多又需要寫字時，則最好排成教室型，聽眾前面有桌子並面對主講人，如此安排較舒適，講與聽的人溝通效果較佳。

(二)公關接待工作

簡報若是要做宣傳及媒體報導，公共關係部門可以發新聞稿或是邀請記者來參加。接待是不論簡報的規模大小，秘書們都得要做的工作，簽名處有人負責簽名，分送資料，紀念品最好簡報完畢後再行致贈。擔任引導接待者要了解「行」的禮儀，應對進退都要合宜，擔任接待的工作者對於自己的服裝儀容要有專業的素養，才能表現機構員工素質和平時訓練的成果。其他支援的人員如攝影、機器操作人員，也要事先聯絡約定準時配合。如有茶點招待，要選擇適合場地，茶點要精緻，接待的人手要適當稱

職。

(三)簡報設備

　　簡報所需要的設備要準備周全，需要其他人員協助要及早安排，視聽器材及多媒體的硬體、軟體設備，負責人員事先一定要確實測試，以保證簡報時不會出差錯，有些消耗的物品如電池、燈泡等更要準備備用品，以備不時之需，如果簡報的場地不在自己的公司，更要在出發前再三檢查所須帶的物品是否齊全。

七、臨場表現

　　完成簡報的內容只能說簡報的工作成功了一半，其他的百分之五十就要靠主講人臨場的表現，諸如態度形象良好、聲音語調表達的技巧純熟等，如此簡報才算是真正的成功。

(一)簡報者個人形象建立

■服裝儀容

　　穿著得體、修飾整齊清爽是個人禮儀的基本修養，也是對人的基本禮貌，更是對工作的專業表現，沒有人會對一個穿著隨便、不修邊幅的人產生立即的好感。

　　男士最正式的上班服是深色的西裝，素色襯衫（白色長袖襯衫最為正式），合適的領帶，深色皮鞋及襪子。

　　女士可著上下同色或是上下不同色套裝或是洋裝加外套，現在有些材質和剪裁合宜的褲裝，也會在正式上班場合穿著，女士正式場合不要穿涼鞋或是休閒鞋，這種穿法與正式服裝很不搭配，襪子顏色最好搭配服裝，其他色系的襪子一定要與服裝配合增加美感才做選擇。飾品不可太多，耳環不要超過耳下一公分。

合宜的化妝不僅是禮貌，更可增加自信和美觀。

■台風態度

自信、穩重、專業的台風，不是天生就具備的，首先要有充分的專業知識，有了專業知識才能展現自信心，然後才能穩穩當當的將主題清楚的表現出來，經過一段時間的歷練，有了相當的經驗，加上說話的技巧、肢體語言的展現、穩健的態度，久而久之形成了自己特有的風格魅力，進而成為一位簡報高手。

■禮儀修養

服裝儀容之外，簡報之前的應對進退也是個人形象的表現，行進間的禮儀如坐車位置的尊卑，走路、乘電梯、走樓梯等之禮節表現，進入會客室的座位大小，就座之儀態，打招呼介紹的禮貌，致送接受名片的方式等，都是態度形象氣質風度的表現，有了這些修養，自然能在大眾面前留下良好的印象。

(二)說話的技巧

■語言是溝通的橋梁

在台上說話和平時談話是完全不同的情況，說話的聲音、語調、表情、音量、肢體動作，一舉一動都會引起台下的注意。對不同的對象應該以不同的表達方式，達到說服了解的效果。因此不同的環境，考慮對象的程度、職業及特性，運用合宜的表達方式，則可能會產生截然不同的效果。

■語言口才

有權威有魅力的簡報者，除了要有非常的專業知識和技術以外，熱誠的態度、良好的表達能力、說服的技巧、清晰有條理的說明方式、有品味的語言口才，才能獲得應有的尊重和尊敬，從而達到溝通說服的效果。說話聲調要有節奏，沒有抑揚頓挫一成不變的語調使人沉睡。一句話的後半段讓別人聽不清楚甚至聽不見，也是在台上主講人之大忌。說話時要注視觀眾，要感受聽者

的反應，給予適當的回饋達到溝通的效果。簡報時不要對著螢幕的內容唸著資料，投影片的內容只是大綱，主講人應該盡可能對著觀眾講話，所以預演的多次練習是絕對必要的。

(三)表達的架構

一個成功的簡報者做簡報時要有明確的目的，清楚對象的程度及需要，蒐集的資訊，準備豐富內容的簡報，最後現場表達與聽眾溝通，達到簡報的目的。以下就其中主要三點說明如下：

■開場白

俗語說「好的開始是成功的一半」，因此成功的開場是簡報者的定心丸。從容的上台、微笑的表情、簡單恰當的問候、幽默而點出專長的自我介紹，是正題開始前的暖身活動，主要是引起大家的注意。

為了吸引觀眾的興趣，正式主題開始時，常常會引用一個實例、一個本身的經驗、一個動人的故事或是一段為人所熟悉的座右銘作為開場，點出簡報的目的。

■主題內容

內容是簡報的實力表現，所以結構要嚴謹、內容要充實、要言之有物、要清楚表達出要傳達的訊息。其架構通常應包含定義、現況、重點、步驟、證據、實例、統計數據、問題答覆、總結等。

■結尾

簡報一定要掌握時間，準時開始準時結束，表現簡報者的專業素養，超過預定時間，不但使聽者不耐煩，也暴露自己無法有效掌控時間，所以要把握結尾時間，結束時要將重點回顧一次，提醒注意，期許對象有所感應，進而有所行動。如果再能以一句名言、一個故事、一個啟示作為收尾，更可以在輕鬆又有收穫中結束簡報。

八、簡報軟體的使用

　　利用電腦及簡報軟體製作簡報是現在演講和報告一定使用的工具，不過如果使用不當，不但不能增加主講者的效果，反而連主講人原有的優點都不能表現出來，所以製作簡報使用軟體時，一定要達到畫龍點睛之成效。以下幾點提供參考：

1.簡報之報告內容要完整：主題明確、層次分明、有條有理，不能藉簡報放送的影像，花俏的圖像失去了報告的主題。

2.簡報要條列分明：冗長的文字敘述或是短到一兩個字的標題，都不適合在簡報中出現，適當的標題，加上圖片、表格的配合，可活潑畫面，增加觀眾的理解程度。

3.不要製造混亂情境：太多的無意義文字、圖片及一大堆數字，反而模糊真正的主題，版面的編排不整齊、標題無順序、文字大小字型不統一，一頁簡報中放置了太多的資料，都是使簡報混亂的原因。

4.設計過於花俏：簡報是一項嚴謹的業務，代表工作的專業，所以版面設計、編排、顏色都要適當，過於花俏不夠莊重，每頁的轉換速度也要適中，過快使人眼花撩亂，過慢影響簡報的速度。

5.簡報的主角是主講人：主講人的位置應在講台中央，簡報架設置在講台一角，如果須用到白板時，簡報架應放在不影響寫字的那一邊。主講人不要對著簡報報告，應盡量對著簡報的對象說明，而不是看著稿唸文章，專業的主講人對簡報的內容要熟悉到能對觀眾說主題、講內容的程度，

投影片只是輔助工具，所以不可無限制的大量製作，每分鐘一至二張較適當，最重要的主角還是主講人。

九、經驗之談

任何事情沒有一蹴可幾的，每個人從沒有經驗到有經驗；從新手到老手；從不會到熟練，都經過了一段磨練的過程，只不過因為有些人資質優異，學習過程順利，很快自學習中得到經驗。但是如果資質稍差，也還是可以自不斷努力甚至不斷失敗中吸取經驗，終究還是可以成為一位成功的簡報者。要作為一個成功的簡報者，以下幾點提供參考：

1. 勤加練習、累積經驗：失敗為成功之母，多經歷一次就是多得一次經驗，利用機會勤加練習。開場及結束的講稿熟練到可以背下來的程度，可以使開始時產生信心，結束時給觀眾一個深刻的印象。在台上能夠流利自然表達，減少對講稿的依賴，就是成功的第一步。優秀的簡報者是經由準備、演練和臨場的經驗累積成功的。如果簡報不盡理想，應該檢討失敗的原因，改正缺失、累積經驗，加快成功的速度。

2. 利用資源、蒐集資訊：公司可以提供的資源及人力要充分利用，多找機會請教專家學者，善用統計數據實例資料，平時養成整理資料的習慣，做簡報時要將有關資料帶齊，問題討論時可以充分利用。懂得多學得快，自然就會充滿著信心去表現了。

3. 簡報環境的掌握：簡報者本身的專業、技巧、經驗固然是成功者必要的條件，但是簡報環境的配合絕對會影響簡報

的效果，例如桌椅排列的方式視線溝通有無障礙，音響麥克風等電器設備是否周全，電源線夠不夠長、插頭對不對，簡報的軟碟與對方的電腦設備是否配合，燈光在需要時是否方便操作，簡報會場指標是否清楚，針對以上的問題經常在各種簡報場合發生，所以簡報主講人至少要提前半小時到達會場，檢查設備、調整會場擺設、熟悉操作，如有不妥之處還有時間準備。

4.平時自修、適時表現：語文是溝通的基本條件，平時應加強語文能力及詞彙的吸收，不論是本國語言、外國語文、地方方言等，能有多種語文的能力，對不同對象的溝通會有特別的效果。

　　了解行業的特性、學習銷售的技巧、對企業及產品的信心、吸收管理學和心理學知識、加強組織管理能力、了解群眾心理，最後以自己的社會經歷、人際關係的累積資產，適時的表現，終會收到努力的成果，所謂「一分耕耘，一分收穫」；「一分天分，九分努力」，就是這個道理。

十、參考資料

　　在本章的最後，特列出簡報意見調查表的範例（見**表** 13-1）及簡報投影片範例（見**圖** 13-1 至**圖** 13-4），以供讀者參考。

表 13-1
簡報意見調查表

○○○○○○簡報意見調查表

請就下列問題在適當空格打勾，作為我們改進的參考，謝謝您！

	很滿意	滿意	普通	差	很差
一.整體評量	____	____	____	____	____
二.主講人評量					
1.主題清楚嚴謹	____	____	____	____	____
2.專業知識技術	____	____	____	____	____
3.實務經驗	____	____	____	____	____
4.表達能力方式	____	____	____	____	____
5.時間掌控恰當	____	____	____	____	____
6.語言表達能力	____	____	____	____	____
7.投影片內容製作	____	____	____	____	____
8.儀表態度	____	____	____	____	____
9.內容難易度	____	____	____	____	____
10.問題解答	____	____	____	____	____
三.場地設備評量					
1.場地安排適當	____	____	____	____	____
2.布置舒適周到	____	____	____	____	____
3.溫度燈光適當	____	____	____	____	____
4.指示標示清楚	____	____	____	____	____
5.媒體視聽器材周全	____	____	____	____	____
6.茶點休息場地適當	____	____	____	____	____
四.服務評量					
1.服務人員足夠	____	____	____	____	____
2.服務主動細心	____	____	____	____	____
3.資料完整品質佳	____	____	____	____	____
4.時間安排適當	____	____	____	____	____
五.其他意見或建議					

_____

_____

會議籌備管理

徐筑琴老師

圖 13-1

投影片例一

資料與檔案管理　目錄

1.檔案管理之意義
2.檔案管理之制度
3.檔案管理的重要與功用
4.檔案管理的程序
5.檔案管理原則（如何管理資料檔案）
6.檔案分類方法
7.名片管理
8.利用電腦管理資料
9.檔案管理要點
10.個人資料檔案管理

圖 13-2

投影片例二

從國際化看企業秘書的育成

真理大學 徐筑琴副教授

圖 13-3

投影片例三

IAAP 數位時代秘書

- Never stop learning
- Be flexible
- Get results
- Take the initiative
- Be a self-manager

圖 13-4

投影片例四

第十四章
謀職準備與面試禮儀

　　每一個人不論性別，到了適當的年齡或學業告一段落，都有謀求一份職業的需要。有些雖已做事多年，但是因為想更換職業的性質，或是為變換工作環境，或為求得更高的待遇而需要謀求另外一份職業。所以如何謀得一份適合自己的工作，是人人都需要的知識。基本上，在尋找工作時，應該根據本身的學歷、經歷、能力、經驗、專長及其他條件，選擇或被選擇你的工作。

　　秘書工作亦不例外，在自己各項秘書技能都有充分的準備之後，為獲得某方面秘書的職位，就應該擬定計劃，認定目標，有步驟的去尋求一份理想的工作。至於謀職的步驟如何？現謹提供數項，以供參考：

一、確定工作目標

　　求職的第一步就是要在廣大的工作範圍中，確定自己能做些什麼，以本身的學識、經歷、能力、專業、個性及性向來評估自己的工作領域，訂定一個謀職的目標，例如一位受過大專秘書相關教育、個性又很開朗、熱心負責、能與人和善相處的人，就可以在秘書工作的範圍內去尋求適合自己的工作。選擇工作除了本身所學與性向是決定性關鍵外，經濟上與地理環境也是構成選擇工作之因素，不過若是初入社會，則應選擇一個規模完善、組織系統完備、能學到做事之經驗、又能獲得訓練機會及培養個人工作能力的地方工作。選擇工作應該將以下數項列入考慮：

(一)喜歡某一方面的工作

　　投入求職的市場尋找工作的領域，不同的產業和不同的工作性質未來都有不同的發展，工作的專長和興趣能合而為一是最幸福的事，考慮自己的條件尋找喜歡的工作當然是最先的選擇。例

如工作的目標是要做文書處理工作、會計工作、一般行政工作，或是專職秘書工作等。

(二)希望在家鄉本地或外埠工作

有些人希望工作地點在家鄉本地或附近城鎮，離家近，可與親人相處，交通方便，省時又省錢，有些人則希望在外埠工作，有更多的機會和發展空間。不過剛踏入就業市場，不要將工作區域訂得毫無彈性，如表示不到外縣市、不要出差、不到國外工作等，都可能因而失去很多工作機會。

(三)希望工作性質是內部行政工作或外務工作

有些人喜歡靜態工作，每天上下班，辦理行政工作，有些則喜歡業務工作，較有挑戰性，也比較活動，能接觸廣大社會。工作性質和專業及個性有相當的關係，選擇適合自己個性的工作，對自己的身心健康較能調適。

(四)願意在大機關或是小公司工作

有些人喜歡到大機關做某單一部分工作，有些人則喜歡到小公司可以多負一些責任和多擁有一些權力。

選擇辦公場所的大小，也常常是人們選擇工作的條件之一，到底是到小的企業工作還是到大的企業工作好呢？這個問題隨著個人的因素，可以說各有利弊，一般來說，小的辦公單位可以獲得較多的工作量，無論事情大小都得幫忙，人際關係緊密，因為資源有限，人人都得分擔多重工作，在各方面也有較大的任務和責任，處理事務多半要靠自己的能力和判斷，而少有前例或指示去依從，所以比較具有挑戰性及個人權力慾望的滿足感，一旦獲得上級賞識，升遷機會自然較快。

在大的機構上班，制度完善、事務複雜，但是因為資源豐

富，可運用的人力資源也多，分工比較仔細，各司其職。如果在這種地方工作，特別是對於初學者，可以看到許多、學到許多做事的方法和處事之經驗，視野亦較爲寬廣，但是每一個人僅是全部職場的一個小分子而已，有點微不足道的感覺，而且人多競爭也多，升遷機會相對就可能緩慢許多。但是無論如何，每一個職務都是維持整個機構動力不可少的一環。

(五)政府公職或私人機構

另一個考慮謀事的條件是：政府公職機構好還是私人機關好？這一點因人的看法不一，所以僅能自客觀方面來說，公職機構組織較大而完善，一切制度都早有依據，所以做事可依據行事，行政事務少有變化，都是些例行公事，工作有保障，有完善周全的福利制度，升遷、考試機會依年資累進，退休、保險用不著擔心，是許多求生活安定者所嚮往的工作。在政府機構工作，要經過國家的公務人員考試合格才能有任用資格，如果確定自己要以公職爲就業目標，就要積極努力取得任用資格，才是長久之計。

私人機關規模較小，人事制度以經濟爲考量，所以個人工作負擔較重，同時各項福利及工作之保障皆視機構本身之情況而定，但是在私人機構做事，比較容易發揮所長，較有挑戰性，能力及信任若獲得雇主的賞識，更有快速發展的機會。

將個人之環境做數方面考慮，再配合本身的能力和經驗、性格和興趣，逐次列下自己對工作之選擇，按著先後秩序去選擇工作，不可看到有工作機會，也不管是否與本身能力經驗配合，盲目的嘗試多半會遭到失敗的命運，即使僥倖獲得此項工作，也許因興趣不合、能力不繼，而被迫中途離職，這在個人的工作紀錄上是非常不良的影響。

三、探討工作市場之需要

第二項謀職的步驟就是探求工作市場，最大眾化而方便的途徑就是閱讀求才廣告，當發現廣告上所徵求之人才和自己的要求與條件相符合時，則可馬上爭取此項工作。

探討工作機會，一般有以下數種途徑：

1.報紙雜誌上登的求才廣告。
2.上求才專業網站登記找工作。
3.自己在網頁報紙雜誌求職欄登廣告。
4.到就業輔導會及職業介紹所登記。
5.請親戚朋友介紹。
6.登門拜訪毛遂自薦或是上公司網頁主動應徵工作。

現就各項分別敘述如下：

(一)求才廣告

報紙上各種行業登的徵才廣告（Help-Wanted Ads.）每天都有，需求各式各樣的人才，是最方便的謀職之道，而且以這種應徵的方式謀職，可以不受人情關係拖累，去留完全由個人負責，減少困擾。不過報上的機會雖然很多，不是每一個都是正派的工作，所以一定要慎重選擇適合自己的工作，不可胡闖亂碰。選擇確定後，就必須很認真而快速的採取行動，記住不要僅只寄上一份履歷表，就算是求職了，而是應該附上詳細履歷、簡單自傳、個人學經歷資料、如成績單及學歷、經歷影印本等，以及能力證明書，使求才的人將你的資料和他人的資料比較起來，更能充分的了解你是最適合這個工作的應徵者，也覺得你對此事比較認

眞，同時顧慮周到仔細的人，是任何機構都喜歡優先錄用的人。

(二)上求才網站找工作

近年來網路發達又快速方便，所以可將自己的履歷資料放在求職網上，有需要的公司會主動聯繫面試的。將資料放在專業的網站上，一定要強調自己的學經歷背景、專長技能，盡可能引起求才公司的興趣，也就是如何有效的將自己推銷出去。此外，也可以自己設網頁，將自己的詳細資料、著作、專業證書、獎狀、照片等放在網頁上，有興趣的公司可以根據求才網站（Internet Job Search）上的資訊，進而獲得更詳細的資料。

(三)求職廣告

這種求職廣告（Situations-Wanted Ads.）的刊登，是將自己推銷給雇主，所以本身要有充分的條件，足夠的工作能力及自信，由各雇主去挑選適合其需求的人才。如想在家鄉附近工作，可以刊登當地報紙，如有專業性的才能或希望在某專業方面求職，可以刊登專業性雜誌、報章，更容易達到目的。

在刊登中、英文求職廣告時，請注意廣告的內容務必完善，所應包括的個人專長、能力、經驗等條件不可遺漏。

(四)就業輔導會

就是到各類就業輔導機構（Employment Agencies）登記，例如青年就業輔導委員會、國民就業輔導會、各縣市之就業輔導會，以及私人設置的職業介紹所等，現在這些機構大都自設網站，可以更為方便取得服務。到就業輔導機構登記，一定先要填寫一份表格，內容大致有學、經歷，求職項目，性向等等。公立的就業輔導機構因屬服務性質，所以登記表格就可，而私人之職業介紹所在填表格以後，都有個別談話的項目，以便更積極的為

客戶找到理想之工作，收取應得之佣金。提到佣金，私人介紹所要抽取頭一個月薪的幾成，所以在登記時，雙方就正式立約，言明在工作成功後，收取佣金之多少，以免日後糾纏不清，徒增煩惱。

一般職業介紹所需要的手續如下：

1.個人學經歷履歷表。

2.個別談話。

3.性向測驗：了解適合哪類工作。

4.理想工作之類型。

5.薪水要求：最低薪水之要求。

6.能力測驗：初步了解可應徵何等級之工作。

7.提供資料：以便準備參加求職之考試，得到優良成績。

8.訂立合約：保證雙方履行合約條件。

9.保持聯繫：

　(1)介紹所應規律的核對申請人資料，已獲得工作者應抽出。

　(2)申請人在被介紹工作處所面談後，應回覆介紹所應徵情形。

　(3)如果申請人以其他方式獲得工作，應通知介紹所停止其工作申請。

至於輔導就業機構除職業介紹所外，其他尚有：

　1.學校的就業輔導機構。

　2.政府機關的就業輔導機構，除了輔導一般就業外，也常以考試推薦就業。

　3.貿易協會之類組織，可介紹到貿易公司機構工作。

　4.互助會等組織。

5.秘書協會組織，透過此組織介紹秘書工作。

6其他各種職業團體，如工會、協會等。

(五)親友介紹

過去最常用的求職方式，就是請親友師長推薦（Talk with Relatives and Friends），求職者將履歷表分送親友，請留意或介紹適合之工作，因為親友師長對求職者可能比較了解，若介紹給某公司，則容易為公司所接受，所以許多公司行號寧可請公司同仁推薦其至親好友至公司服務，而不公開登報徵才。

不過這種方式有一缺點，就是受到人情的拖累，到某一公司服務，若興趣不合或其他因素，在短時間內想要離開，則對親友不好交代，同時公司接受某人推薦，但是用了以後發現並非所需人才，想要更換，對介紹人也不好交代，凡此種種都容易造成誤會及困擾。

(六)登門拜訪毛遂自薦

看到網站報紙雜誌之廣告或是自己選定數家公司，攜帶個人資料，登門拜訪，毛遂自薦（Apply in Person），這種方法求職最為直接迅速，假如一個公司需要某方面的人才，登報以後一定有很多人申請，寄信來回的時間也費時，能自己攜帶履歷親自搶先登門拜訪，快速又實際得多，不過這種方式個人要有充分的準備和自信，或者確信對方見到你本人要比看到你的信件印象深刻得多，這是求職最直接的方法。

登門拜訪，就和求職時的面試一樣，所以自己的服裝、儀容、應對和工作能力的準備，都應事先加強，以便留給對方一個良好印象。

到底如何才能成功的獲得一個工作機會呢？除了本身的真實

才學、優良條件外，還要看個人求職方法的運用，根據天時、地利、人和的條件，加上迅速正確的行動，在許多求職者中爭取這難得的機會。所以求職的人應隨時備妥自己的履歷、資料，準備在求職戰場中，跑在別人前面，才能發生作用。

工作的機會很多，但是找事的人也不少，所以不見得發出一份兩份求職信函就能發生效果，總要不斷的嘗試才能獲得成功。因此對於過去求職的紀錄一定要妥為保留，諸如求職資料來源、申請工作性質、申請工作之公司地址、電話號碼、公司經營性質、聯絡人之姓名職稱、申請函發郵日期、回覆情形、約談情形等等，凡此種種最好做成檔案，以便核對求職情形，也作為下次申請工作之參考。

一、申請工作準備事項

確定求職的工作目標，了解市場的需要，就要積極準備將自己投入求職市場，申請工作需要準備的有履歷表、申請工作函、申請工作表、自傳等。首先討論的就是要做一份完善的履歷表。

(一)履歷表

申請工作的第一步，就是將履歷表呈現在求才者的面前，一般來說，從履歷表上可以了解申請者的學經歷，以及能力、經驗的大概情形，雇主的徵才資訊發出之後，一定會在短短的時間內收到很多的應徵函件，履歷表上所呈現的條件能滿足雇主的需要，才會有第二步的機會，所以如何引起注意，在一大堆的求職履歷中表現出與眾不同，絕對不可忽視履歷表的填寫，製作履歷應注意以下數點：

1.簡明扼要，使求才者能立刻有一個大概印象。

2.專長、技能、經驗之內容要正確真實。

3.中英文校對要仔細，絕不可有錯別字。

4.敘述過去重要工作的貢獻及成就。

5.標題清楚明確。

6.盡量依照要求者之條件完善填寫。

7.中英文之履歷表要以白紙或素色紙張製作，務必整齊、美
觀，用 A4 的尺寸電腦印出。

8.履歷表最好用一頁紙完成。

履歷表應包括以下項目：

■**個人資料（Personal）**

個人資料應力求詳細，諸如姓名、住址、電話、電子信箱、
年齡、身高、體重、健康情況、婚姻情況、嗜好、參加社團情
形、兵役資料等等。如果這部分資料在求職函中已詳細敘述，履
歷表中則可簡單呈現。如果是要更換工作，聯絡電話、電子信
箱、聯絡地址不可留現在將離職的公司資料。

■**教育背景（Education）**

中學、大專或其他研究或專業訓練之學歷，註明學校名稱、
地址、在學年月、主修科目、學位等，書寫方式若能自最高學歷
向前推寫，比較能使閱讀者馬上了解求職者的學歷背景，減少細
看時間。學歷資料過多可以最高之兩個代表即可。

■**優異表現及榮譽（Awards）**

如在學期間或工作時，有某方面之優異表現或是獲得獎勵都
可提供參考。就學時參加社團活動及擔任幹部工作，都有助使求
才者肯定應徵者的領導能力及處理人際關係的經驗。

■**課程與技能（Courses & Skills）**

初次求職者為了補足沒有工作經驗的缺點，可以將在學校所

學的重要科目列出，並將技能、長處如電腦軟硬體的技能、外國語文的程度等列入，加深個人的價值。

■經歷（Work Experience）

專職及兼職之經歷，任職之機構、地址、雇主姓名、任期、公司性質、擔任職務等列入，以加強經驗及資歷。

■可供查詢人（References）

此項爲過去之師長或任職處所之主管，可以就申請者求學期間或任職期間之資料，填寫可供查詢人之資料，包括其姓名、職稱、地址、電話、電子信箱及相處時間，填寫時最好先取得對方之同意，以免突如其來，顯得唐突，另外親戚最好不要列爲可供查詢人。

■其他

如特殊技能，榮譽獎狀，或參加某特別團體爲會員，或是在報章雜誌有出版著作，以及嗜好興趣等，適當列入可以增加求職者多方面之才華。

填寫履歷有兩點要注意，一爲標題要醒目，使別人一看就知道要做何項工作。二爲內容敘述力求把握重點，不要拖泥帶水，使閱讀者感覺煩躁，甚至不知所云，履歷格式參見**圖 14-1** 至**圖 14-4**。

(二)申請工作函（covering letter）

求職的第一封信，就等於和人初次見面留下的第一印象一樣，所以此信要使雇主有興趣想進一步跟你約談，看看申請者是否眞如信上所言，適合此項工作。這類信文章要簡明扼要，正式但是不拘謹，措辭友善但不隨便，可以分爲三段或四段完成。第一段開場要簡短，直接的說明何處獲得申請工作資料，要申請何項工作和資格，取巧而不按常規的開場有時可以成功，但是常會被人誤會。第二段敘述個人之簡單學經歷背景，並強調自己爲何

履歷表
RESUME

JOB OBJECTIVE ：Secretary

PERSONAL

Name ：Chen-Yu Hwang	Date of Birth ：January 11,19_ _
Address ：25-3, Chien-Kuo S. Rd.	Place of Birth ：Taipei, TAIWAN
Taipei, TAIWAN	Height ：5 feet, 2 inches
Telephone ：（02）2700-7000	Weight ：110 pounds
Age ：22	Nationality ：Chinese
Marital ：Single	Physical Condition ：Excellent
Sex ：Female	

EDUCATION

20_ _-20_ _ ALETHEIA UNIVERSITY, Department of Foreign
Languages and Literature

19_ _-19_ _ Kuan-Jen Senior Height School

AWARDS

COLLEGE ：School Scholarship for 2 years

EXTRACURRICULAR ACTIVITIES

Vice-Chairman of Table Tennis Association, T.O.C.

COURSE STUDIES

Accounting, Statistics, Economics, Business Finance,
Business Management, Business Law,
English（3 years）, English Conversation（3 years）, Business English,
Translation, English Composition, Japanese
Computer ：Word, Excel, PowerPoint, Access
Other Secretarial Related Courses.

WORK EXPERIENCE

Clerk to Han-Chan Industrial Co., during summer vacations.

REFERENCE

Professor C.H.Lin, The Head of Dept. of Foreign Languages and Literature,
ALETHEIA UNIVERSITY
Profess C.C.HSU, ALETHEIA UNIVERSITY
Mr.W.S.Wang, Manager of Han-Chan Industrial Co.

圖 14-1

履歷表例一

RESUME

NAME：John Owens　　　　　PHONE：（001）678-2345

ADDRESS：234 Crest Street

Tallahassee, Florida 45600

E-MAIL：xxxxx@xxx.xxx.xx

CAREER GOAL：Retail Sales Management

EDUCATION：B.S., Marketing, XXXXX University, August, 19--.

A.A., Business Administration, XXXXX Junior College, June, 19--.

WORK

EXPERIENCE：1. June,19-- to present：○○○○ Department Store, Tallahassee, Florida. Retail salesperson responsible for cash and credit sales, inventory control, merchandise marking, and producing various internal reports used by store and regional management.

2. August, 19-- to June,19--：○○○○ Auto supply, Tallahassee, Florida. Counter clerk and warehouse worker. Recorded cash and credit sales, processed telephone and catalog orders, gathered items for shipment, received and processed incoming merchandise.

EXTRA-

CURRICULAR ACTIVITIES：

President and Treasurer, Delta Chi Fraternity; Secretary, F.S.U. Collegiate Chapter of the American Marketing Association; member, Campus Youth for Christ; President's list; intramural racquetball, baseball, and soccer.

HOBBIES,

INTERESTS：Water skiing, racquetball, tennis.

REFENCES：References will be furnished upon request.

圖 14-2

履歷表例二

○○○的履歷表

尋求職位：公關專員

聯絡電話：(02)2009-5172　傳真：(02)2004-1014

地　　址：台北縣○○鎮○○街○○巷○弄○號

電子郵件：ccchen@ ×××××××××

個人網頁：http://×××××××××××

語文能力：中文、英文

電腦應用：MS Office, Excel, Basic Web site knowledge

學　　歷：美國德州○○○大學(University of ○○○)January 19-- May--20--
　　　　　傳播碩士（主修公共關係）
　　　　　論文題目：網際網路時代的公共關係
　　　　　國立○○大學　　　　　　　　　　　September 20-- June 20--
　　　　　政治學學士（主修國際關係）

經　　歷：Bates Churchill Public Relations (Houston)　June-September 20--
　　　　　投資者關係實習（Investor Relations Intern）
　　　　　○○○大學傳播學院（Houston）　　　　August 20-May--20--
　　　　　助教（Grading Teaching Assistant）
　　　　　妙傳播公司-○○○中文廣播電台　　　　May-August 19--
　　　　　公關/Office Manager
　　　　　台北○○文教基金會　　　　　　　　　May-August 19--
　　　　　1998 世界青年○○團（World Youth Choir）　　專案經理
　　　　　○○國際會議顧問公司　　　　　　　August-November 19--

社團活動：美國公關學生協會（Public Relations Student Society of
　　　　　America）會員
　　　　　○○○大學中華民國同學會公關組長 March19-- February20--
　　　　　○○○大學國際學生新生招待　　　　　19--夏季,20-- 春季
　　　　　台北○○合唱團團員　　　　　　　　　　　　19-- 19--
　　　　　○大政治系國關組○○級副班代　　　　　　　　　19--

獎　　項：台北市高級中學詩歌朗誦比賽第三名（19--）
　　　　　○○信用合作社獎學金（19--）
　　　　　○○人壽獎學金（19--, 19--）
　　　　　Winius-Brandon-Bill Blumberg 紀念獎學金（19--）

興　　趣：閱讀、游泳、唱歌、旅行

可供查詢人：Dr. Robert L. Heath（University of ○○○○）
　　　　　Jennifer H. Foyle(Bates Churchill Investor Relations Senior
　　　　　AE)
　　　　　胡○○小姐（○○○ Broadcasting Company）
　　　　　杜○○先生（台北○○文教基金會）

圖 14-3
履歷表例三

履歷表

應徵職務：辦事員

姓名：○○○　　　　　　　　　　　性別：男

通訊處：〈231〉台北縣○○市○○路 300 巷 6 弄 10 號

電話：〈02〉2918-4000

E-mail：xxxxx@email.ab.edu.tw

籍貫：○○○ ○○○　　　　　　　身高：170 公分

出生：民國○○年○○月○○日　　　體重：59 公斤

役別：役畢　　　　　　　　　　　婚姻：未婚

學歷：

　　　民國○○年○○大學商學院○○學系畢業

　　　民國○○年台北市立 ○○中學畢業

榮譽：

　　　○○大學○○學系班代表二年

　　　○○○○獎學金獲獎人

課外及社團活動：

　　　青年救國團學術組幹事：民國○○年

　　　學會出版組幹事：民國○○、○○年

　　　大專院校○○學系聯誼會幹事：民國○○、○○年

　　　攝影研究社社長：民國○○、○○年

主修課程：

　　　經濟學、會計學、企業管理、統計學、行銷學、商事法、
　　　英語會話、日語會話、商用英文

　　　電腦課程：Word、Excel、PowerPoint、Access

曾任職務：

　　　民國○○年 ○○年 ○○年暑期：

　　　　　四維機械公司物料倉庫料帳登記員

　　　民國○○年暑期：

　　　　　八德食品工業公司送貨員

關係人：

　　　○○大學 ○○學系各位教授

圖 14-4

履歷表例四

適合這項工作，如蒙錄用自信有足夠的能力達成工作要求。第三段簡短闡明對此工作之興趣，一定能勝任愉快，請給予會見約談之機會，並註明聯絡地址、電子信箱及電話。

總之，這封開場信一定要引起對方的注意和興趣，文字用詞要恰當，重複檢查不要出錯，否則求職的第一步就失敗，其他更不要談了。此外，最好信件能直接以主辦人的姓名職稱發出。撰寫申請函的要點如下：

1.吸引注意的開場白。

2.整潔而適當的安排。

3.適當的格式，不論中英文，最好製作成一頁。

4.正確用字，英文信應注意大寫字母及標點符號。

5.質料好的白紙或素色用紙寫信，不要用私人或有花色的信紙。

6.假如希望回函的話，將寫好回址及貼好回郵的信封附在信內。

7.英文信用打字方式，除非對方要求手寫。

8.英文信的地址和簽名要適當。

附申請工作函例（見**圖 14-5**）。

(三)申請工作表（application form）

有些公司在申請其公司的工作時，要填一份該公司的申請工作表，表格項目繁多，務必詳實填寫，字體要端正，墨水清晰，除了註明該欄不用填寫外，其他各欄，即使只需一個是或否字，都不應省略，草率的填表，會給別人不負責任、疏忽、大而化之的印象，當然求職就不可能有成功的機會了。

填寫申請工作表應注意事項：

Mr. xxxx Wang

Manager, Sale Department

xxxxx Company

56 Chung Cheng Rd.

Taipei

Dear Mr. Wang,

I am very interested in applying for the job of the secretary of Manager of Sale Department. Which you listed in the China Times on March 20.

As you can see from my enclosed resume, I have worked ○○○○ company（Sale Department）as an assistant for two years. My jobs are Telephone usage, Mail Services, Travel Arrangements, Meeting arrange and administration, Filing and records management, Business Documents, Visitors entertainment, Computer software and Networking. I am sure this past experience qualifies me for the position in your advertisement.

I have good personality to work and always cooperative with others.

I would appreciate the opportunity for a personal interview. You can reach me at 02-23456789 or mobile phone 0932000111.

Thank you for your consideration.

Sincerely yours,

Grace chen

圖 14-5

英文申請工作函範例

1.如用手填寫表格，一定要用最好的書法填寫。

2.用字、拼字一定要正確。

3.誠實填表。

4.將特殊教育或經驗記下，有助於得到某項工作。

5.將提供資料人的資料填入，並確信對方已應允作為推薦人。

四、面談準備

(一)面談前之準備

如果獲得通知，得到約談的機會，就得好好把握，在精神上和實質上做一番準備。適當的修飾自己是非常必要的，沒有人會對衣冠不整的人出現在自己面前而留有好印象的，所以赴約時的服裝以上班服為原則，一定要及早選定當天的衣著，衣服的厚薄要和當時的氣候相配合，衣服是否有鈕釦脫落或綻線之處，式樣、顏色是否適合求職時穿著，襪子有沒有脫絲，皮鞋是否乾淨，手提袋是否清爽，指甲是否乾淨，從頭至腳每一項當天的穿著都要檢查一次，以自己最好的裝扮，出現在會見人面前。

若通知和約見尚有一點時間，可以上網查詢該公司的業務行銷等背景資料，加緊個人技術練習，如電腦操作、寫信及翻譯的能力，並假設若干問題，預做心理準備，約談時可以流利回答，表現認真積極希望得到此工作的企圖心。

此外，準備幾份完善的履歷表、申請表、筆、橡皮擦、小字典等裝入封袋，準備接受面談或測驗時用。

最重要的是在約見前一晚，一定要有充分的睡眠，第二天才能容光煥發的赴約。

(二)面談時

　　至少在約見時間前十分鐘抵達，先在安排之休息室等候，等待喚姓名時進入辦公室，等待約談人請你就座，坐下時應將自己的提包或衣物放在椅邊或膝上，千萬不可放在約見人的桌子上。

　　有豐富經驗的約見人會使被約談者感到輕鬆自在，而從求職者一言一行、一舉一動中，觀察其態度、說話之語調、應對的能力等等。

　　聽對方問問題時，態度要中肯，要表示有興趣，要專心一致，了解問題，真實誠懇的回答，不可求快而誤解問題，也不可別人問了問題而不知所云，或是許久悶不吭聲、不發一言。

　　最好回答問題在履歷表的範圍內，談話內容諸如學歷、經歷，過去工作經驗，個人之能力及個性、嗜好等等。至於薪資、休假、紅利、退休等，初次求職者最好不做要求。

　　絕不可在約談人面前批評過去雇主、同事、師長，若是提到最好以平常態度處理，批評缺點或刻意的讚賞皆屬不當。

　　也許約談人不只一位，假如能有進一步的約談，表示工作機會更大，更應該增加自己的信心，更鎮靜、更努力的去爭取這份工作。

(三)面談後

　　約談以後，應得知約見人之姓名、職稱，如當面請問不方便，可向其公司職員打聽，但切記不可藉此機會婆婆媽媽，亂拉關係。

　　約見後幾天，若無消息，可以打電話或寫封短信詢問。如果此次求職失敗，不可灰心，應將求職經過，從頭至尾，好好檢討一下得失，改正缺點，下次再嘗試其他機會。

五、工作與升遷

(一)升遷的意義

　　升遷是對一個職位負更大的責任，了解更多這行業及此工作的知識和技術，除了職級高升外，薪資也隨著調整，同時由於職責的加重，使自己的能力、個人的素質，因工作的成果表現而充滿著自信，有一種滿足及成就感。

　　在接受一個職務之前或是剛進入一個公司，一定要了解公司的升遷制度，通常有關升遷的規定都印在公司的組織規章或法規中，新進人員應仔細閱讀，若是公司沒有這方面的成文規定，則應在適當的時候向主管打聽清楚，這樣表示自己對目前的工作很感興趣，因此才會考慮到以後的升遷機會。當然最重要的就是要將自己的工作做好，表現自己對公司的價值，同時要不斷增進對所從事事業的知識和教育，要有忍耐的風度，好的機會將會來到自己面前。

　　絕大多數的升遷機會都是來自公司內部，換句話說，若公司有空缺，都是從已在公司服務的優秀人員選派，因為已在公司服務的人員，主管多半都已有相當程度的了解，知道其工作紀錄、能力以及與他人相處的情況，也能看出是否有接受更大責任的能力及其對公司忠誠的程度，或是其個人尚有其他特殊條件，也能自其平日工作情況中得知。因此若公司有機會，自內部選派總比自外面找一個陌生人或是新人來得可靠得多。再說公司內部有著合理的升遷制度，才能留得住優秀的人才。

(二)升遷的條件

■能力

主管在平時工作時，一定觀察其屬下的工作能力，也分析一下可能託付更重要的工作與責任時，有沒有應付的潛力。通常能力也許可以用測驗的方式來衡量，但是大部分皆是以主管平日的觀察、考核來衡量是否有能力接受較重責任的工作，是否在需要判斷時有正確的抉擇？是否能夠當機立斷的決定事情？是否有足夠的機智與適應力？是否不斷的在努力改進個人的技術和知識？凡此種種，都是主管在考查職員，衡量其是否有能力勝任更高職位的條件。

■個性

個性是表示一個人的性格和素質，它能夠顯示出自己如何對待別人，而別人又如何的對你。簡單的說，個性可以表示出自己的人際關係，品格端正、誠實、待人友善、有禮、真誠的助人態度與關心他人，都是良好個性的表現。一般列入考慮的個性包括健康、可靠性、禮儀、領導能力、機智、創造力、忠實、努力、判斷力、組織力、自我表現力、社會手腕、實際技術、責任託付的領受力、監督能力、改進工作建議的接受力、對公司未來之價值等。

■做好本身的工作

假如自己目前的工作都做不好，絕無可能被考慮承擔另一份更重要的工作，主管注意的不只是工作的量，也一定注意到工作的質，因此在工作效率上必須迅速、確實、整潔，達到工作應有的水準。同時要在工作時盡量利用機會認識自己所從事的企業，了解公司的制度、法規，熟悉公司的背景和歷史，公司經營的政策及其他有關事物，這些都能幫助工作的有效進行。

■工作態度

　　每位職員對工作的想法及對工作做得理想的程度，所留給雇主的印象，是非常重要的。健全而有益的工作態度是要能坦誠的接受對於工作所提的改進建議，要能忠於公司，忠於職守，盡本分做好自己的工作。要知道每一份工作在工作程序中都有其目的，每一小部分的工作奉獻對整個企業的成敗都有所關聯，想想自己這部分的工作對於整個公司的重要，也就能感到工作的價值。適當的工作態度不只能幫助個人獲得更有意義的職位，更能幫助自己保持良好的道德標準。

■品格

　　若說個性是別人認為你是如何，而品格就是你自己真正是如何，因此在工作的時候，雇主一定關心其職員的品格標準所顯出的可靠、忠誠、廉潔與誠實。雇主一定要考查你是否是個言行一致的人、你可以信賴嗎、能保守機密的事嗎、同仁信任你嗎、是否誠懇的對待上級與僚屬，這些做人的品格，都是主管提升部屬主要的依據。

■領導能力

　　差不多所有的工作都會有機會表現領導能力，特別是管理階層及主管級職位，更需要有相當的領導能力。領導能力可以表現在本身工作的技術和知識上，表現在處理事物的公平判定上，同時有領導能力者樂於接受附加的某些責任。因此如果一個職員有工作上的領導能力，適當的工作態度與禮貌，有進取心，操守廉潔，與人相處融洽，值得別人信任，則可稱得上是一位人才了。

■出勤紀錄

　　出勤紀錄最容易表示出工作的勤惰，主管一定注意職員是否準時上班，經常遲到與缺席將破壞工作紀錄，造成不受雇主歡迎的因素。因此應保持健康及養成早上準時上班的習慣。

■資歷

年資也是獲得升遷的重要因素，假若兩位在同一公司同一部門服務的人，若有一升遷機會，這兩人其他條件都相等，則一定以兩人資歷的久暫來決定何人獲得這個機會，而在一個有制度的公司，資歷常是決定升遷重要的條件。

■求知慾

一般進入某一職位都要求一定的教育程度，但是千萬不可因此滿足，假若有一工作需要更高的技術或是另一種不同的技術，或是要求更多的知識及更廣的教育程度，則就不是一個沒有強烈求知慾的人所能獲得的。現在有許多公司鼓勵職員再進修，或是參加夜校及函授學校攻讀，或是輔助接受某種特殊訓練。總而言之，不論公司有無補助，應該把握任何可以進修的機會，以爲將來升遷做準備。

(三)考慮轉任其他公司工作

有的時候，較好的職位、更理想的工作及較高的薪水，來自外面的公司，這個時候應該自我衡量一下，假如自己覺得在原來公司做了相當一段時間，對公司有一種感情，工作又做得很好，這時可和管理部門談一談，了解最近的將來有沒有升遷的機會，將目前工作和另一工作機會比較，若覺得目前工作不易得到提升機會，同時也不能滿足目前的工作，則可考慮轉向其他公司發展。

不論在一個公司工作之久暫，一定要有做事的風度，認眞、負責、愉快的工作情緒，都將影響未來新的雇主對你的評價，所以爲人工作者，不可因事小或薪水少就敷衍了事，這樣是永遠得不到好的工作機會的。

六、求職面試禮儀

在職場中每個人都有許多機會要尋找工作，特別是社會新鮮人，剛踏入社會，希望能得到一個固定的職位，自力更生開始自己事業的基礎。也有許多人在職場闖蕩多年，不斷尋求機會轉換工作環境尋覓伯樂，希望在事業上更上一層樓，所以對於求職面試已是身經百戰。但是絕大多數特別是剛踏入社會的年輕人，都沒有太多這種經驗，心驚膽戰的去摸索應該如何以最好的情況出現在主考官面前，面談時固然實力是重要的因素，但是不可否認的，如何在面談時讓主考官留下良好深刻的印象，就是面談時的禮儀表現了，所以求職面談的禮儀不可不知。現在就來談一談求職面談的準備及有關禮儀事項。

(一)知己知彼百戰百勝

首先對於自己的長處、興趣、人生目標、工作傾向要有所認識，最好能在謀職前做個「性向測驗」，可以了解自己個性可適合的工作，如果能找到和自己長處個性專長結合的工作，不僅面談時的表現會讓人印象深刻，同時自己入行後發展的潛力也大為增加。

其次蒐集應徵公司的資訊，應徵公司的背景、企業文化、營運狀況、未來發展、這個行業的現況等，盡可能做一了解，這方面可以從公司簡介、公司網頁或是報章雜誌上尋找有關資料，一來可確定自己的目標公司，二來面談時可適時表現自己對該公司的了解及對工作的企圖心。

再就是準備詳細的履歷表，應徵工作第一關卡就是個人的履歷表，要在眾多競爭者中脫穎而出獲得面試機會，一方面固然是

自己的學歷、經歷、專長、經驗被別人所肯定，另一方面能吸引人的履歷表的製作技巧也是不可忽視的。應徵時，可能已將履歷表寄給求才公司，但是面談時最好還是準備一份完整履歷表及其他參考資料，以備不時之需。

最後要做事先排練，慎重其事的去準備這次的面試。不要太相信自己鎮定的功夫，也不要太肯定自己隨機應變的能力，要將每一次的面試都認真用心的面對，有充分準備則成功機會絕對要比臨陣磨槍大得多，所以如果得到面談的通知，就成功了一半，一方面要將筆試部分加強練習，另一方面對可能會問到的問題詳列題目，一一準備適當的答案，臨場就可對答如流了，尤其是外語面試這項準備工作更是重要。

(二)了解主考官的要求

主考官最先注意的就是應試者的衣著儀態行為舉止了，即使是陌生人初次見面，也是第一印象最為深刻，面試時尤其影響主考官的主觀意識，適當的穿著、莊重的行為舉止，不只是基本的禮貌，同時也表示應徵者對此工作的重視。因此，誇張一點說，一位應徵者從進門穿著、行走姿態、打招呼到坐下，可能主考官就已打下了一半的評分，其他的分數才是自問話中加上去的，所以禮儀的要求還是要注意的。

其次是專業知識口才表達的能力，選拔人才當然要看專業知識是否符合公司的需要，除了書面資料的呈現外，口語表達也是很重要的，面試時要能抓住重點將所學及經驗不卑不亢、口齒清晰的表達出來，讓主試者認為你就是他所需要的人才。

面試者的個性情緒 EQ 也是重要考核項目之一，現代工作講究團隊合作互相支援，因此人際關係的溝通技巧是很重要的要求，主考官一定在不斷測試應徵者的個性，以及與人相處的態度，來決定是否歡迎你加入成為其團隊的一員。

最能感動主試者獲得青睞的,就是應徵者表現出來的工作熱誠、責任感、企圖心。專業能力再強,如果沒有責任感不能熱誠投入工作,公司不會考慮聘用這種人才,尤其是年輕人經驗不足、學歷又不是特別顯赫,但是若能表現平時做事的責任心,服務的熱誠,再加上對爭取此工作的強烈企圖心,相信主考官一定會給面試者加分錄用的。

(三)服裝儀容的禮儀修養

求職面試制勝關鍵除了專業技能和學經歷外,合宜的服裝修飾,自然大方的應對態度,是面試成功與否的要件之一,因此應該要及早準備,配合當時的氣候,事先準備面試當天要穿的服裝配飾,髮型要修剪適當,不要等到面試時才臨時找不到合適的衣服,不知道如何打扮自己,服飾以整齊清爽穩重端莊簡單俐落為基本原則。儀容以清潔乾淨為原則,薄施脂粉,輕點唇型,髮型要適合自己的臉型,注意服裝儀容不僅可表現專業的素養,也展現尊重公司及主試者之態度。

男士面試時服裝以深色西服較為穩重,如深藍色、深灰色、深咖啡色系列,不僅好配襯衫,也是最安全的穿著顏色。襯衫白色最為慎重,其他暗色系西服搭配淺色素面的襯衫亦可。領帶最好選擇與襯衫或西服同色系的搭配,領帶打的長度以到皮帶的環釦為準,太長或太短都不適宜,整體服裝不要超過三種色系,否則就顯得有些雜亂了。襪子要穿深色的與西褲及皮鞋配合,不要穿白色的休閒襪,襪子的長度要坐下來時不露出小腿才成,皮鞋深色或黑色可配各式深色長褲穿著。 皮帶用黑色或深色,皮帶頭不要花俏。帶一個公事包或手提包,不要手上大包小包拿了一堆東西,首飾最好少戴。髮型整齊清潔,要讓面孔顯現出來,鬍子刮乾淨,指甲修剪並保持清潔。年輕人離開學校求職正好是夏天,在面談時,可穿著簡單一些,素色襯衫打合適領帶,深色西

褲深色皮鞋深色襪子就很整齊清爽了。

　　但是不同的行業，不同的公司，會有不同的穿著文化，如果應徵廣告藝術等行業的公司，比較講究流行創意，因此可以考慮有些特色的打扮，但是總體來說，應徵時服裝還是以保守為上策。

　　女士求職的理想服飾，選擇簡單大方剪裁合宜的套裝，顏色以黑、灰、深藍和棕褐、中性色為主，裙子不宜太短，太短顯得不莊重；亦不宜太長，太長顯得不俐落，可以膝蓋上下兩吋做標準。如穿洋裝應加一件外套，如配西裝式長褲，則質料剪裁都要適合上班的穿著，避免無袖露背、露肚、迷你裙、短褲等不穩重的穿著。

　　鞋子應穿有跟素色素面的包頭鞋，露出大部分腳指的涼鞋或休閒鞋都不適合面試時穿，有跟的鞋會增加體態挺拔的效果，但是不宜太高，兩吋之內為原則。襪子選擇膚色最好搭配服裝，皮包內應準備一雙備用品，絲襪破了是常有的事，多準備一雙以備萬一。

　　保守淡雅乾淨的化妝，太濃艷不化妝都不適合職場之要求，指甲修剪適宜長度，並保持清潔，鮮艷指甲油絕不可在求職時塗用。

　　飾物簡單高雅，大型誇張的飾品不要在求職面試時配戴，髮型不論長短，都要梳理得乾淨清爽，長髮最好不要將面孔遮住，應徵某些服務性質的工作，如空中服務員、餐飲業等，更應將長髮束起或夾好，讓自己有乾淨俐落的印象。女孩子東西多，最好帶一個大小適中的手提包，將應帶的東西及自用品放入，不要手裡大包小袋給人凌亂的印象。

(四)面談時的準備

　　按通知的時間前往面試地點，不要太早更不可遲到，比約定

的時間早到十分鐘，一方面熟悉環境，同時早到一點安定情緒。到了指定地點，報到前至洗手間整理一下服裝儀容。

面試時，輕聲敲門進入，開門後輕輕關上，面對主試者點頭微笑致意，走向座位後當主試者請坐時才就座，手上皮包應放在椅旁。坐下時不要背部全靠住椅背，這樣坐姿較端正，也顯得較有精神，起身時動作也會方便俐落。

準備一篇簡短的中英文自我介紹，面試時通常都會用得著。回答問題態度自然，聲音大小適中，眼神要看著問話之人，適當表現自信和工作的企圖心。能了解的問題照實回答，過分誇大或謙虛都不是恰當的表現，聽不清楚請再說明一下，不了解的問題不要悶不吭聲不發一言，人家不知道你到底是什麼意思，真的完全不清楚，可以回答說如果公司需要會努力的配合和學習。

適當使用肢體語言，眼神表情、身體手勢等細微的動作都可表現自信，加強溝通的效果。主試者若問還想知道公司哪些資訊，可禮貌的提出一兩個問題，不要表現斤斤計較不能吃虧的態度。

面談結束離去時，輕移椅子站立行禮，退出一步再轉身離去。不論面試前後，一舉一動都要表現應有的禮儀修養，與相關人員接觸詢問乃至於等待時，表情態度都會落入公司員工的眼裡，有些人雖然無權決定錄取者，但是卻絕對有辦法影響面試的成績。

(五)面談後的後續工作

等待通知，如果面試情況理想，可靜待回音，大都一個星期內就會有回覆。為了加深對方對自己的印象，面試後可寫一封謝函或謝卡，或發一封電子郵件向面試有關人員致謝。

即便是接獲通知未能錄用，仍可致封謝函表示感謝，有時有些錄取者不去或是將來公司有空缺時，可能就會考慮到你了。

　　如果對應徵的工作非常有興趣，也很盼望能進入這家公司服務，可於面試一星期後尚未接獲通知時，去電詢問情況，電話應打給直接承辦人，自我介紹後請問是否方便與你談話，不要影響對方的工作。

　　如果幸運的接獲錄取通知，應按規定時間報到上班，不宜藉故拖延。如果不幸未獲錄用，也可將求職過程累積經驗。求職除了專業學歷能力經驗外，機會也是因素之一，失敗了不可灰心，要虛心檢討得失，累積經驗再接再厲，一定會找到適合自己的工作。

七、面試參考問題

◎請簡單介紹一下你自己？你的長處為何？缺點為何？

Tell me something about yourself.

Tell me a little about yourself.

What are your strengths?

What are your weaknesses?

◎談一點你在大學的經歷？

Tell me something about your experiences in university？

◎做學生時有沒有真正參與什麼事務？有沒有參加任何社團？

When you were a student, was there anything you really involved in？ Were you involved in any club activities？

◎你最喜歡什麼課程？你最不喜歡什麼課程？為什麼？

What was your favorite subject and what was the worst one？ Why？

◎你在大學主修什麼？

What was your major in university？

◉你在讀大學時工作嗎？做什麼樣的工作？

Did you work during college？

What kind of works did you do？

◉爲什麼要申請這家公司？爲何要離開目前的工作？

Why do you choose this company？

Why are you interested in working for this company？Why do

you leave the company？

◉你對我們公司認識多少？

Tell me what do you know about our company.

◉你覺得自己最大的優點是什麼？

What are the strong points do you have？

◉爲什麼你值得公司僱用？

What do you think about your qualifications？

Why should I hire you？

◉你有任何證照或是特殊的技能嗎？

Do you have any licenses or other special skills？

◉你認爲自己的個性如何？

What kind of personality do you think you have？

◉你的嗜好是什麼？

What kind of hobbies do you have？

◉你最近讀的印象最深刻的書是哪一本？

What is the most impressive book you have read recently？

◉如果你進入本公司你希望在哪個部門工作？

If you enter this company, what section would you like work

in？

◉從你住的地方到這裡上班要多久的時間？

How long does it take you from your home to this office？

◎你希望的待遇為何？

What salary would you expect？

What kind of salary do you require？

◎你上一個工作遭遇的最大困難是什麼？如何解決？

What's the biggest problem you faced in your last job, and how to solve it？

◎你有任何的問題想要問我嗎？

Do you have any other questions you would like to ask me？

◎我們要如何與你聯絡？

How can we get in touch with you？

附録

附錄一 郵件資料表

(一)簡明國內函件資費表

郵資(元) 種類	標準計費	不逾20公克	21-50公克	51-100公克	101-250公克	251-500公克	501-1,000公克	1,001-2,000公克	備註
信函	普通	5	10	15	25	45	80	130	（每件限重不逾二公斤）
	限時	12	17	22	32	52	87	137	
	掛號	25	30	35	45	65	100	150	
	限時掛號	32	37	42	52	72	107	157	
	掛號附回執	34	39	44	54	74	109	159	
	限時掛號附回執	41	46	51	61	81	116	166	
印刷物	普通	3.5		7	10	20	35	55	每續重一公斤加收二十元。 （單本書籍得展至五公斤）（每件限重不逾二公斤）
	限時	10.5		14	17	27	42	62	
	掛號	23.5		27	30	40	55	75	
	限時掛號	30.5		34	37	47	62	82	
	掛號附回執	32.5		36	39	49	64	84	
	限時掛號附回執	39.5		43	46	56	71	91	
新聞紙	每重50公克1.25元(每件限重不逾二公斤)								
雜誌	每重50公克1.75元(每件限重不逾二公斤)								
明信片	每件2.50元，限時專送明信片每件9.5元								
郵簡	每重100公克10元(每件限重不逾一公斤)								
小包	每件4元								

註：1.本表未列資費請參閱國內函件資費表。

　　2.函件交寄方式：

　　　函件除新聞紙、雜誌、大宗函件及掛號函件等須至郵局窗口交寄外，均可貼足郵資投入各地之信筒、信箱。

(二)國際函件資費表

函件種類	水陸函件資費			航空函件資費				
	計費標準	香港澳門	國外其他各地	計費標準	香港澳門	亞洲及大洋洲	歐非中南美洲各地	美國加拿大
信函 (每件限重不逾二公斤)	不逾20公克	7	14	不逾20公克	9			
	逾20公克不逾100公克	17	32	每續重20公克	6			
	逾100公克不逾250公克	32	65					
	逾250公克不逾500公克	62	125	不逾10公克		13	17	15
	逾500公克不逾1000公克	108	216	每續重10公克		9	14	13
	逾1000公克不逾2000公克	176	352					
明信片	每件	5	9	每件	6	10	12	11
郵簡	-	-	-	每件	8	11	14	12
印刷物	不逾20公克	5	9	不逾20公克	7	10	13	13
	逾20公克不逾100公克	10	21					
	逾100公克不逾250公克	20	38					
	逾250公克不逾500公克	35	69					
	逾500公克不逾1000公克	57	114	每續重20公克	5	7	10	10
	逾1000公克不逾2000公克	81	160					
	每續重1000公克	40	80					
印刷物專袋(每袋不逾二十五公斤)	每重1000公克	40	80	每重1000公克	124	195	358	358
新聞紙類 (每件不逾二公斤)	不逾20公克	3	5	不逾20公克	5	7	8	8
	逾20公克不逾100公克	5	10					
	逾100公克不逾250公克	10	19					
	逾250公克不逾500公克	18	35	每續重20公克	4	5	6	6
	逾500公克不逾1000公克	29	57					
	逾1000公克不逾2000公克	41	80					
小包 (每件不逾二公斤)	不逾100公克	10	21	不逾20公克	7	10	13	13
	逾100公克不逾250公克	20	38					
	逾250公克不逾500公克	35	69					
	逾500公克不逾1000公克	57	114	每續重20公克	5	7	10	10
	逾1000公克不逾2000公克	81	160					
盲人文件 (每件不逾七公斤)	免收水陸路普通資費			同新聞紙類				

●掛號費另加30元　●回執費另加18元　●快遞費另加30元
●印刷物專袋掛號費另加100元
●國際郵件以航空函件查詢免費，如以傳真查詢者，費用另計。

(三)簡明大陸函件資費表

函件種類	水陸函件資費		航空函件資費(水陸及航空混合)	
	計費標準		計費標準	
信函(每件限重不逾二公斤)	不逾20公克	7.00	不逾20公克	9.00
	逾20公克不逾100公克	17.00		
	逾100公克不逾250公克	32.00		
	逾250公克不逾500公克	62.00	每續重20公克	6.00
	逾500公克不逾1000公克	108.00		
	逾1000公克不逾2000公克	176.00		
明信片	每件	5.00	每件	6.00
郵簡	—	—	每件	8.00
印刷物(每件限重不逾二公斤書籍及小冊得展至五公斤)	不逾20公克	5.00	不逾20公克	7.00
	逾20公克不逾100公克	10.00		
	逾100公克不逾250公克	20.00		
	逾250公克不逾500公克	35.00	每續重20公克	5.00
	逾500公克不逾1000公克	57.00		
	逾1000公克不逾2000公克	81.00		
	每續重1000公克	40.00		
印刷物專袋(每袋限重不逾二五公斤)	每重1000公克	40.00	每重1000公克	124.00
新聞紙雜誌(每件限重不逾二公斤)	不逾20公克	3.00	不逾20公克	5.00
	逾20公克不逾100公克	5.00		
	逾100公克不逾250公克	10.00		
	逾250公克不逾500公克	18.00	每續重20公克	4.00
	逾500公克不逾1000公克	29.00		
	逾1000公克不逾2000公克	41.00		
盲人文件(每件限重不逾七公斤)	免收水陸路普通資費		同新聞紙、雜誌	

附錄二
台灣地區郵遞區號一覽表

台北市

地區	區號
中正區	100
大同區	103
中山區	104
松山區	105
大安區	106
萬華區	108
信義區	110
士林區	111
北投區	112
內湖區	114
南港區	115
文山區	116

台北縣

地區	區號
萬里	207
金山	208
板橋	220
汐止	221
深坑	222
石碇	223
瑞芳	224
平溪	226
雙溪	227
貢寮	228
新店	231
坪林	232
烏來	233
永和	234
中和	235
土城	236
三峽	237
樹林	238
鶯歌	239
三重	241
新莊	242
泰山	243
林口	244
蘆洲	247
五股	248
八里	249
淡水	251
三芝	252
石門	253

基隆市

地區	區號
仁愛區	200
信義區	201
中正區	202
中山區	203
安樂區	204
暖暖區	205
七堵區	206

宜蘭

地區	區號
宜蘭	260
頭城	261
礁溪	262
壯圍	263
員山	264
羅東	265
三星	266
大同	267
五結	268
冬山	269
蘇澳	270
南澳	272

桃園縣

地區	區號
中壢鎮	320
平鎮	324
龍潭	325
楊梅	326
新屋	327
觀音	328
桃園	330
龜山	333
八德	334
大溪	335
復興	336
大園	337
蘆竹	338

新竹市 300

新竹縣

地區	區號
竹北	302
湖口	303
新豐	304
新埔	305
關西	306
芎林	307
寶山	308
竹東	310
五峰	311
橫山	312
尖石	313
北埔	314
峨眉	315

苗栗縣

地區	區號
竹南	350
頭份	351
三灣	352
南庄	353
獅潭	354
後龍	356
通霄	357
苑裡	358
苗栗	360
造橋	361
頭屋	362
公館	363
大湖	364
泰安	365
銅鑼	366
三義	367
西湖	368
卓蘭	369

台中市

地區	區號
中區	400
東區	401
南區	402
西區	403
北區	404
北屯區	406
西屯區	407
南屯區	408

台中縣

地區	區號
太平	411
大里	412
霧峰	413
烏日	414
豐原	420
后里	421
石岡	422
東勢	423
和平	424
新社	426
潭子	427
大雅	428
神岡	429
大肚	432
沙鹿	433
龍井	434
梧棲	435
清水	436
大甲	437
外埔	438
大安	439

彰化縣

地區	區號
彰化	500
芬園	502
花壇	503
秀水	504
鹿港	505
福興	506
線西	507
和美	508
伸港	509
員林	510
社頭	511
永靖	512
埔心	513
溪湖	514
大村	515
埔鹽	516
田中	520
北斗	521
田尾	522
埤頭	523
溪州	524
竹塘	525
二林	526
大城	527
芳苑	528
二水	530

南投縣

地區	區號
南投	540
中寮	541
草屯	542
國姓	544
埔里	545
仁愛	546
名間	551
集集	552
水里	553
魚池	555
信義	556
竹山	557
鹿谷	558

嘉義市 600

嘉義縣

地區	區號
番路	602
梅山	603
竹崎	604
阿里山	605
中埔	606
大埔	607
水上	608
鹿草	611
太保	612
朴子	613
東石	614
六腳	615
新港	616
民雄	621
大林	622
溪口	623
義竹	624
布袋	625

雲林縣

地區	區號
斗南	630
大埤	631
虎尾	632
土庫	633
褒忠	634
東勢	635
台西	636
崙背	637
麥寮	638
斗六	640
林內	643
古坑	646
莿桐	647
西螺	648
二崙	649
北港	651
水林	652
口湖	653
四湖	654
元長	655

台南市

地區	區號
中區	700
東區	701
南區	702
西區	703
北區	704
安平區	708
安南區	709

台南縣

地區	區號
永康	710
歸仁	711
新化	712
左鎮	713
玉井	714
楠西	715
南化	716
仁德	717
關廟	718
龍崎	719
官田	720
麻豆	721
佳里	722
西港	723
七股	724
將軍	725
學甲	726
北門	727
新營	730
後壁	731
白河	732
東山	733
六甲	734
下營	735
柳營	736
鹽水	737
善化	741
大內	742
山上	743
新市	744
安定	745

高雄市

地區	區號
新興區	800
前金區	801
苓雅區	802
鹽埕區	803
鼓山區	804
旗津區	805
前鎮區	806
三民區	807
楠梓區	811
小港區	812
左營區	813

高雄縣

地區	區號
仁武	814
大社	815
岡山	820
路竹	821
阿蓮	822
田寮	823
燕巢	824
梓官	825
橋頭	826
彌陀	827
永安	828
湖內	829
鳳山	830
大寮	831
林園	832
鳥松	833
大樹	840
旗山	842
美濃	843
六龜	844
內門	845
杉林	846
甲仙	847
桃源	848
三民	849
茂林	851

澎湖縣

地區	區號
馬公	880
西嶼	881
望安	882
七美	883
白沙	884
湖西	885

屏東縣

地區	區號
屏東	900
三地門	901
霧台	902
瑪家	903
九如	904
里港	905
高樹	906
鹽埔	907
長治	908
麟洛	909
竹田	911
內埔	912
萬丹	913
潮州	920
泰武	921
來義	922
萬巒	923
崁頂	924
新埤	925
南州	926
林邊	927
東港	928
琉球	929
佳冬	931
新園	932
枋寮	940
枋山	941
春日	942
獅子	943
車城	944
牡丹	945
恆春	946
滿州	947

台東縣

地區	區號
台東	950
鹿野	955
成功	961
達仁	966

花蓮縣

地區	區號
花蓮	970
新城	971
秀林	972
吉安	973
壽豐	974
鳳林	975
光復	976
豐濱	977
瑞穗	978
萬榮	979
玉里	981
卓溪	982
富里	983

金門

地區	區號
金沙	890
金湖	891
金寧	892
金城	893
烈嶼	894
烏坵	896

連江縣

地區	區號
南竿	209
北竿	210
莒光	211
東引	212

南海諸島

地區	區號
東沙	817
南沙	819

釣魚台列嶼 290

附錄三
國際直撥電話常用國家國碼、時差及價目表

撥號順序　國際冠碼 009 或 002 ＋國碼＋區域號碼＋用戶電話號碼

通話地區 DESTINATION	國碼 C'try Code	時差 Time Diff.	價目／6秒／新台幣／Price／6 Sec／NT$ 8AM～11PM	週六 12-24時 Aeter 12:00 Sat. Sunday & Holiday	通話地區 DESTINATION	國碼 C'try Code	時差 Time Diff.	價目／6秒／新台幣／Price／6 Sec／NT$ 8AM～11PM	週六 12-24時 Aeter 12:00 Sat. Sunday & Holiday
AUSTRALIA 澳大利亞	61	0～+2	1.3	1.24	MALAYSIA 馬來西亞	60	0	1.8	1.71
BRAZIL 巴西	55	-11～-13	3.9	3.5	MYANMAR 緬甸	95	-11/2	3.0	2.7
CAMEROON 喀麥隆	237	-7	3.9	3.5	NETHERLANDS 荷蘭	31	-7	2.0	1.9
CANADA 加拿大	1	-13～16	0.59	0.56	NEW ZEALAND 紐西蘭	64	+4	1.3	1.24
CHINA 中國大陸	86	0	1.2～1.3	1.14～1.24	PHILIPPINES 菲律賓	63	0	1.8	1.71
FRANCE 法國	33	-7	1.6	1.52	SAUDI ARABIA 沙烏地阿拉伯	966	-5	3.8	3.0
GERMANY 德國	49	-7	1.6	1.52	SINGAPORE 新加坡	65	0	1.3	1.24
HELLENIC 希臘	30	-6	3.1	2.8	SOUTH AFRICA 南非	27	-6	3.9	3.5
HONG KONG 香港	852	0	1.0	0.95	SPAIN 西班牙	34	-7～-8	2.0～3.1	1.9～2.8
INDIA 印度	91	-2 1/2	3.0	2.7	SWITZERLAND 瑞士	41	-7	2.0	1.9
INDONESIA 印尼	62	-1～+1	1.8	1.71	THAILAND 泰國	66	-1	1.8	1.71
ITALY 義大利	39	-7	2.0	1.9	U.A.E 阿拉伯聯合大公國	971	-4	3.8	3.0
JAPAN 日本	81	+1	1.3	1.24	U.K. 英國	44	-8	1.4	1.33
KOREA SOUTH 南韓	82	+1	1.3	1.24	U.S.A 美國	1	-13～-18	0.59	0.56
MACAO 澳門	853	0	1.8	1.71	VIETNAM 越南	84	-1	3.5	3.3

註：1. 其他國際電話資料，請撥 0080-080-100 或上網 www.cht.com.tw 查詢。
　　2. 人工接續國際電話，請撥 "100" 掛號。

附錄四
大陸主要城市電話區域號碼表

地名	區域號碼	地名	區域號碼	地名	區域號碼	地名	區域號碼	地名	區域號碼
北京	10	重慶	23	鎮江	511	武漢	27	大連	411
上海	21	酒泉	937	揚州	514	長沙	731	瀋陽	24
南京	25	蘭州	931	徐州	516	昆明	871	撫順	413
蘇州	512	長春	431	九江	792	哈爾濱	451	貴陽	851
杭州	571	合肥	551	淮南	554	齊齊哈爾	452	南寧	771
太原	351	南昌	791	開封	378	福州	591	梧州	774
濟南	531	承德	314	洛陽	379	廈門	592	汕頭	794
青島	532	寧波	574	西寧	971	桂林	773	泉州	595
天津	22	紹興	575	海口	898	廣州	20	許昌	374
成都	28	無錫	510	西安	29	深圳	755	鄭州	371

台灣→中國大陸（TAIWAN→MAINLAND CHINA）
國際冠碼（009 或 002）＋國碼（86）＋區域號碼＋用戶電話號碼
中國大陸→台灣（MAINLAND CHINA→TAIWAN）
國際冠碼（00）＋國碼（886）＋區域號碼＋用戶電話號碼

附錄五

國際航線訂位處電話號碼表

航空公司		台北電話	高雄電話	桃園機場(03)	松山機場
美國航空	AA	2563-1200	566-6555		
加拿大航空	AC	2507-5500	221-6011	398-3580	
華信航空	AE	2717-1230	332-0608	398-2451*8	2514-9455
法國航空	AF	2718-1631	272-2626		
印度航空	AI	2741-0163			
大馬亞洲航空	AK	2505-1133			
墨西哥國際	AM	2515-2371			
澳亞航空	AO	2559-0508	566-6516	383-3638	
阿羅哈航空	AQ	8771-5178			
阿根廷航空	AR	2773-3266	216-6833		
阿拉斯加航空	AS	2713-9858			
芬蘭航空	AY	2511-6188	261-6968		
義大利航空	AZ	2537-0096	335-0017		
立榮	B7	2518-2626	791-7977	398-2968	2715-6969
英國航空	BA	2512-6888	281-9055	.	.
英倫航空	BD	2776-6770			
孟加拉航空	BG	2568-2121			
汶萊航空	BI	2512-6868	215-2091	398-2451	
越南太平洋	BL	2543-1860	338-1183	398-2404	BRPKG-336-8181
長榮航空	BR	2501-1999	536-9301	398-2968	
中華航空	CI	2715-1212	282-6141	398-2451	
巴拿馬航空	CM	8712-5735	315-6203		
大陸航空	CO	2719-5947	287-3346	383-4131	
國泰航空	CX	2715-2333	282-7538	398-2501	
盧森堡	CV	2713-9858			
達美航空	DL	2551-3656	330-3441	-	
遠東航空	EF	3393-5388	335-3515	398-3170	0800-053-351
日亞航航空	EG	0800-065-151	237-4106	398-2282	
厄瓜多爾	EH	2515-2371			
阿酋航空	EK	2396-6891			
全日空	EL	2501-7299	2501-7299	398-2968	
冰島航空	FI	2511-6188	261-6968		
斐濟航空	FJ	2525-1248	282-3758	398-2619	
印尼航空	GA	2507-3037	251-2806		
復興航空	GE	2972-4599	335-9355	383-4131	2718-6062

（續）附錄五
國際航線訂位處電話號碼表

航空公司		台北電話	高雄電話	桃園機場(03)	松山機場
海灣航空	GF	331-0897	2560-1561		
瓜地馬拉	GU	8770-5222			
夏威夷	HA	2501-9249	331-0897		
塞席爾	HM	2506-1388			
美西航空	HP	2776-6771			
烏茲別克	HY	8712-2113			
日本加速航空	JD	2778-8092			
巴西大馬	JJ	2509-2471			
日本航空	JL	2501-7299	536-9301	398-2282	
港龍航空	KA	2518-2700	201-3166	398-5888	
大韓航空	KE	2518-2200			
荷蘭航空	KL	2711-4055		383-3034	
科威特航空	KU	2509-2471			
智利航空	LA	2509-2471			
德航航空	LH	2503-4114	251-1403		
波蘭航空	LO	2704-3699			
哥斯大黎加	LR	8772-2125	.		
瑞士航空	LX	2507-2213	215-2091		
以色列航空	LY	2563-1238	566-6555	-	-
匈牙利航空	MA	2509-2471			
馬來西亞航空	MH	2514-7888	236-9348	383-4855	
摩里西斯	MK	2571-9955	331-0897		
馬丁航空	MP	2517-1121		383-3801	
埃及航空	MS	2568-2121			
墨西哥航空	MX	2717-6774	315-6203		
維也納航空	NG	2581-8408			
澳門航空	NX	2717-0377	332-2699	398-3121	
西北航空	NW	2772-2188	226-4210	398-2471	0800-006-070
紐西蘭航空	NZ	2567-8950		398-2968	
奧林匹克	OA	2362-3302			
捷克航空	OK	2509-2471			
奧地利航空	OS	2506-1388			
克羅埃西亞	OU	2515-2371			
韓亞航空	OZ	2581-4000			
秘魯航空	PL	2523-6657			

(續) 附錄五
國際航線訂位處電話號碼表

航空公司		台北電話	高雄電話	桃園機場(03)	松山機場
帛琉太平洋	PA	2506-3169			
菲律賓	PR	2506-7333		398-2419	
烏克蘭國際	PS	2515-2371			
新幾內亞	PX	2515-2025			
澳洲航空	QF	2559-0508	566-6516	398-2619	
卡達航空	QR	8712-2113			
尼泊爾航空	RA	2511-6188	261-6968		
巴西航空	RG	2718-3340			
約旦航空	RJ	2506-1388			
南非航空	SA	2713-6363			
沙烏地阿拉伯	SB	2396-3780			
北歐航空	SK	2717-7275	237-3346		
比利時	SN	2509-2471			
新加坡航空	SQ	2531-4232	227-0810	398-3988	
俄羅斯航空	SU	2579-0223			
沙烏地阿拉伯	SY	2396-3780			
薩爾瓦多	TA	8770-5222	315-8966		
泰國航空	TG	2509-6800	215-5871	383-4131	
土耳其航空	TK	2773-3266	261-6968		
葡萄牙航空	TP	2509-2471*740		398-2284	
環球航空	TW	2505-4145			
聯合航空	UA	2325-8868	273-5544	398-2781	
緬甸航空	UB	2511-6188	261-6968		
拉丁美洲航空	UC	2523-5041			
斯里蘭卡航空	UL	2511-6188	261-6968		
俄羅斯全祿航空	UN	2713-9858			
全美航空	US	2541-8862			
維內瑞拉	VC	2719-1685			
越南航空	VN	2517-7177	227-0209	398-3026	
巴西航空	VP	2515-2371			
維珍航空	VS	2773-3266	261-6968		
印度捷達航空	9W	2507-3046			

附錄六
國內航線訂位處電話號碼表

航空公司	LOCATION	台北(02)	高雄(07)	花蓮(03)	台南(06)	台中(04)	台東(089)	嘉義(05)	屏東(08)	馬公(06)	金門(082)	馬祖(083)	蘭嶼(089)	綠島(089)	七美(06)
遠東 FAT	訂位	3393 5388	337 1388	811 0388	229 1388		390 388			924 9388	379 388				
遠東 FAT	機場	2715 1921	801 2311	826 5702	290 4419		362 677			921 3920	327 339				
復興 TNA	訂位	2972 4599	335 9355	832 9181	222 7111			286 5422	734 3622	921 8500	321 502				
復興 TNA	機場	2718 6062	803 1265	826 1365	267 0367			285 8724	766 7159	921 0750	321 505				
華信 MDA	訂位	2717 1230	802 6868	826 3989		2425 4236	362 669			921 6966					997 1241
華信 MDA	機場	2514 9455	805 7900	826 8785		2425 2319	362 676			921 3007					
立榮 UIA	訂位	2518 5166	791 1000		260 2811	2425 7630	326 626	286 2363		921 6350	324 481	656 578	362 626	672 526	
立榮 UIA	機場	2715 6969	801 0189		260 3683	2425 8675	362 619	286 0983		921 7160	324 501	656 576	732 005	672 526	

附錄七
國際觀光旅館名錄

飯店名稱	網址	電話
台北市		
國賓大飯店	http://www.ambassadorhotel.com.tw	02-2551-1111
西華大飯店	http://www.sherwood.com.tw	02-2718-1188
凱撒大飯店	http://www.caesarpark.com.tw	02-2311-5151
君悅大飯店	http://taipei.grand.hyatt.com	02-2720-1234
圓山大飯店	http://www.grand-hotel.org	02-2886-8888
喜來登大飯店	http://www.sheraton-taipei.com	02-2321-5511
力霸皇冠大飯店	http://www.crowneplaza-taipei.com	02-2763-5656
三德大飯店	http://www.santoshotel.com	02-2596-3111
中泰賓館	http://www.mcrown.com.tw	02-2712-2122
兄弟大飯店	http://www.brotherhotel.com.tw	02-2712-3456
神旺大飯店	http://www.sanwanthotel.com.tw	02-2722-2121
富都大飯店	http://www.taipei-fortuna.com.tw	02-2563-1111
晶華酒店	http://www.grandformosa-taipei.com.tw	02-2523-8000
福華大飯店	http://www.howard-hotels.com	02-2701-9288
老爺大飯店	http://www.royal-taipei.com.tw	02-2542-3266
國王大飯店	http://www.emperorhotel.com.tw	02-2258-1111
華國大飯店	http://www.imperialhotel.com.tw	02-2596-5111
華泰王子大飯店	http://www.gloriahotel.com/	02-2581-8111
康華大飯店	http://www.golden-china.com.tw	02-2521-5151
亞都麗緻大飯店	http://www.landistpe.com.tw	02-2597-1234
國聯大飯店	http://www.unitedhotel.com.tw	02-2773-1515
六福皇宮飯店	http://www.westin.com.tw	02-8770-6556
陽明山中國麗緻大飯店	http://www.landisresort.com.tw	02-8616-6111
假日大飯店環亞台北	http://www.ichotelsgroup.com/h/d/hi/1/en/home	02-2715-0077
遠東國際大飯店	http://www.feph.com.tw	02-2378-8888
亞太會館	http://agoragdn.com.tw/	02-87805168
公務人力發展中心	http://www.hrd.gov.tw	02-83691155
歐華酒店	http://www.rivierataipei.com/	02-25853258
台北長榮桂冠酒店	http://www.evergreen-hotels.com/	02-25019988
花蓮		
統帥大飯店	http://www.marshal-hotel.com.tw	03-8326123
遠來大飯店	http://www.bellevista.com.tw	03-8123999
天祥晶華度假酒店	http://www.grandformosa-taroko.com.tw	03-8691155
美侖大飯店	http://www.parkview-hotel.com	03-8222111

(續) 附錄七

國際觀光旅館名錄

飯店名稱	網址	電話
花蓮		
中信大飯店	http://www.chinatrust-hotel.com.tw	8773-4666
台東		
娜路彎大酒店	http://www.naruwan-hotel.com.tw	089-239666
知本老爺大酒店	http://www.hotel-royal-chihpen.com.tw	089-510666
桃園		
桃園假日酒店	http://www.holidayhotel.com.tw	03-325-4021
鴻禧大溪別館	http://www.tasheeresort.com.tw	03-3876688
桃園南華大飯店	http://www.nanhwa.com.tw	03-3379222
台南		
台南大飯店	http://www.hotel-tainan.com.tw	06-2268502
大億麗緻酒店	http://www.tayihlandis.com.tw	06-2135555
台糖長榮酒店	http://www.evergreen-hotels.com	06-2899988
台中		
長榮桂冠酒店	http://www.hotels.evergreen.com.tw	04-25048800
通豪大飯店	http://www.taichung-plaza.com	04-22956789
台中金典酒店	http://www.splendor-taichung.com.tw	04-23246000
涵碧樓大飯店	http://www.thelalu.com.tw/	049-2856888
高雄		
華園大飯店	http://www.hotelhg.com.tw	07-2410123
漢來大飯店	http://www.grand-hilai.com.tw	07-2161766
華王大飯店	http://www.hotelkingdom.com.tw	07-5518211
新竹		
新竹老爺酒店	http://www.royal-hsinchu.com.tw	03-5631122
新竹國賓大飯店	http://www.ambassador-hsinchu.com.tw	03-5151111
新竹福華大飯店	http://www.howard-hotels.com	03-5282323
新竹凱撒大飯店	http://www.caesapark.com.tw	03-3526622
宜蘭		
富翔大飯店	http://www.fuang.com.tw	039-388386
麗翔溫泉客棧	http://www.leschamps.com.tw	039-874072
久屋麗緻客棧	http://www.landislo.com.tw	039-613799
蘭陽溫泉大飯店	http://www.lanyang-resort.com.tw	039-881111
宜泰大飯店	http://www.kavalan.com.tw	039-568488
中信山多利大飯店	http://www.chinatrust-hotel.com	039-888288

附錄八

華氏、攝氏溫度換算表

攝氏度數 C.	攝氏度數/華氏度數	華氏度數 F.	攝氏度數 C.	攝氏度數/華氏度數	華氏度數 F.	攝氏度數 C.	攝氏度數/華氏度數	華氏度數 F.
− 34.4	− 30	− 22.0	− 9.4	+ 15	+ 59.0	+ 15.6	+ 60	+ 140.0
− 33.9	− 29	− 20.2	− 8.9	+ 16	+ 60.8	+ 16.1	+ 61	+ 141.8
− 33.3	− 28	− 18.4	− 8.3	+ 17	+ 62.6	+ 16.7	+ 62	+ 143.6
− 32.8	− 27	− 16.6	− 7.8	+ 18	+ 64.4	+ 17.2	+ 63	+ 145.4
− 32.2	− 26	− 14.8	− 7.2	+ 19	+ 66.2	+ 17.8	+ 64	+ 147.2
− 31.7	− 25	− 13.0	− 6.7	+ 20	+ 68.0	+ 18.3	+ 65	+ 149.0
− 31.1	− 24	− 11.2	− 6.1	+ 21	+ 69.8	+ 18.9	+ 66	+ 150.8
− 30.6	− 23	− 9.4	− 5.5	+ 22	+ 71.6	+ 19.4	+ 67	+ 152.6
− 30.0	− 22	− 7.6	− 5.0	+ 23	+ 73.4	+ 20.0	+ 68	+ 154.4
− 29.4	− 21	− 5.8	− 4.4	+ 24	+ 75.2	+ 20.6	+ 69	+ 156.2
− 28.9	− 20	− 4.0	− 3.9	+ 25	+ 77.0	+ 21.1	+ 70	+ 158.0
− 28.3	− 19	− 2.2	− 3.3	+ 26	+ 78.8	+ 21.7	+ 71	+ 159.8
− 27.8	− 18	− 0.4	− 2.8	+ 27	+ 80.6	+ 22.2	+ 72	+ 161.6
− 27.2	− 17	+ 1.4	− 2.2	+ 28	+ 82.4	+ 22.8	+ 73	+ 163.4
− 26.7	− 16	+ 3.2	− 1.7	+ 29	+ 84.2	+ 23.3	+ 74	+ 165.2
− 26.1	− 15	+ 5.0	− 1.1	+ 30	+ 86.0	+ 23.9	+ 75	+ 167.0
− 25.6	− 14	+ 6.8	− 0.6	+ 31	+ 87.8	+ 24.4	+ 76	+ 168.8
− 25.0	− 13	+ 8.6	0	+ 32	+ 89.6	+ 25.0	+ 77	+ 170.6
− 24.4	− 12	+ 10.4	+ 0.6	+ 33	+ 91.4	+ 25.6	+ 78	+ 172.4
− 23.9	− 11	+ 12.2	+ 1.1	+ 34	+ 93.2	+ 26.1	+ 79	+ 174.2
− 23.3	− 10	+ 14.0	+ 1.7	+ 35	+ 95.0	+ 26.7	+ 80	+ 176.0
− 22.8	− 9	+ 15.8	+ 2.2	+ 36	+ 96.8	+ 27.2	+ 81	+ 177.8
− 22.2	− 8	+ 17.6	+ 2.8	+ 37	+ 98.6	+ 27.8	+ 82	+ 179.6
− 21.7	− 7	+ 19.4	+ 3.3	+ 38	+ 100.4	+ 28.3	+ 83	+ 181.4
− 21.1	− 6	+ 21.2	+ 3.9	+ 39	+ 102.2	+ 28.9	+ 84	+ 183.2
− 20.6	− 5	+ 23.0	+ 4.4	+ 40	+ 104.0	+ 29.4	+ 85	+ 185.0
− 20.0	− 4	+ 24.8	+ 5.0	+ 41	+ 105.8	+ 30.0	+ 86	+ 186.8
− 19.4	− 3	+ 26.6	+ 5.5	+ 42	+ 107.6	+ 30.6	+ 87	+ 188.6
− 18.9	− 2	+ 28.4	+ 6.1	+ 43	+ 109.4	+ 31.1	+ 88	+ 190.4
− 18.3	− 1	+ 30.2	+ 6.7	+ 44	+ 111.2	+ 31.7	+ 89	+ 192.2
− 17.8	0	+ 32.0	+ 7.2	+ 45	+ 113.0	+ 32.2	+ 90	+ 194.0
− 17.2	+ 1	+ 33.8	+ 7.8	+ 46	+ 114.8	+ 32.8	+ 91	+ 195.8
− 16.7	+ 2	+ 35.6	+ 8.3	+ 47	+ 116.6	+ 33.3	+ 92	+ 197.6
− 16.1	+ 3	+ 37.4	+ 8.9	+ 48	+ 118.4	+ 33.9	+ 93	+ 199.4
− 15.6	+ 4	+ 39.2	+ 9.4	+ 49	+ 120.2	+ 34.4	+ 94	+ 201.2
− 15.0	+ 5	+ 41.0	+ 10.0	+ 50	+ 122.0	+ 35.0	+ 95	+ 203.0
− 14.4	+ 6	+ 42.8	+ 10.6	+ 51	+ 123.8	+ 35.6	+ 96	+ 204.8
− 13.9	+ 7	+ 44.6	+ 11.1	+ 52	+ 125.6	+ 36.1	+ 97	+ 206.6
− 13.3	+ 8	+ 46.4	+ 11.7	+ 53	+ 127.4	+ 36.7	+ 98	+ 208.4
− 12.8	+ 9	+ 48.2	+ 12.2	+ 54	+ 129.2	+ 37.2	+ 99	+ 210.2
− 12.2	+ 10	+ 50.0	+ 12.8	+ 55	+ 131.0	+ 37.8	+ 100	+ 212.0
− 11.7	+ 11	+ 51.8	+ 13.3	+ 56	+ 132.8	+ 38.3	+ 101	+ 213.8
− 11.1	+ 12	+ 53.6	+ 13.9	+ 57	+ 134.6	+ 38.9	+ 102	+ 215.6
− 10.6	+ 13	+ 55.4	+ 14.4	+ 58	+ 136.4	+ 39.4	+ 103	+ 217.4
− 10.0	+ 14	+ 57.2	+ 15.0	+ 59	+ 138.2	+ 40.0	+ 104	+ 219.2

附錄九

台灣地區各氣象站月平均氣溫統計表　　　　　　單位：攝氏度

地名	一月	二月	三月	四月	五月	六月	七月	八月	九月	十月	十一月	十二月	平均
淡水	15.1	15.3	17.3	21.2	24.3	27.0	28.8	28.5	26.7	23.7	20.4	17.0	22.1
鞍部	9.8	10.3	12.8	16.4	19.2	21.9	23.2	22.6	20.8	17.8	14.5	11.3	16.7
台北	15.8	15.9	18.0	21.7	24.7	27.4	29.2	28.8	27.1	24.3	20.9	17.6	22.6
竹子湖	11.7	12.2	14.6	18.1	20.9	23.5	24.8	24.5	22.7	19.8	16.4	13.3	18.5
基隆	15.8	15.8	17.6	21.1	24.2	27.1	29.0	28.6	26.8	24.0	20.8	17.6	22.4
彭佳嶼	15.6	15.5	17.3	20.4	23.3	26.1	28.1	27.8	26.3	23.7	20.4	17.4	21.8
花蓮	17.8	18.0	20.1	22.7	24.9	27.1	28.4	28.0	26.7	24.6	21.9	19.2	23.3
蘇澳	16.3	16.5	18.7	21.4	24.2	26.9	28.5	28.1	26.4	23.7	20.8	17.6	22.4
宜蘭	16.0	16.4	18.7	21.6	24.2	26.7	28.4	28.0	26.2	23.4	20.2	17.3	22.3
東吉島	17.4	17.7	20.1	23.1	25.4	27.2	28.1	27.8	27.0	25.1	22.2	19.2	23.4
澎湖	16.7	16.8	19.4	23.0	25.6	27.6	28.7	28.5	27.7	25.4	22.1	18.7	23.4
台南	17.4	18.2	21.1	24.5	27.0	28.4	29.0	28.5	28.0	25.9	22.4	18.8	24.1
高雄	18.8	19.7	22.3	25.2	27.2	28.4	28.9	28.3	27.9	26.4	23.4	20.2	24.7
嘉義	16.1	16.8	19.4	22.9	25.5	27.6	28.4	27.8	26.7	24.3	20.9	17.4	22.8
台中	16.2	16.8	19.4	23.0	25.7	27.5	28.5	28.0	27.2	24.9	21.4	17.8	23.0
阿里山	5.7	6.7	9.0	11.1	12.6	14.0	14.2	14.0	13.3	12.0	9.8	7.1	10.8
大武	20.1	20.6	22.6	24.7	26.5	28.0	28.6	28.1	27.2	26.0	23.7	21.3	24.8
玉山	-1.5	-1.1	1.0	3.3	5.5	7.0	7.7	7.5	7.0	6.3	3.9	0.7	3.9
新竹	15.1	15.2	17.4	21.4	24.6	27.3	28.8	28.5	26.9	24.0	20.5	17.1	22.2
恒春	20.6	21.1	23.1	25.2	26.9	27.9	28.3	27.9	27.4	26.3	24.0	21.6	25.0
成功	18.8	19.1	21.0	23.2	25.2	27.1	28.1	27.8	26.8	25.0	22.5	19.9	23.7
蘭嶼	18.4	18.8	20.4	22.4	24.2	25.6	26.2	25.9	25.2	23.7	21.5	19.3	22.6
日月潭	14.1	14.7	16.9	19.3	21.0	22.2	22.9	22.5	22.1	20.8	18.2	15.3	19.2
台東	19.2	19.6	21.7	24.0	26.0	27.7	28.7	28.4	27.3	25.6	23.0	20.4	24.3
梧棲	15.9	15.8	18.4	22.3	25.3	27.8	29.0	28.7	27.3	24.4	21.1	17.6	22.8

附錄十

大陸地區各主要都市月平均氣溫統計表

單位：攝氏度

地名	一月	二月	三月	四月	五月	六月	七月	八月	九月	十月	十一月	十二月	合計
哈爾濱	-19.2	-15.6	-4.2	6.2	14.6	20.0	22.7	20.8	14.3	5.3	-5.7	-15.8	3.6
烏魯木齊	-13.7	-11.6	-0.8	10.3	17.5	22.3	24.7	23.2	17.0	7.9	-2.7	-10.8	6.9
瀋陽	-11.4	-7.8	0.8	9.8	17.2	21.8	24.6	23.6	17.3	9.6	0.3	-7.9	8.2
大連	-4.6	-3.1	2.6	9.5	15.6	19.7	23.0	23.9	19.9	13.8	6.0	-1.1	10.4
北京	-4.3	-1.9	5.1	13.6	20.0	24.2	25.9	24.6	19.6	12.7	4.3	-2.3	11.8
天津	-3.8	-1.7	5.4	13.2	20.2	24.3	26.3	25.5	20.6	13.8	5.4	-1.5	12.3
太原	-6.0	-3.1	3.6	11.7	17.9	21.6	23.3	21.8	16.2	10.0	2.1	-4.4	9.6
酒泉	-9.3	-6.0	1.6	9.3	15.8	19.7	21.4	20.4	14.6	7.4	-1.0	-7.6	7.2
蘭州	-6.1	-2.0	5.0	11.7	16.8	20.1	22.1	21.0	15.7	9.7	1.9	-4.8	9.3
濟南	-0.9	1.3	7.9	15.6	22.0	26.4	27.4	26.3	21.7	16.0	8.2	1.4	14.4
長春	-15.9	-12.0	-2.8	7.3	15.3	20.2	22.8	21.3	15.1	6.9	-3.7	-12.4	5.2
上海	3.7	4.4	8.5	14.2	19.2	23.4	27.8	27.7	23.6	18.3	12.3	6.1	15.8
南京	2.1	3.7	8.5	14.8	20.2	24.4	27.9	27.7	22.7	16.9	10.4	4.1	15.3
拉薩	-2.1	1.1	4.5	8.0	12.0	15.6	15.3	14.5	12.8	8.0	2.2	-1.7	7.5
宜昌	4.8	6.1	10.9	16.8	21.7	25.3	27.9	27.7	23.1	18.0	12.4	6.8	16.8
成都	5.5	7.2	11.5	16.5	21.0	23.5	25.2	24.9	21.1	16.9	11.9	7.1	16.0
鄭州	-0.2	2.0	7.9	15.1	21.1	25.9	27.1	25.8	20.7	15.0	7.9	1.8	18.8
武漢	3.3	5.0	9.9	16.2	21.6	25.5	28.6	28.3	23.1	17.6	11.2	5.5	14.2
昆明	7.6	9.5	12.6	16.1	19.0	19.6	19.7	19.1	17.5	15.0	11.2	7.9	14.6
長沙	4.8	6.2	10.8	16.9	22.0	25.5	29.1	28.7	24.0	18.4	12.5	6.9	17.2
廈門	12.5	12.5	14.9	19.2	23.2	26.0	28.4	28.2	27.0	23.4	19.4	15.0	20.8
廣州	13.3	14.3	17.6	21.9	25.6	27.3	28.5	28.3	27.0	24.0	19.4	15.0	21.9
香港	15.8	15.9	18.5	22.1	25.9	27.8	28.8	28.4	27.6	25.2	21.4	17.6	22.9

附錄十一
世界各主要都市月平均氣溫統計表　　　　　　　　單位：攝氏度

地名	一月	二月	三月	四月	五月	六月	七月	八月	九月	十月	十一月	十二月	合計
東京	5.2	5.6	8.5	14.1	18.6	21.7	25.2	27.1	23.2	17.6	12.6	7.9	15.6
仁川	-3.0	-1.4	3.9	10.4	15.8	20.0	23.7	24.8	20.5	14.6	7.0	0.1	11.4
關島	25.0	25.1	25.3	26.1	26.5	26.6	26.3	26.1	26.2	26.2	26.2	25.8	26.0
馬尼拉	25.5	26.0	27.5	29.0	29.4	28.4	27.7	27.3	27.7	27.2	26.9	25.9	27.4
胡志明市	25.6	26.7	27.8	29.0	28.6	27.7	27.4	27.3	27.1	26.9	26.5	26.1	27.2
仰光	25.1	26.3	28.7	30.2	29.3	27.4	26.9	27.0	27.4	27.5	27.1	24.7	27.3
曼谷	26.5	28.1	29.4	30.5	29.8	29.3	28.9	28.7	28.4	28.2	27.4	26.1	28.4
新加坡	25.7	26.3	26.8	27.1	27.4	27.3	27.0	26.9	26.8	26.7	26.2	25.7	26.7
可倫坡	26.8	26.9	27.7	28.2	28.3	28.0	27.6	27.6	27.5	27.0	26.8	26.6	27.4
雅加達	26.3	26.5	26.9	27.5	27.7	27.3	27.1	27.1	27.5	27.7	27.4	26.8	27.2
新德里	14.2	16.9	22.4	28.7	32.4	33.5	30.9	29.7	29.2	26.2	20.6	15.5	25.0
雪梨	22.6	22.7	21.4	18.8	15.7	13.1	12.2	13.2	15.5	18.0	19.7	21.7	17.9
墨爾本	20.7	20.9	19.0	16.1	13.1	10.8	10.2	11.1	12.9	15.0	16.7	18.9	15.5
威靈頓	16.3	16.5	15.4	13.4	11.2	9.5	8.6	8.9	10.2	11.5	13.1	15.0	12.5
維也納	-0.7	1.3	5.3	10.2	14.8	18.0	19.8	19.2	15.4	10.1	4.8	1.0	9.9
柏林	-0.2	0.8	4.2	8.6	13.9	17.4	18.8	18.4	14.6	10.0	4.9	1.4	9.4
慕尼黑	-1.7	-0.4	3.4	7.5	12.2	15.4	17.5	16.8	13.6	8.6	3.1	-0.5	8.0
巴塞隆納	9.8	10.6	11.9	13.9	17.1	20.9	23.9	23.6	21.5	18.0	13.4	10.6	16.3
馬德里	6.1	7.4	10.0	12.2	16.0	20.7	24.4	23.8	20.4	14.8	9.4	6.4	14.3
倫敦	3.8	4.0	5.8	8.0	11.3	14.4	16.5	16.2	13.8	10.8	6.7	4.7	9.7
巴黎	3.5	4.2	6.6	9.5	13.2	16.3	18.4	18.0	15.3	11.4	6.7	4.2	10.6
羅馬	8.0	8.8	10.6	13.4	17.3	21.0	23.6	23.8	21.0	16.8	12.4	9.1	15.5
開羅	13.9	15.3	17.7	21.6	24.8	27.7	28.0	27.9	26.5	23.9	19.3	15.1	21.8
安曼	7.7	9.0	11.6	15.8	20.1	23.6	25.1	25.2	23.4	19.9	14.4	9.3	17.1
利雅得	14.0	16.3	21.0	25.2	31.4	33.9	35.2	35.0	31.9	26.5	20.7	15.5	25.6
開普敦	20.4	20.4	19.2	16.9	14.4	12.6	11.9	12.4	13.7	15.7	18.0	19.5	16.3
溫哥華	3.0	4.7	6.3	8.8	12.1	15.1	17.2	17.4	14.3	10.0	6.0	3.4	9.9
多倫多	-6.8	-6.1	-0.8	6.0	12.3	17.4	20.5	19.5	15.2	8.9	3.2	-3.5	7.2
舊金山	9.2	11.1	11.9	13.1	14.5	16.2	17.1	17.6	17.8	16.1	12.6	9.5	13.9
華盛頓	1.4	3.0	8.3	13.4	19.0	23.9	26.3	25.5	21.8	15.3	9.8	4.1	14.3
紐約	-0.2	0.7	5.3	10.8	16.6	21.7	24.7	24.1	20.1	14.1	8.6	2.5	12.4
芝加哥	-6.2	-3.1	3.0	9.4	15.5	21.0	23.6	22.8	18.6	11.9	5.0	-2.3	9.9
檀香山	22.7	22.8	23.6	24.3	25.3	26.3	27.0	27.5	27.2	26.5	25.1	23.4	25.1
拉斯維加斯	7.3	10.4	13.5	17.8	23.3	29.0	32.4	31.2	26.5	19.7	12.4	7.4	19.2
德黑蘭	3.1	5.6	10.2	16.1	22.0	27.2	30.0	28.8	25.1	18.6	11.4	5.7	17.0
雅典	9.5	9.7	11.8	15.3	20.2	24.6	26.9	26.6	23.3	18.4	14.4	11.4	17.7
安卡拉	0.0	1.8	6.0	11.1	15.6	19.6	22.9	22.6	18.3	12.5	7.5	2.3	11.7
赫爾辛基	-6.8	-6.8	-2.8	2.9	9.9	14.9	16.6	15.0	10.1	5.4	0.2	-4.2	4.5
斯德哥爾摩	-2.9	-3.0	0.0	4.4	10.5	15.5	17.1	16.1	11.8	7.4	2.5	-1.3	6.5
奧斯陸	-7.2	-7.0	-2.3	2.8	9.3	14.1	15.1	13.9	9.2	4.6	-1.5	-5.8	3.8
布達佩斯	-0.4	2.1	6.6	11.9	16.9	20.0	21.7	21.1	17.2	11.7	5.8	1.6	11.4
布拉格	-2.4	-0.9	3.0	7.7	12.7	15.9	17.5	17.0	13.3	8.3	2.9	-0.7	7.9
莫斯科	-9.2	-7.7	-2.5	5.4	13.2	16.6	18.2	16.3	10.9	5.0	-1.4	-6.1	4.9
里約熱內盧	26.3	26.6	26.0	24.5	22.9	21.7	21.3	21.8	22.0	22.8	24.0	25.3	23.8
利馬	22.0	22.7	22.1	20.5	18.7	17.3	16.5	16.0	16.4	17.4	18.7	20.7	19.1
蘇黎世	-0.4	1.0	4.4	8.0	12.3	15.5	17.7	16.9	14.1	9.5	4.1	0.7	8.7

附錄十二

世界重要都市機場名稱及世界時刻對照表

INTERNATIONAL AIRPORTS

都市英文名稱	都市中文名稱	機場名稱	都市代號
Madrid	馬德里	Barajas	MAD
Manila	馬尼拉	International	MNL
Montreal	蒙特利爾	Dorvalinternational	YUL
Munich	慕尼黑	Riem	MUC
New York	紐約	J. F. Kennedy int(JFK)	NYC
Osaka	大阪	International	OSA
Panama City	巴拿馬	Tocumen	PTY
Paris	巴黎	Orly(ORY)	PAR
Rio De Janeiro	里約熱內盧	Galeao(GIG)	RIO
Rome	羅馬	Leonardo Da Vinci(FCO)	ROM
San Francisco	舊金山	International	SFO
Sao Paulo	聖保羅	Virucopos	SLV
Seoul	漢城	Seoul	SEL
Singapore	新加坡	International	SIN
Sydney	雪黎	Kingsford Smith	SYD
Taipei	台北	Chiang Kai-Shek	TPE
Tehran	德黑蘭	Mehabad	THR
Tal Aviv	台拉維夫	Ben Gurico int	TUV
Tokyo	東京	Handeda(HND)	TYO
Toronto	多倫多	International	YYZ
Tripoil	的黎波里	International	TIP
Vienna	維也納	National(DCA)	VIE
Washington	華盛頓	Schwechat	WAS
Wellington	威靈頓	Wellington	WLG
Zurich	蘇黎世	Zurich	ZRH
Abidjan	阿必尚	Port Bouet	ABJ
Amman	安曼	Amman	AMM
Amsterdam	阿姆斯特丹	Amsterdam	AMS
Athens	雅典	Hellinkon	ATH
Bangkok	曼谷	Don MUANG	BKK
Kuala Lumpur	吉隆波	Subang	KUL
Barlin	柏林	Tegal(TXL)	BER
Boston	波士頓	Logan international	BOS
Brussels	布魯塞爾	National	BRA

(續) 附錄十二

世界重要都市機場名稱及世界時刻對照表

INTERNATIONAL AIRPORTS

都市英文名稱	都市中文名稱	機場名稱	都市代號
London	倫敦	Heathrow(LHR)	LON
Calcutta	加爾各答	Dum Dum	CCU
Chicago	芝加哥	O Hare(ORD)	CHI
Copenhagen	哥本哈根	Castrup	CPH
Damascus	大馬士革	International	DAM
Dallas	達拉斯	Love Field(DAL)	DAL
Delhi	德里	Delhi	DEL
Detroit	底特律	Metropolitan(DTW)	DTT
Frankfurt	法蘭克福	Frankfurt	FRA
Geneva	日內瓦	Cointrin	GVA
Hamburg	漢堡	Fuhlsbuttel	HAM
Hong Kong	香港	Kai Tak	HKG
Honolulu	檀香山	International	HNL
Houston	休士頓	International	HOU
Jakarta	雅加達	Kemayoran(JKT)	JKT
Los Angeles	洛杉機	International	LAX

（續）附錄十二
世界重要都市機場名稱及世界時刻對照表
INTERNATIONAL TIME TABLE

地區																								
台灣、香港、菲律賓	24	1	2	3	4	5	6	7	8	9	10	11	12	13	14	15	16	17	18	19	20	21	22	23
日本、韓國、琉球	1	2	3	4	5	6	7	8	9	10	11	12	13	14	15	16	17	18	19	20	21	22	23	24
澳大利亞、(雪梨、墨爾本)、關島	2	3	4	5	6	7	8	9	10	11	12	13	14	15	16	17	18	19	20	21	22	23	24	1
紐西蘭	4	5	6	7	8	9	10	11	12	13	14	15	16	17	18	19	20	21	22	23	24	1	2	3
阿拉斯加、安克拉治、夏威夷、大溪地	6	7	8	9	10	11	12	13	14	15	16	17	18	19	20	21	22	23	24	1	2	3	4	5
太平洋區、(舊金山、西稚圖、溫哥華)	8	9	10	11	12	13	14	15	16	17	18	19	20	21	22	23	24	1	2	3	4	5	6	7
山區(丹佛)	9	10	11	12	13	14	15	16	17	18	19	20	21	22	23	24	1	2	3	4	5	6	7	8
中央區(芝加哥)	10	11	12	13	14	15	16	17	18	19	20	21	22	23	24	1	2	3	4	5	6	7	8	9
東部地區(紐約)	11	12	13	14	15	16	17	18	19	20	21	22	23	24	1	2	3	4	5	6	7	8	9	10
阿根廷、智利、委內瑞拉	12	13	14	15	16	17	18	19	20	21	22	23	24	1	2	3	4	5	6	7	8	9	10	11
巴西、烏拉圭	13	14	15	16	17	18	19	20	21	22	23	24	1	2	3	4	5	6	7	8	9	10	11	12
格林威治時間、摩洛哥、阿爾及利亞	16	17	18	19	20	21	22	23	24	1	2	3	4	5	6	7	8	9	10	11	12	13	14	15
歐洲主要地區	17	18	19	20	21	22	23	24	1	2	3	4	5	6	7	8	9	10	11	12	13	14	15	16
南非、約旦、以色列	18	19	20	21	22	23	24	1	2	3	4	5	6	7	8	9	10	11	12	13	14	15	16	17
伊朗*、沙烏地阿拉伯	19	20	21	22	23	24	1	2	3	4	5	6	7	8	9	10	11	12	13	14	15	16	17	18
印度*	21	22	23	24	1	2	3	4	5	6	7	8	9	10	11	12	13	14	15	16	17	18	19	20
印尼、泰國、馬來西亞、新加坡*	23	24	1	2	3	4	5	6	7	8	9	10	11	12	13	14	15	16	17	18	19	20	21	22

■指前一日 □指次一日 *加三十分

附錄十三

台灣區、美、加地區時差對照表

GMT -8	台灣時間	太平洋區時間(-16)	山區時間(-15)	中央區時間(-14)	東部時間(-13)
Midnight	8 A.M.	4 P.M.	5 P.M.	6 P.M.	7 P.M.
1 Am	9 A.M.	5 P.M.	6 P.M.	7 P.M.	8 P.M.
2	10 A.M.	6 P.M.	7 P.M.	8 P.M.	9 P.M.
3	11 A.M.	7 P.M.	8 P.M.	9 P.M.	10 P.M.
4	Noon	8 P.M.	9 P.M.	10 P.M.	11 P.M.
5	1 P.M.	9 P.M.	10 P.M.	11 P.M.	Midnight
6	2 P.M.	10 P.M.	11 P.M.	Midnight	1 A.M.
7	3 P.M.	11 P.M.	Midnight	1 A.M.	2 A.M.
8	4 P.M.	Midnight	1 A.M.	2 A.M.	3 A.M.
9	5 P.M.	1 A.M.	2 A.M.	3 A.M.	4 A.M.
10	6 P.M.	2 A.M.	3 A.M.	4 A.M.	5 A.M.
11	7 P.M.	3 A.M.	4 A.M.	5 A.M.	6 A.M.
Noon	8 P.M.	4 A.M.	5 A.M.	6 A.M.	7 A.M.
1 Pm	9 P.M.	5 A.M.	6 A.M.	7 A.M.	8 A.M.
2	10 P.M.	6 A.M.	7 A.M.	8 A.M.	9 A.M.
3	11 P.M.	7 A.M.	8 A.M.	9 A.M.	10 A.M.
4	Midnight	8 A.M.	9 A.M.	10 A.M.	11 A.M.
5	1 A.M.	9 A.M.	10 A.M.	11 A.M.	Noon
6	2 A.M.	10 A.M.	11 A.M.	Noon	1 P.M.
7	3 A.M.	11 A.M.	Noon	1 P.M.	2 P.M.
8	4 A.M.	Noon	1 P.M.	2 P.M.	3 P.M.
9	5 A.M.	1 P.M.	2 P.M.	3 P.M.	4 P.M.
10	6 A.M.	2 P.M.	3 P.M.	4 P.M.	5 P.M.
11	7 A.M.	3 P.M.	4 P.M.	5 P.M.	6 P.M.
		Calif. Nev. Ore. Wash. Vancouver	Ariz. Colo. Idaho. Mont. N. Mex. Utah. Wyo.	Ark. La. Ala. Mo. Iowa. N. D. Kans. S. D. Ill. Wis. Ind. Tex. K. Y. Minn. Miss. Nebr. Okla. Tenn.	Conn. N. C. Del. N. Y. Flo. Ohio Ga. Pa. Mich R. I. M.D. S. C. Maine Va. Mass. Vt. N. H. W. Va. N. J. Wash. D. C. Montreal

附錄十四
世界各國時刻對照表

-4	Abu Dhabi	-13	Ecuador		a)	-6	Rwanda
-4	Ajmin	-14	El Salvador	+1	Korea	-20	Samoa
-18	Alaska	-8	England	-4.5 -5	Kuwait	-6	Saudi Arabia
-7	Algeria	-5	Ethiopia	+0	Laos	-8	Scotland
-7	Andorra	-8	Faroe Is.	-6	Lebanon	-8	Senegal
-11	Argentina	+4	Fiji	-12	Leeward/	-4	Seychelles
+2	Australia	-6	Finland		Windward Is.	-4	Sharjah
-8	Austria	-7	France	-6	Lesotho	-0.5	Singapore
-13	Bahamas	-4	Fujairah	-6	Libya	-6	South African
-5	Bahrain	-7	Gabon	-8	Liberia		Rep.
-7	Balearic Is.	-8	Gilbraltar	-7	Luxemburg	-6	South West
-2	Bangladesh	+2	Gilbert Ellice	+0	Macao		Africa
-12	Barbados		Is.	-0.5	Malaysia	-7	Spain
-7	Belgium	-11	Greenland	-8	Mali	-12	St. Maarten
-14	Bermuda	-12	Guadeloupe	-7	Malta	-6	Swaziland
-12	Bolivia	+2	Guan	-7	Martinique	-7	Sweden
-6	Botswana	-14	Guatemala	-8	Mauretania	-7	Switzerland
-11	Brazil	-12	Guiana	-4	Mauritius	-6	Syria
-1	Brunei	-8	Guinea	-14	Mexico	-5	Tanzania
-7	Cameroon	-11.75	Guyana	-7	Monaco	-1	Thailand
-13	Canada (E.)	-13	Haiti	-8	Morocco	-1	Timor
-16	(W.)	-18	Hawaii Is.	-7	Netherlands	-8	Togo
-9	Canary Is.	-6	Hellenic		(Holland)		(Togoland)
-13	Cayman Is.		(Greece)	+1	New Guinea	+3	Tonga Is.
-6	Central	-14	Honduras	+1	New Hebrides	-13	Trinidad
	African Rep.	+0	Hong Kong	+4	New Zealand	-7	Tunisia
-2.5	Ceylon(Sri-	-2.5	India	-14	Nicaragua	-6	Turkey
	Lanka)	-0.5	Indonesia	-6	Niger	-13	Turks Is.
-6	Chad	-5	Iran	-6	Nigeria	-5	Uganda
-12	Chile	-8	Irish	-7	Norway	-4	Ummal
-13	Colombia		Rep.(Ineland)	-4	Oman		Qaiwain
-18.5	Cook Island	-6	Israel	-3.5	Pakistan	-8	Upper Volta
Rarotonga		-7	Italy	-12	Paraguay	-11	Uruguay
-14	Costa Rica	-8	Ivory Coast	-13	Peru	-12	Venezuela
-13	Curacao	-13	Jamaica	+0	Philippines	+0	Vietnam
-6	Cyprus	+1	Japan	-8	Portugal	-13	Virgin Is.
-11	Dahomey	-6	Jordan	-12	Puerto Rico	-7	West
-7	Denmark	-5	Kenya	-5	Qatar		Germany
-13	Dominican	-1	Khmer	-4	R. A. K.	-19	West Samoa
-4	Dubai		Rep.(Cambodi	-6	Rhodesia	-7	Zaire

附錄十五
中外度量衡換算表

重量單位換算表

公斤 Kilogram	公噸 Metric ton	磅 Pound	短噸 Short ton	長噸 Long ton
1	0.001	2.20462	0.001102	0.000984
1,000	1	2,204.26	1.10231	0.984205
0.453592	0.000454	1	0.0005	0.000446
907.184	0.907185	2,000	1	0.892857
1,016.046	1.01605	2,240	1.12	1

1 台斤＝0.6000 公斤＝1.2000 市斤＝1.3227 磅

1 市斤＝0.5000 公斤＝0.8333 台斤＝1.1023 磅

長度單位換算表

公里 km	公尺 m	公分 cm	公釐 mm	英寸 in	英尺 ft	英里 mile
1	1,000	100,000	1,000,000	39,370	3,280.83	0.62136
0.001	1	100	1,000	39.37	3.28083	0.0006214
0.00001	0.01	1	10	0.3937	0.032808	0.0562
0.000001	0.001	0.1	1	0.03937	0.003281	0.0662
2.54×10^{-5}	0.0254	25.40	25.40005	1	0.08333	0.0000158
3.048×10^{-4}	0.3048	30.480	304.801	12	1	0.00018939

1 浬（英海里）＝1.150776 英里＝6,076 英尺＝1,852 公尺

1 市尺＝1.0936 英尺＝0.3333 公尺

1 英碼＝3 英尺＝0.9144 公尺＝2.743 市尺

面積單位換算表

平公公尺 m²	平方吋 in²	平方呎 ft²	英畝 acre	平方英里 mile²	平方公分 cm²	平方公釐 mm²
1	1,550	10.76	0.0002471	0.093861	10,000	1,000,000
0.0006452	1	0.006944	0.061594	0.062491	6.452	645.2
0.09290	144	1	0.072296	0.073587	929.0	92,900
4,047	6,272,640	43,560	1	0.001562	40,470,000	$4,047 \times 10^6$
2,589,998	—	27,878,400	640	1	259×10^9	25.9×10^{11}

1 公頃＝100 公畝＝10,000 方公尺＝2,471 英畝＝1.0310 甲

1 甲＝96.99194 公畝＝2.3967 英畝＝2,934 坪

（續）附錄十五

中外度量衡換算表

容積單位換算表

公升 Liter	公秉 Kiloliter	美制加侖 U. S. Gallon	英制加侖 Imp. Gallon	美桶 Barrel	立方呎 Cubic Feet	立方吋 Cubic Inch
1	0.001	0.264178	0.219975	0.000629	0.035316	61.026
1,000	1	264.178	219.975	6.28995	35.316	61,026
3.78533	0.003785	1	0.83268	0.02381	0.133681	231*
4.54596	0.004546	1.20094	1	0.028594	0.160544	277.42
158.984	0.158984	42*	34.9726	1	5.6146	9.702*
28.316	0.028316	7.4805	6.2288	0.17811	1	1,728
0.016387	0.000016	0.004329	0.003605	0.000103	0.000579	1

※此項數字係規定值　　1 立方公尺＝1 公秉＝1,000 公升

附錄十六
搜尋引擎參考表（Search Tools）

Alta Vista	www.altavista.com
Ask jeeves	www.ask.com
Direct Hit	www.diirecthit.com
Excite	www.excite.com
Go.com	www.go.com
Google	www.google.com
Hotbot	www.hotbot.com
Lycos	www.lycos.com
Northern Light	www.northernlight.com
Open Text	www.opentext.com
Search	www.search.com
Webcrawler	www.webcrawler.com
About.com	www.about.com
Looksmart	www.looksmart.com
Netcenter	www.netcenter.com
Suite 101	www.suite101.com
Dog Pile	www.dogpile.com
Mamma	www.mamma.com
Profusion	www.profusion.com
Savvysearch	www.savvysearch.com
Yahoo	www.yahoo.com
Yam	www.yam.com

附錄十七
生活資訊網站

第一篇　上網找生活資訊

1. http://www.todo.com.tw/living/lotton.html 對統一發票
2. http://www.post.gov.tw/0-6.htm 查郵遞區號
3. http://www.post.gov.tw/ 查全國郵局業務
4. http://www.dgt.gov.tw 查詢電信局業務
5. http://www.ethome.net.tw/www2/citynews/bccnews.ram 即時新聞 廣播
6. http://www.chinatimes.com.tw/ 網路新聞
7. http://210.69.186.91/enw/serv03.html 政府機關上班日期
8. http://www.exam.gov.tw/ 國家考試的榜單
9. http://weather.kimo.com.tw/ 天氣預測
10. http://www.cwb.gov.tw 中央氣象局
11. http://www.foreverlove.com.tw/index.html 結婚的習俗禮儀
12. http://www.ivnet.com.tw/lee/lawleee.htm 查詢法律問題
13. http://law.kingnet.com.tw/index.html/ 線上詢問法律事務
14. http://www.sinica.edu.tw/~tdbproj/sinocal/luso.html 國曆轉農曆
15. http://engnet.com.tw/tech.htm 單位換算
16. http://www.tmm.org.tw/move/vote-m.htm 挑選搬家公司
17. http://www.dacoda.com.tw/check.htm 查待繳的電話費
18. http://www.dacoda.com.tw/check.htm 查行動電話帳單
19. http://www.push.com.tw/ 查詢手機相關資訊
20. http://flowers.accounts.com.tw/ 訂花
21. http://www.clean.com.tw/ 洗衣
22. http://taiwan.net.tw 查旅遊資訊

第二篇　上網找交通工具

1. http://www.map.com.tw/ 查詢地圖
2. http://www.railway.gov.tw/ 查詢火車時刻表與票價
3. http://www.railway.gov.tw/taiwan/index.html 訂購火車票
4. http://tacocity.com.tw/ives/ 查國內班機時刻表
5. http://www.todo.com.tw/living/trans.html 查詢國外班機時刻表
6. http://www.fat.com.tw/ 訂購遠航機票
7. http://www.iot.gov.tw/news/rtinfo.htm 中山高與北二高即時交通 資訊

（續）附錄十七
生活資訊網站

8. http://www.tcc.taipei.gov.tw/ 查台北道路即時資訊

9. http://www.tpg.gov.tw/a09y11/station/stations.htm 查詢台汽公車時刻表

10. http://www.trtc.com.tw/home.htm 查台北捷運路線圖與轉車資訊

11. http://www.buslne.taipi_gov.tw/index1.htm 查台北市公車路線

12. http://www.tcg.gov.tw/ 查台北市停車場與拖吊場資訊

13. http://www.temvd.gov.tw/ 查詢各項監理業務所需證件

14. http://www.mvdis.gov.tw/index.htm 查各地區監理站通訊電話及地址

15. http://www.mvdis.gov.tw/index.htm 查詢汽車的違規紀錄

16. http://www.mvdis.gov.tw/index.htm 繳罰單或燃料稅

17. http://www.motc.gov.tw/datebase/boat.thm 查詢輪船時刻表

第三篇　上網休閒娛樂

1. http://tw.tv.yahoo.com/ 查詢電視節目

2. http://www.gio.gov.tw/info/radiotv/ 查詢有線電視住址與電話

3. http://www.cityguide.com.tw/ 查看台北正上映的電影

4. http://movie.kingnet.com.tw/ 看電影簡介

5. http://www.coollife.com.tw/music/main.thm 流行音樂排行榜

6. http://mail.ht.net.tw/~synco/ 流行歌曲歌詞

7. http://netcity1.web.hinet.net/UserData/dmr216/ 演唱會資訊

8. http://www.hello.com.tw/~alas/index.html 聽音樂

9. http://av.sina.com/ 聽過去的廣播

10. http://classic.prtmusic.com.tw/Voice/ 聽台北愛樂電台即時廣播

11. http://www.ticket.com.tw/ 查詢藝術表演節目資訊

12. http://www.ntch.edu.tw/ 查詢國家劇院與國家音樂廳節目資訊

13. http://www.cyberstage.com.tw/home.html 查看文藝活動資訊

14. http://ticketing.acer.net/ 訂購各項表演場地演出門票

15. http://hotel.cybertaiwan.com/index-c.htm 查看台灣觀光地點

16. http://www.to-go.com.tw/ 中文查詢國外觀光景點資料

17. http://travel.yahoo.com/ 英文查詢國外觀光景點資料

18. http://www.to-go.com.tw/ 查詢國家簽證事宜

19. http://www.to-go.com.tw/ 查詢出國旅遊攜帶物品

（續）附錄十七
生活資訊網站

20.	http://www.travelking.com.tw/index.asp	訂飯店
21.	http://welcome.to/springs/	查詢台灣的溫泉
22.	http://travelking.wingnet.com.tw/	查詢各風景區票價資訊
23.	http://www.water-world.com.tw/tour/tour.htm	國內外著名潛水地點
24.	http://dsns.csie.nctu.edu.tw/~ctlin/	桃竹苗地區名勝
25.	http://www.geocities.com/Colosseum/Loge/9106/	學習釣魚技巧
26.	http://140.128.15.100/lun/	鹿港旅遊資訊
27.	http://www.nine.com.tw/1999/welcome.htm	九族文化村資訊
28.	http://demo1.nkhc.edu.tw/s2851/28512002/	九份旅遊資訊
29.	http://www.taitung.gov.tw/	查詢台東縣市的觀光資訊
30.	http://www.poja.com.tw/	查詢花蓮旅遊資訊
31.	http://www.mis.sjsmit.edu.tw/SUN/	查詢淡水旅遊資訊
32.	http://tourism.pu.edu.tw/greenisland/index.htm	查詢綠島旅遊資訊
33.	http://www.transoft.com.tw/tmic/	查詢台灣山岳資訊
34.	http://www.game.hinet.net/	自己玩遊戲
35.	http://www.igame.com.tw/	與多人對戰
36.	http://game.acer.net/	玩各種遊戲
37.	http://www.dragonzone.com/avers/	看武俠小說
38.	http://netcity1.web.hinet.net/UserData/john520/	看笑話
39.	http://www.river.com.tw/	看漫畫
40.	http://www.post.gov.tw/	查詢郵票的相關資訊
41.	http://999.18k.com.tw/1.htm	上網算命

第四篇　上網找美食

1.	http://www.cityguide.com.tw/	查詢台北市的餐廳
2.	http://www.taichung.net.tw/	查詢台中市的餐飲服務
3.	http://w6.dj.net.tw/~rogerchang/keelung/k5/k5.htm	基隆廟口小吃
4.	http://inf.cs.nthu.edu.tw/cosh/	新竹美食
5.	http://athena.cs.ccu.edu.tw/food.html	嘉義地區美食
6.	http://www.need.com.tw/tainan/10/1000.htm	搜尋台南小吃
7.	http://www.gogoph.com.tw/T07.htm	查詢澎湖小吃
8.	http://www.pros.com.tw/delicacy/	搜尋美食情報

（續）附錄十七
生活資訊網站

9.	http://www.waiter.com.tw/ 訂購餐飲
10.	http://www.myfun.com.tw 訂便當
11.	http://www.ttw.gov.tw/knack/knack.thm 查詢雞尾酒調法

第五篇　上網查詢政府機關資訊

1.	http://www.ris.gov.tw/ 查詢戶役政機關
2.	http://www.ris.gov.tw/ 查詢辦理戶政事務資訊
3.	http://www.ly.gov.tw/ 查詢各地區選出的立法委員
4.	http://www.mofa.gov.tw/frame33.htm 查詢各國駐華領事館或機構
5.	http://www.boca.gov.tw 查駐外辦事處（外交部領事事務局）

第六篇　上網學習知識

1.	http://www.104.com.tw/ 求職求才
2.	http://www2.tpml.edu.tw/ 查看台北市立圖書館書籍資料
3.	http://www.nc1.edu.tw/ 查看國家圖書館書籍資料
4.	http://www.ee.tku.edu.tw/~rexchen/cdict/cdict.html 英翻中或中翻英
5.	http://www.ujent.com.tw/point/passport.exe 查英文姓名
6.	http://www.ihpsinica.edu.tw/database/index.htm 查中國詩詞
7.	http://bird.org.tw/chnindex.html 找尋台灣鳥類資訊
8.	http://www.moeaidb.gov.tw/~bill/astro/astro.htm 查天文資訊
9.	http://140.115.123.30/earth/earth.htm 地球科學資訊
10.	http://www.south.nsysu.edu.tw/group/NTUHakka 探索客家文化
11.	http://cmp.nkhc.edu.tw/homepage/teacher/t0015/index.html 台灣本土文化
12.	http://www.photonet.net/ 攝影相關資訊
13.	http://www.zoo.gov.tw/ 動物資訊
14.	http://www.nmmba.gov.tw/ 海洋生物資訊
15.	http://www.pros.com.tw/aquarium/ 查詢水族相關資訊
16.	http://www.npm.gov.tw/ 欣賞故宮博物館藏品
17.	http://www.nmh.gov.tw/museum/index.html 觀賞歷史博物館的文物
18.	http://www.get.com.tw/ 查詢考試相關資訊
19.	http://www.edu.tw/moecc/uni_exhi/isl/index.html 找尋各大學資訊
20.	http://www.fg.tp.edu.tw/~d7350829/ 觀摩情書範本

（續）附錄十七
生活資訊網站

21.　http://www.books.com.tw/ 買書

第七篇　上網理財去
1.　http://tw.finance.yahoo.com/ 查股價資訊
2.　http://www.investimes.com.tw/investimes/ 查即時匯率
3.　http://www.investimes.com.tw/investimes/ 試用各種理財計算
4.　http://www.smartnet.com.tw/ 計算自己投資組合報酬率

第八篇　上網找商訊
1.　http://104.hinet.net/ 查詢公司行號電話
2.　http://taiwan.alibaba.com/ 查詢商業看板
3.　http://taipeitaradeshows.cetra.org.tw/cindex/index.htm 查台北世貿中心展覽資訊
4.　http://www.cetra.org.tw/index.htm 查商業相關情報
5.　http://coreg.hinet.net/business/ 查各公司登記資料

第九篇　上網找健康
1.　http://www.doctor.com.tw/ 查醫師的資料
2.　http://www.medicalgate.org.tw/ 查醫師不良紀錄
3.　http://www.healthonline.com.tw/ 查詢各種健康或病例資訊
4.　http://www.psychpark.net/taiwan/ 查詢精神醫療機構通訊資料
5.　http://www.medicalvillage.org.tw/schedule.htm 查詢各醫院門診時刻表
6.　http://www.medicalvillage.org.tw/schedule.htm 上網掛號
7.　http://www.your-vet.com/vet/index1.htm 診斷寵物病症
8.　http://www.beautyguide.com.tw/ 查各種肌膚保養的秘方
9.　http://www.fuherbao.com.tw/ 查詢婦女懷孕,生產,育嬰資訊
10.　http://www.slimming.com.tw/ 查減肥資訊
11.　http://www.sextoall.com.hk/ 查詢性知識

第十篇　上網查電腦網路相關資訊
1.　http://www.shoppingguide.com.tw/ 查詢電腦設備即時報價
2.　http://cucuwow.virtualave.net/links2/pages/ 查詢網站架設資訊

（續）附錄十七
生活資訊網站

3.	http://www.usernt.com.tw/ 查詢學習電腦軟硬體資訊
4.	http://jinlyu.tw.to/ 查電腦遊戲密技或攻略
5	http://www.tisnet.net.tw/cgi-bin/head/euccns?/Link/bbs/bbs html 各大 BBS 站位址
6.	http://www.webhd.com.tw/ 使用網路硬碟
7.	http://www.pchome.com.tw/ 使用網路書籤
8.	http://www.pchome..com.tw/ 將瀏覽的書籤新增到網路書籤
9.	http://www.behoo.com.tw/internet/nettalk/internet4.htm 查詢各國網路代碼

資料來源：真理大學。

參考書目

一、中文部分

1. 《現代秘書手冊》，日本現代秘書實務研究會著作出版。

2. 《新訂秘書概說》，1981年，日本全國短期大學秘書教育協會著作出版。

3. 《秘書理論與實務》，田中篤子著，1985年，嵯峨野書院。

4. 《公共關係》，袁自玉編著，1988年，前程企管公司。

5. 《公共關係學》，張在山著，1998年，五南圖書公司。

6. 《事務管理手冊》，行政院秘書處編印，2001年9月，三民書局。

7. 中華郵政公司網站（http://www.post.gov.tw）。

8. 中華電信股份有限公司網站（http://www.dgt.gov.tw）。

9. 中央氣象局網站（http://www.cwb.gov.tw）

10. 《檔案學》，靳元龍著，1986年8月，作者自行發行。

11. 《檔案管理學》，張澤民著1981年9月，三民書局。

12. 《中英文檔案管理》，范金波著，1988年2月，國家出版社。

13. 《檔案管理入門》，東政雄著，1995年10月，台華工商圖書公司。

14. 《最新應用文》，龔夏編著，1988年，復興書局。

15. 《國際禮儀實務》，徐筑琴編著，2001年10月，揚智文化事業股份有限公司。

16. 《台北市行政專業秘書協會季刊》，台北市行政專業秘書協會出版。

二、英文部分

1.*Complete Office Handbook*

By Susan Jaderstorm, Leonard Kruk, Joane Miler.....

2003, International Association of Administration Professionals（IAAP）

2.*Administrative Assistant's and Secretary's Handbook*（Second Edition）

By James Stroman, Kavin Wilson, Jannifer Wauson

2004, American Management Association

3.*The Professional Secretary's Handbook*

By John Speneer & Adrian Pruss

1997, Borron's Educational Series,Inc.

4.*The New Executive Assistant*

By Melba J. Duncan

1997, The McGraw-Hill Companies, Inc.

5.*The Secretary at Work*

By Madeline S. Strong, Mary S. Smith, M.Claudie Garvey

6.*Secretary's Handbook*

By Martha S. Luck

1972, Mundelein

7.*The Secretary Handbook*

By Sarah Aughsta Taintor, Kate M. Monro

1988, Collier Macmillan

8.*The New World Secretarial Handbook*

By A. E. Klein

1974, Simon & Schuster

9.*The Executive Secretary*

By Patricia Ingoldsby, Joseph Focarino

1969, Garden City

10.*Secretary 's Desk Book*

1978, By The Parker Publishing Company Editorial Staff

11.*The Secretary on the Job*

By Mary Witherow

1982, McGraw-Hill Companies

12.*Webster 's Secretarial Handbook*

By Anna L. Eckersley-Johnson

1989, Prentice Hall

13.*Complete Secretary 's Handbook*

By Lillian Doris, Besse May Miller

1973, Prentice-Hall, Inc.

14.*The Successful Secretary 's Handbook*

By Estherr Becker, Evelyn Anders

1971, Harper & Row

15.*Secretarial Office Procedures*

By Theodore Woodward, John A. Pendery, Howard L. Newhouse

1972,

16.*Secretarial Office Procedures*

By Mary Oliverio & William Pasewark

1980, South-Western Publishing Co.

17.*Filing Systems and Records Management*

By Gilbert Kahn, Theodore Yerian, Jeffrey R. Stewart, Jr.

1981, McGraw Hill

18.*Business Filing and Records Control*

By Ernest D. Bassett, David G. Goodman

1994, South-Western Publishing Co.

19.*Office Pro*（Magazines）

By International Association of Administration Professionals
（IAAP）

國際貿易叢書 1

秘書實務

作　　　者／徐筑琴

出　版　者／揚智文化事業股份有限公司

發　行　人／葉忠賢

總　編　輯／林新倫

執行編輯／張何甄、閻富萍

登　記　證／局版北市業字第 1117 號

地　　　址／台北市新生南路三段 88 號 5 樓之 6

電　　　話／(02)2366-0309

傳　　　眞／(02)2366-0310

網　　　址／http://www.ycrc.com.tw

E-mail ／service@ycrc.com.tw

郵撥帳號／19735365

戶　　　名／葉忠賢

法律顧問／北辰著作權事務所　蕭雄淋律師

印　　　刷／鼎易印刷事業股份有限公司

I S B N ／957-818-670-3

初版一刷／2004 年 11 月

定　　　價／新台幣 500 元

國家圖書館出版品預行編目資料

秘書實務 / 徐筑琴 著； -- 初版.-- 台北市：
揚智文化, 2004[民 93]
　　　面； 公分. -- （國際貿易叢書；1）

參考書目：面
ISBN 957-818-670-3（平裝）

1. 秘書

493.9　　　　　　　　　　　93015582